Dr.-Ing. Thomas Duzia
Dipl.-Ing. (FH) Norbert Bogusch

Basiswissen Bauphysik

Dr.-Ing. Thomas Duzia
Dipl.-Ing. (FH) Norbert Bogusch

Basiswissen Bauphysik

3., überarbeitete und erweiterte Auflage

Fraunhofer IRB Verlag

Bibliografische Information der Deutschen Nationalbibliothek:
Die Deutsche Nationalbibliothek verzeichnet diese Publikation in der Deutschen Nationalbibliografie; detaillierte bibliografische Daten sind im Internet über www.dnb.de abrufbar.

ISBN (Print): 978-3-7388-0419-5
ISBN (E-Book): 978-3-7388-0420-1

Satz, Herstellung, Layout: Gabriele Wicker
Umschlaggestaltung: Martin Kjer
Druck: Offizin Scheufele Druck und Medien GmbH + Co.KG, Stuttgart

Fraunhofer-Informationszentrum Raum und Bau IRB
Nobelstraße 12, 70569 Stuttgart
Telefon +49 711 970-2500
Telefax +49 711 970-2508
irb@irb.fraunhofer.de
www.baufachinformation.de

Vorwort

Klimaschutz und Begrenzung des globalen Temperaturanstiegs auf möglichst »unter 2 Grad C« steht in Europa und in Deutschland auf der politischen Top-Agenda und beeinflusst den Ausgang von Wahlen wie nie zuvor. Namhafte Großstädte wie etwa Köln beschließen den Klimanotstand. Der alarmierende Tenor wissenschaftlicher Studien für den weltweiten Klimarat (IPCC) nimmt seit Jahren zu. Der Jugend platzt der Kragen (Fridays4Future), weil ihr die Zukunft gestohlen wird. Mehr als 23 000 Wissenschaftler von Scientist4Future unterstützen sie. Eine derartige Einmütigkeit und Solidaritätserklärung gab es noch nie in der deutschsprachigen Wissenschaft. Die Extremwetterereignisse der letzten Jahre signalisieren, was wissenschaftlich nicht mehr bestritten werden kann: Der Klimawandel ist sichtbar, fühlbar, messbar und er beschleunigt sich. Nur wenige Ignoranten und Lobbyisten leugnen dies.

Die ambitionierteste Energiewende der Welt hat Deutschland in den Jahren 2010/2011 mit einem quantifizierten Zielkanon für 2050 beschlossen. Ein Jahrhundertprojekt ohne Vorbild: Halbierung des Energieverbrauchs, raus aus Kohle, Öl, Erdgas und Uran! Einen solchen staatlich forcierten Strukturwandel hat es ebenfalls noch nie gegeben. Bei der Stromwende gibt es wurden beeindruckende Fortschritte gemacht: 47 % der Nettostromerzeugung stammten inzwischen im 1. Halbjahr 2019 aus erneuerbaren Quellen. Einen gleichzeitigen Atomausstieg (bis 2022) und ein Kohle-Ausstiegsjahr (bis spätestens 2038) hat noch kein vergleichbares Industrieland beschlossen. Diese Erfolge sollte man nicht kleinreden. Aber der anspruchsvollste und schwierigste Teil der Energiewende liegt noch vor uns. Vor allem bei der energetischen Sanierung und Dekarbonisierung des Gebäudebestands steht die deutsche Energiewende- und Klimapolitik vor der Herausforderung eines epochalen Gemeinschaftswerkes – vielleicht nicht so spektakulär wie der nachhaltige Umbau des Verkehrssystems, dafür aber umso komplexer.

Im Klimaschutzplan hat die Bundesregierung 2015 Sektorziele für 2030 beschlossen. Für den Gebäudebereich bedeutet dies eine Reduktion um fast 67 % (d. h. etwa um 70 Mio t $CO_{2equiv.}$) im Vergleich zu 2014, nur dann wird bis 2050 ein nahezu klimaneutraler Gebäudestand erreicht. Es gibt Szenarien, die zeigen, dass das durch ein Zukunftsinvestitionsprogramm wirtschaftlich machbar wäre. Notwendig ist eine milliardenschwere, kontinuierliche jährliche Anschubfinanzierung, deren volkswirtschaftlichen Effekte überwiegend positiv sind. Was bei solchen gesamtwirtschaftlichen Analysen aber oft vernachlässigt ist wird, sind die nur scheinbar einfachen Fragen: Wer setzt das alles um? Gibt es freie Baukapazitäten? Brauchen wir nicht zuallererst eine Qualifikationsoffensive? Ohne einen gewaltigen Schub bei Fachkräften und bei der baufachlichen Fundierung von Breiten- und Systemwissen wird es keinen dekarbonisierten Gebäudebereich geben.

Hier kommt der neu aufgelegte Band »Basiswissen Bauphysik« genau zum richtigen Zeitpunkt. Es ist ein perfektes Nachschlagewerk und wie ein Lexikon der Bauphysik differenziert gegliedert und nutzbar. Es ist so geschrieben, dass nicht nur Fachleute, Ingenieure und Architekten, Wissenslücken auffüllen können. Selbst Bauherren oder Investoren können nach der Lektüre einzelner Kapitel verstehen, wie energetischer Wärmeschutz funktioniert, warum er notwendig ist, wie Brandgefährdung und Schimmelbildung vermieden werden können und warum – angesichts der Zunahme der Häufigkeit und Intensität von Hitzewellen – auch in unseren Breiten der sommerliche Wärmeschutz an Bedeutung gewinnt.

Die fachlichen Anforderungen und die Systemintegration bei der beschleunigten Implementierung der Energiewende im Gebäudebereich werden in Zukunft sprunghaft zunehmen. Sektorkopplung durch grünen Strom und nachhaltige Mobilität werden als neue Herausforderungen dazukommen. Daher ist dem Band heute und in Zukunft eine starke Verbreitung zu wünschen. Die nächste Auflage in Richtung »Zukünftige Anforderungen« sollte bereits geplant werden.

Prof. Dr. Peter Hennicke
Ehemaliger Präsident des Wuppertal Instituts; Full Member of the Club of Rome

Vorwort zur zweiten Auflage

Die neue Energieeinsparverordnung vom Mai 2014 reiht sich in eine ganze Folge an gesetzlichen Vorgaben ein, die 1977 mit der ersten Wärmeschutzverordnung begann. Die Bundesregierung verbindet mit diesen Vorgaben das langfristige Ziel eines »nahezu klimaneutralen Gebäudebestands« im Jahr 2050. Von diesem hehren Ziel ist man allerdings trotz der Verordnungen noch weit entfernt. Derzeit ist allein die Beheizung des Gebäudebestands für etwa ein Drittel des deutschen Gesamtenergieverbrauchs – zu großen Teilen nicht »klimaneutral« gewonnene Energie – verantwortlich. Dies zeigt, welche Bedeutung in den nächsten Jahren und Jahrzehnten der zum Bereich der Bauphysik zählende Wärmeschutz einnehmen wird. Daher ist es nur folgerichtig, dass diesem Thema im vorliegenden Buch eine dominierende Stellung zugeteilt wird.

Des Weiteren gehen die Autoren unter Berücksichtigung der novellierten DIN 4108-2 auf den sommerlichen Wärmeschutz ein. Dieser gewinnt zunehmend an Bedeutung, nicht zuletzt bedingt durch die in der modernen Architektur häufig anzutreffenden großzügig dimensionierten Fensterflächen, die einen hohen solaren Eintrag zur Folge haben können. Hinzu kommt die mitunter geringe Wärmekapazität solcher Gebäude, die eine sommerliche Überhitzung in hohem Maße fördert. Ein weiterer Fokus des vorliegenden Buches ist dem Feuchteschutz gewidmet. Auch hier haben die Autoren die richtige Wahl getroffen, da Feuchteschäden jeglicher Couleur in deutschen Gebäuden sehr häufig anzutreffen sind. Abgerundet werden die genannten Themen durch das Aufzeigen verschiedener Schadensbilder, mit denen die beiden Autoren als anerkannte Sachverständige sehr häufig konfrontiert werden.

Diese Hintergründe verdeutlichen, dass möglichst viele am Bau Beteiligte über ein bauphysikalisches Basiswissen verfügen sollten. In diese Lücke stößt das vorliegende Buch, in dem die Grundlagen des Wärmeschutzes, der aktuellen Energieeinsparverordnung sowie das Thema Feuchteschutz aufbereitet dargestellt werden. Damit bietet das Buch eine hervorragende grundlegende Orientierung im Bereich der Bauphysik, sowohl für Anfänger als auch Fortgeschrittene. Dies ist notwendig, weil die immer größer werdende Zahl zu berücksichtigender Normen und anderer Vorgaben nur schwer zu durchdringen ist. Zudem hat sich der Stand von Wissenschaft und Technik kontinuierlich weiterentwickelt, was Planer selbstverständlich berücksichtigen müssen.

Zielgruppe des Buches sind deshalb sowohl Einsteiger, die sich einen bauphysikalischen Überblick verschaffen wollen als auch Bauingenieuren und Architekten, deren bauphysikalische Ausbildung an den Universitäten und Fachhochschulen eine Weile zurückliegt und die sich beruflich weiterbilden wollen. Darüber hinaus sollen alle Leser herzlich eingeladen sein, diese »Basis« als Ausgangspunkt für einen vertiefenden Einstieg in die Bauphysik zu verstehen.

Jun.-Prof. Dr.-Ing. Conrad Völker
TU Kaiserslautern

Vorwort zur ersten Auflage

Als die Autoren mich gebeten haben, ein Vorwort zu ihrer Veröffentlichung »Basiswissen Bauphysik« zu verfassen, habe ich spontan zugesagt. Der Grund dafür liegt nicht zuletzt darin, dass sich das Bauwesen in den letzten Jahrzehnten grundlegend verändert hat und damit neue Maßstäbe und Anforderungen gestellt werden, denen die Baupraxis nicht immer zeitnah gerecht werden kann. Die Ursachen dafür sind in erster Linie darin zu finden, dass sich auf der einen Seite die Richtlinien, Vorschriften und Normen immer schneller und öfter verändern und dass auf der anderen Seite die Entwicklung neuer Baustoffe, Instandsetzungssysteme und Verfahrenstechniken ebenfalls rasant zugenommen hat. Es ist daher nicht verwunderlich, dass die Ausbildung in Lehre und Praxis diesem Tempo häufig nicht schritthalten kann. Um diese Lücken zu schließen, ist die berufliche Weiterbildung gefordert, ohne die der Wissensstand der Technik nicht gehalten werden kann.

Wenn sich nun zwei erfahrene Sachverständige und Architekten des Themas Bauphysik mit dem Schwerpunkt des Wärmeschutzes unter Berücksichtigung des Einflusses der Feuchtigkeit annehmen und ein für die eigenen Berufskollegen bestimmtes Fachbuch erarbeiten, ist dies zweifelsohne ein Schritt in die richtige Richtung. In verständlicher Form werden in elf Kapiteln die Anforderungen der EnEV an den Wärmeschutz von Gebäuden vermittelt. Dabei werden nicht nur die gesetzlichen oder normativen Vorschriften berücksichtigt, sondern auch die Grundlagen und Grundbegriffe des Wärmeschutzes definiert und erläutert. Die Darstellung von Problemen mit schadensrelevanter Bedeutung kommt dabei ebenfalls nicht zu kurz. Am Wichtigsten ist jedoch, dass die Probleme mit angemessenen Lösungsvorschlägen kombiniert werden. Besonders hilfreich sind dabei die zahlreichen Tabellen und Abbildungen, die die notwendige Anschaulichkeit und Verständlichkeit gewährleisten.

Das Buch schließt eine Lücke in der Fachliteratur für die Ausbildung und Weiterbildung von Planern, Sachverständigen und Fachberatern.

Prof. Dr. Helmut Weber

Anmerkung der Autoren

Die einzelnen Kapitel sind nach den Kompetenzbereichen von jeweils einem Autor verfasst worden. Norbert Bogusch ist Verfasser der Kapitel 3.1, 3.2, 3.5, 4.4.1 und 7. Verfasser der Kapitel 1, 2, 3.3, 3.4, 6, 8, 9 und 11 ist Thomas Duzia. Die Kapitel 4, 5, 8.9.1, 8.9.2, 8.9.3 und 10 entstanden gemeinschaftlich.

Selbstverständlich sind beide Autoren zusätzlich für den gesamten zu vermittelnden Stoff verantwortlich, da die Ausführung aus einer gemeinschaftlichen Konzeption entstanden ist.

Die Überarbeitungen zur zweiten und dritten Auflage wurden von Dr.-Ing. Thomas Duzia vorgenommen.

Inhaltsverzeichnis

1 Die historische Entwicklung des Wärme- und Feuchteschutzes

Von den Anfängen der Wärmelehre über den U-Wert zum Glaser-Nachweis

Baustoffe bilden die Grundlage aller Konstruktionen. Will man Konstruktionen wärmetechnisch bewerten, muss man zwangsläufig auch die Eigenschaften von Baustoffen berücksichtigen. Baustofflehre und Bauphysik bilden damit eine untrennbare Symbiose. Auf dieser Erkenntnis aufbauend lässt sich heute ebenso die energetische Bilanzierung einer Gebäudehülle vornehmen, da Fassaden im physikalischen Sinne nichts anderes sind als wärmeübertragende Flächen. Streng genommen sind somit alle Außenbauteile Wärmebrücken. In der Baupraxis bezeichnet man aber nur Durchdringungen mit erhöhtem Wärmedurchgang als Wärmebrücke. Neben den Stoffeigenschaften sind die Umweltbedingungen die treibende Kraft. Diese Einflüsse resultieren aus den winterlichen und sommerlichen Bedingungen und haben Einfluss auf die Aufenthaltsqualität in Räumen. Damit sind Kenntnisse zu den meteorologischen Verhältnissen eine weitere grundlegende Voraussetzung.

Erst mit dem Erkennen dieser komplexen Zusammenhänge von Umwelt-, Stoff- und Konstruktionseigenschaften der wärmeübertragenden Gebäudehüllen lassen sich Prognosen zum feuchte-, wärmetechnischen und energetischen Verhalten von Gebäuden erstellen.

Die heute geltenden Betrachtungsweisen der Wärmelehre bauen auf den Erkenntnissen und den daraus gewonnen Berechnungsmethoden des Franzosen Jean-Baptiste Fourier (*1768 in Auxerre – †1830 in Paris) auf. Unter dem Titel »Théorie analytique de la chaleur« veröffentlichte Fourier 1822 seine Wärmeleitungsgleichung. Grundlage dieser Wärmeleitungsgleichung bildeten konstante Randbedingungen in Verbindung mit gleichbleibenden Materialeigenschaften. Damit führte Fourier stationäre Verhältnisse ein, die in Abhängigkeit zur Fläche, den Temperaturunterschieden von innen zu außen und der Zeit gesetzt wurden. ([55], S. 345) Dies bildete die Grundlage für die heute noch gültigen Berechnungen zum Wärmedurchgangskoeffizienten bzw. dem U-Wert.

Mit diesen Annahmen gelang es Fourier, die Wärmeflüsse und Temperaturunterschiede in einem Bauteil rechnerisch abzubilden. Auf diese Weise konnte eine Vergleichbarkeit zwischen unterschiedlichen Konstruktionen hergestellt werden, die die stoffbezogenen Wärmeleitfähigkeiten einband. Da diese Berechnungen jedoch auf stationären Verhältnissen beruhten, bildeten sie lediglich den Beharrungszustand ab, der den Faktor Zeit und die klimatischen Veränderungen noch unberücksichtigt ließ. Außerdem fanden materialbedingte Eigenschaften, wie die Wärmespeicherfähigkeit, solare Gewinne oder die sorptiven Fähigkeiten der Materialien, noch keine Berücksichtigung.

Nahezu zeitgleich entwickelte der französische Physiker Sadi Carnot (*1796 in Paris – †1832 in Paris) die Grundlage für den 2. Hauptsatz der Thermodynamik. Mit seinen physikalischen Betrachtungen zu der neuen Technologie der Dampfmaschine stellte Carnot den Satz auf, dass Wärme immer vom höheren zum niedrigeren Niveau fließt. Damit ist die Richtung des Wärmeflusses in einem System, in dem ein permanenter Ausgleich der Kräfte angestrebt wird, immer vorgegeben. In einem geschlossenen System mit irreversiblen Prozessen kann die Entropie (siehe Kapitel Begriffe) somit nicht abnehmen. Bei reversiblen Prozessen bleibt sie konstant. ([21], S. 19)

Auf der Basis von Carnots Wärmetheorie entwickelte später der als Lord Kelvin bekannt gewordene irische Physiker William Thomson (*1824 in Belfast – †1907 in Netherhall) 1848 die nach ihm benannte Temperaturskala. Seine Einteilung der Skala deckte sich mit der 1742 von Anders Celsius (*1701 in Uppsala – †1744 in Uppsala) eingeführten Einteilung der Celsius-Skala, wich jedoch mit der Festlegung des absoluten Nullpunkts als 0° deutlich von den Festlegungen Celsius ab, dessen Skala den Nullpunkt auf den Gefrierpunkt des Wassers legte und der erstmals mit der Bestimmung des Gefrier- und Siedepunktes von Wasser eine Einteilung einführte, die die Temperaturdifferenz zwischen diesen beiden Punkten in 100 gleiche Abschnitte einteilte.

Von diesen Festlegungen und dem Bezug zum Wasser, wich Kelvin ab. Er legte den absoluten Nullpunkt nicht, wie heute nach der Celsius-Skala üblich auf –273 °C, sondern auf 0 °K, dem Punkt an dem jede molekulare Teilchenbewegung zum Erliegen kommt und kein Druck mehr vorhanden ist, was aus physikalischer Sicht als absolut verständlich angesehen werden kann.

In der Bauphysik werden Temperaturdifferenzen grundsätzlich mit K (Kelvin) beschrieben. Die Kelvin-Skala zählt zu den sogenannte SI-Einheiten (Système international d'unités), die international Anwendung finden.

1851 formulierte Lord Kelvin, zeitgleich mit dem Deutschen Rudolf Clausius (*1822 in Köslin – †1888 in Bonn), den zweiten Hauptsatz der Thermodynamik, der auf den Theorien der Wärmelehre Sadi Carnots beruhte. Dieser Hauptsatz der Thermodynamik oder auch Wärmelehre besagt, dass Wärme niemals von selbst von einem Körper niederer Temperatur auf einen Körper höherer Temperatur übergeht. Bei von außen unbeeinflussten Vorgängen laufen diese immer in einer Richtung ab. Für die Praxis bedeutet dies, dass ein Raum, dem man keine Heizwärme mehr zuführt, immer auf das Niveau der Umgebungstemperatur übergehen wird. Diese Vorgänge sind von selbst nicht umkehrbar.

Für die Weiterentwicklung der ingenieurmäßig angewandten Wärmelehre war im ausgehenden 19. Jahrhundert der Ingenieur Hermann Rietschel (*1847 in Dresden – †1914 in Berlin) einer der wichtigsten Vordenker in der praktischen Umsetzung.

Als Ingenieur entwickelte er Heizungsanlagen und Lüftungsanlagen unter Beachtung von Kriterien zur Behaglichkeit in Gebäuden. 1885 wurde Rietschel an der Technischen Hochschule in Berlin-Charlottenburg zum etatmäßigen Professor für das Ventilations- und Heizungswesen ernannt. ([55], S. 643)

Bereits 1893 veröffentlichte Rietschel seine Ermittlung des Wärmebedarfs für instationären Betrieb selten beheizter Räume, die sogenannte Kirchenformel, die noch heute im Vergleichsverfahren herangezogen wird. ([55], S. 645)

Auf der V. Versammlung von Heizungs- und Lüftungsfachmännern 1905 in Hamburg, äußerte sich Rietschel auf eine Weise, deren Aktualität nach über 100 Jahren immer noch gegeben ist. In seinem Beitrag beklagte er damals schon die Überwärmung der Wohnräume und empfahl die Heizungsanlagen so zu betreiben, dass die Temperaturen in Räumen unter normalen Bedingungen zwischen 17 und 19 °C liegen soll. Temperaturen oberhalb von 21 °C sollten aus Sicht Rietschels auf keinen Fall überschritten werden.

Abb. 1-1 Hermann Rietschel (1847–1914), Technische Universität Berlin, Institut für Energietechnik Fachgebiet: Heiz- und Raumlufttechnik

Abb. 1-2 Horace-Bénedict de Saussure (1740–1799), entwickelte den ersten glasabgedeckten Sonnenofen für eine Expedition (Quelle: Wikipedia [59])

Die heute noch gültigen Grundlagen zur Wärmebedarfsberechnung für Gebäude stellte ebenfalls Hermann Rietschel auf. Er nutzte dazu als Grundlage die Pécletsche Theorie (Jean Claude Péclet, *1793 Besancon – †1857 Paris) zur Wärmeübertragung und entwickelte dessen Gedanken weiter, den Wärmebedarf nach der Raumgröße und den wärmeübertragenden Flächen, also der Hüllfläche, zu ermitteln.

Als 1901 in Mannheim Georg Recknagel in seinem Vortrag die ABKÜHLUNG UND ERWÄRMUNG GESCHLOSSENER LUFTRÄUME auf der Grundlage der Fourierschen Gleichungen erläuterte, griff Rietschel dies auf und berücksichtigte in seinen Berechnungen den Beharrungszustand durch Transmission der Außenwände und Fenster und damit den Wärmeverlust durch die Außenflächen der Konstruktion. Zusätzlich ergänzt er die Berechnungen mit einem Faktor für die Anheizdauer und die Zeit der täglichen Benutzung. Rietschel leitete daraus die sogenannten k-Zahlen ab, was die Grundlage zu unserem heutigen U-Wert (Wärmedurchgangskoeffizienten) bildete. ([55], S. 353)

1959 folgte dann ein weiterer wesentlicher Schritt, der heute noch Gültigkeit besitzt und in den Normen verankert ist. Helmut Glaser veröffentlichte erstmals in der Fachzeitschrift KÄLTETECHNIK ein Berechnungsverfahren unter dem Titel EIN GRAFISCHES VERFAHREN ZUR UNTERSUCHUNG VON DIFFUSIONSVORGÄNGEN. Damit gelang ihm eine Verknüpfung der bereits bekannten thermischen Randbedingungen nach Fourier mit den hygrischen Randbedingungen der Wasserdampfdiffusionswiderstandszahlen unter der zusätzlichen Bewertung von Materialeigenschaft.

Mit diesem modellhaften Berechnungsverfahren konnte der s_d-Wert der wasserdampfdiffusionsäquivalente Luftschichtdicke einer Konstruktion ermittelt werden und wurde mit dem Sättigungsdruck, den sogenannten Partialdruck der Luft, verknüpft. Neben der rechnerischen Ermittlung der Temperatur- und Druckverläufe führte er zusätzlich ein grafisches Verfahren ein, anhand dessen man eine Abschätzung vornehmen konnte, ob die Gefahr von Tauwasserausfall in Konstruktionen besteht. Dieses Verfahren wurde in die DIN 4108-3 übernommen und bildet die Grundlage als »Glaser-Verfahren« zur Prognose von Bauwerkskonstruktionen hinsichtlich des Feuchtausfalls in der Konstruktion und möglicher Trocknungspotenziale.

In Bezug auf die wärmetechnischen Eigenschaften unter solarer Bestrahlung und der Nutzung der Sonne als Energieträger, war ein bedeutender Schritt zur Entwicklung der Solarthermie die Entdeckung des Schweizer Naturwissenschaftler Horace-Bénedict de Saussure (1740–1799). Auf seinen Expeditionen in die Hochgebirgsalpen nutzte de Saussure 1767 einen von ihm entwickelten Sonnenofen, um ohne Holz kochen zu können. Dazu evakuierte er Luft in einer gedämmten Holzkiste, die auf der Innenseite schwarz gestrichen und mit einer Glasplatte abgedeckt war.

Den ersten im Hausbau kommerziell genutzten Solarkollektor »Climax Solar-Water Heater« entwickelte 1891 der amerikanische Heizungsanlagenbauer Clarence Kemp. Er nahm die Idee de Saussures auf und ergänzte einen Wassertank auf der Rückseite des Solarkollektors, der direkt energetisch beladen wurde.

Eine weitere bedeutende Entwicklung waren die Untersuchungen von Max von Pettenkofer (1818–1901) zu den hygienischen Bedingungen in Räumen und der Luftqualität. Dazu maß er in unterschiedlichen Räumen den Kohlendioxidgehalt und verglich ihn mit dem Eindruck, den der Geruch der Luft beim Nutzer hinterließ. Der sogenannte Pettenkofer-Wert wird heute noch als Grenzwert zur Bestimmung der Luftqualität genutzt.

In weiteren Untersuchungen unterlief ihm jedoch eine Fehlinterpretation von Zugerscheinungen in einem Raum, die auch heute noch regelmäßiges Thema in bauphysikalischen Stammtisch-Diskussionen sein kann. Wenn es um Eigenschaften von Bauteilen geht, fällt gelegentlich der Begriff der »atmenden Wand«, der aus dieser Fehlinterpretation resultiert. Tatsächlich findet durch Mauerwerkswände und den verbauten Steinen kein Luftwechsel statt.

Die zeitliche Entwicklung einiger wichtiger Festlegungen wird hier nochmals zusammengefasst:

1648	Luftdruck	Blaise Pascal
1714	Quecksilberthermometer und Temperaturskala	Daniel Fahrenheit
1742	Temperaturskala	Anders Celsius
1767	Nutzung solarer Energie	Horace-Bénedict de Saussure
1817	Isotherme und Wärmeverteilung auf der Erde	Alexander von Humboldt
1822	Wärmeleitungsgleichung	Jean Baptiste Fourier
1824	Wärmelehre	Nicolas Léonard Sadi Carnot
1843	Temperaturerhöhung	Jame Prescott Joule
1848	Temperaturskala Kelvin	William Thomson, Lord Kelvin
1851	2. Hauptsatz der Thermodynamik	William Thomson, Lord Kelvin
1891	Erster kommerzieller Solarkollektor	Clarence Kemp
1901	Wärmebedarfsberechnung	Hermann Rietschel
1959	Thermisch-hygrische Analogie	Helmut Glaser

2 Übersicht geltender Regelwerke zum Wärme- und Feuchteschutz

Eine Vielzahl von Normen und Verordnungen bestimmen in Deutschland die Berechnungsverfahren des Wärme- und Feuchteschutzes. Bedingt durch die sich verändernden energiepolitischen Ziele unterliegen insbesondere die gesetzlichen Verordnungen einer laufenden Anpassung und beeinflussen die Inhalte der Normen zum Bauen. So fordert die Energieeinsparverordnung seit der 2009er Fassung den Nachweis zum sommerlichen Wärmeschutz und nimmt direkten Bezug auf ein Rechenverfahren, das in der DIN 4108-2, Wärmeschutz und Energie-Einsparung in Gebäuden – Teil 2: Mindestanforderungen an den Wärmeschutz, beschrieben wird.

Tatsächlich stellen die geltenden Normen nicht immer den aktuellen Stand der Technik dar. Für den Planer folgt daraus, sich laufend über die aktuellen Entwicklungen in Kenntnis setzen zu müssen, um diese in der Planung berücksichtigen zu können.

Grundlage zum Wärme- und Feuchteschutz bildet die Normenreihe der DIN 4108, die erstmals 1952 veröffentlicht wurde. Mit den sich verändernden Bauweisen und den ansteigenden energetischen Zielen wurde die Norm mehrfach modifiziert, um dann in den 1980er-Jahren in eine mehrteilige und in Themen differenzierte Normenreihe umgeschrieben zu werden.

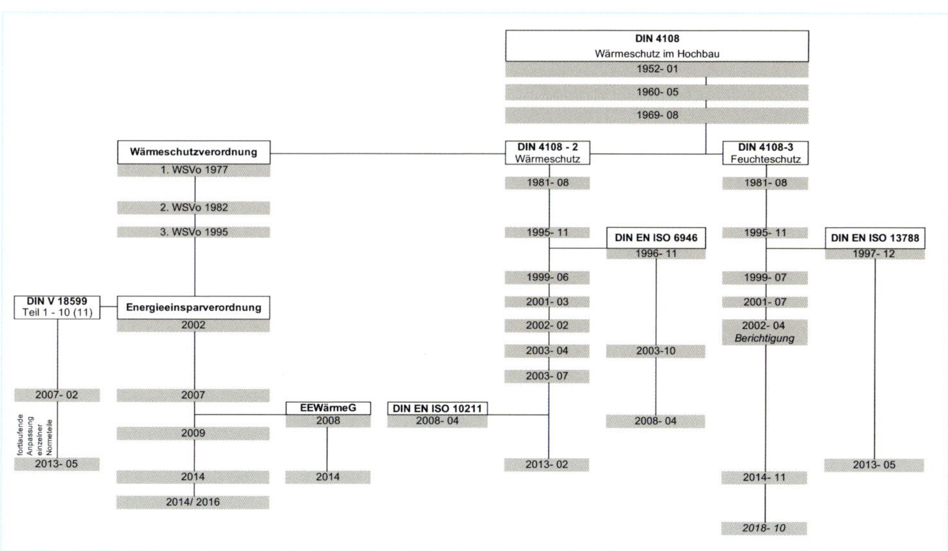

Abb. 2-1 Zeitliche Abfolge einiger relevanter Normen und Verordnungen

Parallel dazu rückten durch die Notwendigkeiten der ersten Ölkrise von 1973 verstärkt Regelungen, wie die Wärmeschutzverordnung (infolge WSchV), mit energiesparenden Zielen in den Mittelpunkt der Gebäudeplanung. Damit wurden die bauphysikalischen Betrachtungen zum Feuchteschutz und den hygienischen Bedingungen in Räumen um den Aspekt des energiesparenden Wärmeschutzes erweitert. Die Bauphysik wurde somit Teil des politisch begründeten Wärmeschutzes, dessen Ziele weiter gesteckt wurden als das, was ursprünglich in den Wärmeschutznormen enthalten war.

Um eine Beurteilung der Inhalte und Bedeutungen von Normen vornehmen zu können, muss man wissen, dass nicht alle Teile der Norm 4108 bauaufsichtlich eingeführt sind. Bauaufsichtlich eingeführte Regelwerke haben Gesetzescharakter und sind somit zwingend anzuwenden. In der veröffentlichten Musterliste des Deutschen Instituts für Bautechnik (DIBt) werden von der DIN 4108 nur die Teile 2, 3, 4 und 10 als bauaufsichtlich eingeführt benannt. Damit müssen diese Teile also auf jeden Fall als verbindliche Grundanforderung im öffentlich-rechtlichen Nachweis zur Planung verstanden werden.

2.1 DIN 4108 – Wärmeschutz und Energie-Einsparung in Gebäuden

Die Grundlage für die Planung und Bewertung des Wärme- und Feuchteschutzes von Gebäuden bildet die DIN 4108. Bauordnungsrechtlich sind vier Teile dieser Norm über die Musterliste der Technischen Baubestimmungen des DIBt eingeführt. Dazu gehören der Teil 2, der die Mindestanforderungen an den Wärmeschutz festlegt, der Teil 3 zum Klimabedingten Feuchteschutz mit Anforderungen und Berechnungsverfahren, der Teil 4 als Vornorm mit den wärme- und feuchtetechnischen Kennwerten sowie Teil 10 zu den werkmäßig hergestellten Wärmedämmstoffen. Auf der Grundlage von § 3 Abs. 3 MBO (Musterbauordnung) sind diese als Technische Baubestimmung allgemein verbindlich und müssen Anwendung finden. Über diese Musterliste hinaus obliegt es den Bauaufsichtsbehörden, auch nicht eingeführte Normen anzuwenden.

Die DIN 4108 hat folgende Teile:

DIN 4108-1	Größen und Einheiten
DIN 4108-2	Mindestanforderungen an den Wärmeschutz
DIN 4108-3	Klimabedingter Feuchteschutz, Anforderungen, Berechnungsverfahren und Hinweise zur Planung und Ausführung
DIN V 4108-4	Wärme- und feuchtetechnische Kennwerte
DIN 4108-5	Berechnungsverfahren (Datensatz zurückgezogen)
DIN 4108-6	Berechnung des Jahresheizwärme- und des Jahresheizenergiebedarfs
DIN 4108-7	Luftdichtheit von Bauteilen und Anschlüssen, Planungs- und Ausführungsempfehlungen sowie -beispiele
DIN-Fachbericht 4108-8	Vermeidung von Schimmelwachstum in Wohngebäuden
DIN V 4108-10	Werkmäßig hergestellte Wärmedämmstoffe
DIN 4108 Bbl.1	Inhaltsverzeichnisse, Stichwortverzeichnis (Datensatz zurückgezogen)
DIN 4108 Bbl.2	Wärmebrücken, Planungs- und Ausführungsbeispiele.

2.2 Wärmeschutzverordnung – WSchV

Die erste Wärmeschutzverordnung wurde 1977 durch die Bundesregierung eingeführt und enthielt bereits Vorgaben an den einzuhaltenden Wärmedurchgangskoeffizienten, der zu diesem Zeitpunkt noch als k-Wert bezeichnet wurde. Die Wärmeschutzverordnung baute auf dem Energieeinsparungsgesetz (EnEG) auf. In den Jahren 1982 und 1995 folgten weitere Novellierungen. 2002 wurde die Wärmeschutzverordnung mit der Heizungsanlagenverordnung verknüpft und in die Energieeinsparverordnung überführt.

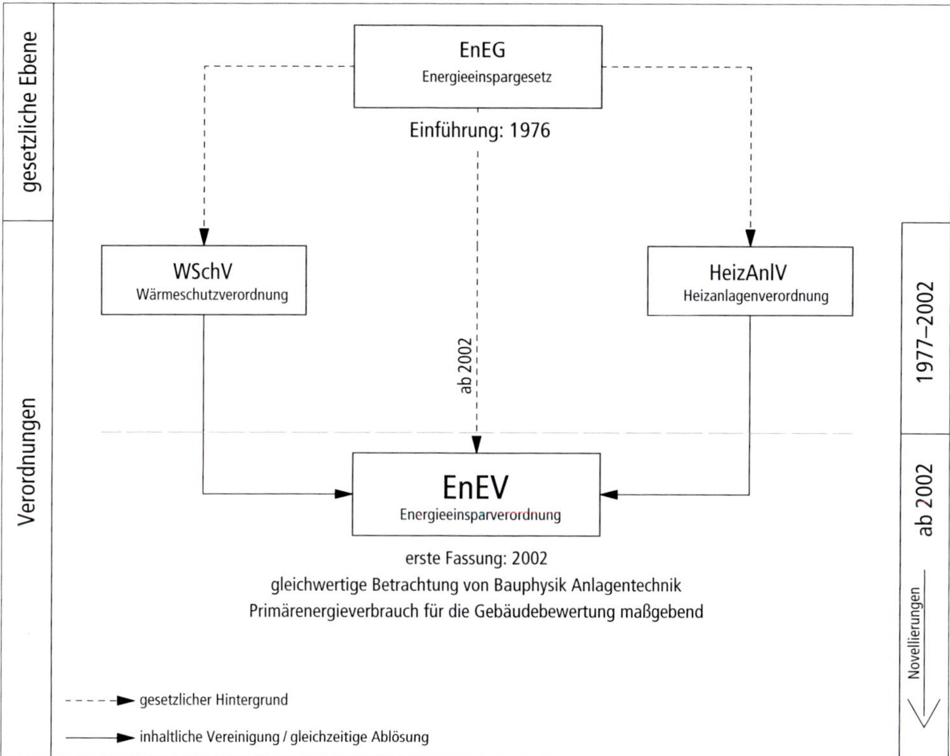

Abb. 2-2 Zeitliche und rechtliche Entwicklung der gesetzlichen Verordnungen

2.3 Energieeinsparverordnung – EnEV

2002 wurde erstmalig mit der Energieeinsparverordnung (im Folgenden: EnEV) eine Verordnung geschaffen, die dazu dienen soll, Gebäude ganzheitlich energetisch zu bewerten. Die EnEV baut auf den Bilanzierungsmethoden der DIN V 4108-6 zur Berechnung des Jahresheizwärme- und des Jahresheizenergiebedarfs und der zurückgezogenen DIN EN 832 zur Berechnung des Heizenergiebedarfs sowie der Normenreihe DIN V 18599 auf.

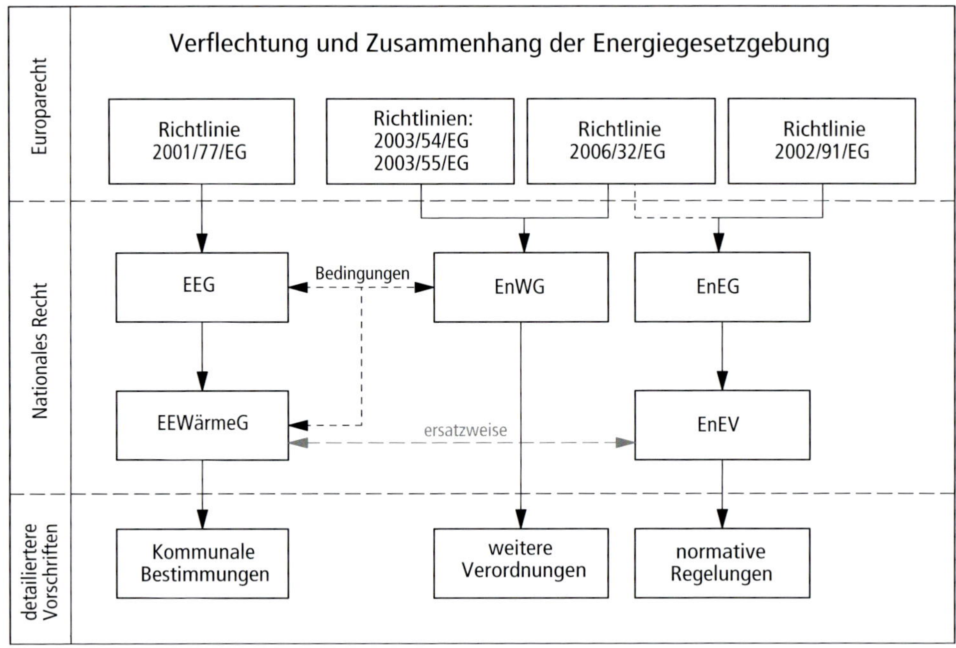

Abb. 2-3 **Verflechtung und Zusammenhang der Energiegesetzgebung**

In Teilen basiert die EnEV auch auf den früheren Wärmeschutzverordnungen. Im Unterschied zur EnEV bildeten die Wärmeschutzverordnungen über den U-Wert der Konstruktionen im Wesentlichen die energetische Qualität der Gebäudehülle ab. Im öffentlich-rechtlichen Nachweis zur Energieeinsparverordnung müssen durch die Planung zwei, durch den Gesetzgeber vorgegebene, Werte eingehalten werden. Dies sind der Transmissionswärmeverlust H'_T in $W/(m^2K)$ und der Jahresprimärenergiebedarf qP in $kWh/(m^2\ a)$. Die einzuhaltenden Werte resultieren aus dem in dem Programm implementierten Referenzgebäude, das mit dem geplanten Gebäude in Vergleich gesetzt wird. Neben diesen beiden Werten ermitteln die Programme zusätzlich einen Wert zum Endenergiebedarf qE in $kWh/(m^2\ a)$. Dieser Wert ist im Rahmen des öffentlich-rechtlichen Verfahrens nicht von Belang, wird aber von den Programmen trotzdem immer mit ausgegeben.

Mit der EnEV wurde ein Kalkulations- und Planungswerkzeug eingeführt, das das Gebäude ganzheitlich betrachten soll. In der energetischen Bewertung findet sich die technische Gebäudeausstattung genauso wieder, wie die Qualität der wärmeübertragenden Hüllflächen. Zusätzlich werden diese baulichen Komponenten um nutzerabhängige Faktoren ergänzt, wie z. B. die Nutzungsprofile, die Belegungszeiten und die Art der Konditionierung von Räumen.

Die EnEV nimmt eine Unterteilung nach den Nutzungen der Gebäude vor und unterscheidet in der Nachweisführung zwischen Wohngebäude und Nichtwohngebäude.

Die Bewertung von Nichtwohngebäuden (NWG) nach EnEV findet auf der Grundlage der Vorgaben der Vornorm DIN V 18599 statt. Wohngebäude können zusätzlich noch nach DIN 4108-6 und DIN 4701-10 berechnet werden.

Neben den normativen Vorgaben müssen zusätzlich die Auslegungen zur Energieeinsparverordnung Beachtung finden. In regelmäßigen Staffeln veröffentlicht das Deutsche Institut für Bautechnik Fragen und Auslegungen zur EnEV, die von allgemeinem Interesse sind.

Die Ergebnisse zur Gesamtenergieeffizienz und des Primärenergiebedarfs werden im Ausweis in Form eines Labels dargestellt. Tatsächlich erhält man mit dieser modellhaften Berechnung keine Aussage über die wirklichen Energieverbräuche eines Gebäudes.

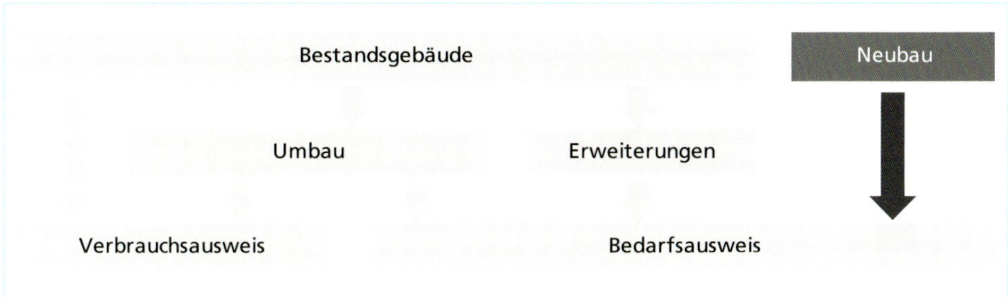

Abb. 2-4 Zusammenhang zwischen Gebäudetyp und notwendigen Ausweis.

Im Rahmen des Baugenehmigungsverfahrens werden die Bauteile und technischen Komponenten abgestimmt und als vorläufiger Nachweis erstellt. Erst mit der Fertigstellung des Gebäudes erfolgt die Ausstellung des abschließenden Energieausweises. Zu diesem Zeitpunkt werden die Daten beim Deutschen Institut für Bautechnik hochgeladen und mit einer Registriernummer versehen. Da sich in der Bauphase regelmäßig Änderungen zur Bauantragsplanung ergeben, wurde dieser Zeitpunkt gewählt, damit der Energieausweis den tatsächlichen Zustand des Bauwerks nach der Abnahme dokumentiert. Grundsätzlich haben die Nachweise zur EnEV eine Gültigkeitsdauer von 10 Jahren.

2.3.1 Verbrauchsausweis zur EnEV

Bei bestehenden Gebäuden darf der Nachweis auch als Verbrauchsausweis, auf Grundlage der Energieverbräuche der letzten drei Jahre, erstellt werden. Bei der Erstellung des Verbrauchsausweises müssen unterschiedliche Angaben erfasst werden:

- Abgerechneter Energieverbrauch der vergangenen drei Jahre
- Witterungsbereinigung für die Zeiträume
- Leerstandzeiten und Flächen von Wohnungen
- Art und Alter der Wärmeerzeugung
- Art des Gebäudes, Wohngebäude oder Nichtwohngebäude
- Alter des Gebäudes
- Anzahl der Wohnungen
- Art der Lüftung
- Energiebezugsfläche in m^2, z. B. aus der Wohnfläche ermittelt
- Brennstoff, Einheit und Primärenergiefaktor

Die abgerechneten Verbräuche werden in Bezug zu den Flächen des Gebäudes gesetzt. Da gelegentlich die Angaben zu den Energiebezugsflächen nicht vorliegen, muss eine Umrechnung erfolgen.

In einer Veröffentlichung von 2015 des Bundesministeriums für Verkehr, Bau und Stadtentwicklung wurden überarbeitete und anzusetzende Flächenumrechnungsfaktoren für vorhandene Gebäude vorgegeben.

Für Nichtwohngebäude werden dazu nach Anlage 2 je nach Gebäudetyp unterschiedliche Flächenumrechnungsfaktoren $f_{Fläche}$ zur Berechnung der Energiebezugsfläche f angegeben. Diese Umrechnungsfaktoren müssen genutzt werden, wenn andere Flächenangaben als die Nettogrundfläche vorliegen. Auf der Grundlage der vorgegebenen Umrechnungsfaktoren, kann die NGF näherungsweise bestimmt werden.

Die Nettogrundfläche ergibt sich dann als Produkt der vorhandenen Flächenangaben A_i und dem Umrechnungsfaktor $f_{Fläche}$:

$$A_{NGF} = A_i \cdot f_{Fläche}$$

Dabei ist:

A_{NGF} Energiebezugsfläche in m^2

A_i vorhandene Flächenangabe, wie z. B. HNF, NF oder BGF in m^2

$f_{Fläche}$ Umrechnungsfaktor nach Bekanntmachung

Tab. 2-1 Umrechnungsfaktoren verschiedener Gebäudetypen

Gebäudetyp	Umrechnungsfaktoren			
	A_{HNF}	A_{NF}	A_{NGF}	A_{BGF}
Parlamentsgebäude	1,97	1,54	1,00	0,85
Gerichtsgebäude	1,68	1,41	1,00	0,83
Verwaltungsgebäude	1,71	1,40	1,00	0,85
Ämtergebäude	1,64	1,38	1,00	0,84
Finanzämter	1,62	1,41	1,00	0,85
Verwaltungsgebäude	1,75	1,33	1,00	0,86
Polizeidienstgebäude	1,78	1,38	1,00	0,84
Polizeiinspektionen etc.	1,76	1,40	1,00	0,83
Rechenzentren	1,73	1,54	1,00	0,88
Gebäude wissenschaftliche Lehre	1,74	1,56	1,00	0,88
Hörsaalgebäude	1,91	1,64	1,00	0,88
Institutsgebäude für Lehre	1,70	1,54	1,00	0,89
Institutsgebäude, Typ I–V	1,63–1,94	1,49–1,75	1,00	0,88–0,90
Institutsgebäude für Forschung	1,76	1,61	1,00	0,87
Fachhochschulen	1,76	1,61	1,00	0,87
Gebäude d. Gesundheitswesens	1,78	1,53	1,00	0,86
Krankenhäuser und Unikliniken	2,01	1,72	1,00	0,86
Schulen	1,56	1,36	1,00	0,89
Allgemeinbildende Schulen	1,54	1,40	1,00	0,90

Tab. 2-1 Umrechnungsfaktoren verschiedener Gebäudetypen

Gebäudetyp	Umrechnungsfaktoren			
	A_{HNF}	A_{NF}	A_{NGF}	A_{BGF}
Berufsbildende Schulen	1,55	1,39	1,00	0,90
Sonderschulen	1,56	1,39	1,00	0,88
Kindertagesstätten	1,60	1,30	1,00	0,86
Hallen	1,40	1,17	1,00	0,91
Schwimmhallen	1,72	1,40	1,00	0,88
Gemeinschaftsstätten	1,58	1,32	1,00	0,84
Gemeinschaftsunterkünfte	1,69	1,36	1,00	0,85
Betreuungseinrichtungen	1,53	1,29	1,00	0,85
Mensen	1,64	1,46	1,00	0,91
Gebäude für Produktion etc.	1,41	1,16	1,00	0,89
Land- forstwirtschaftliche Produktion	1,20	1,14	1,00	0,89
Betriebs- und Werkstätten	1,28	1,16	1,00	0,91
Gebäude für Lagerung	1,11	1,06	1,00	0,89
Gebäude für öffentliche Bereitschaftsdienste	1,53	1,14	1,00	0,87
Straßenmeistereien	1,44	1,14	1,00	0,86
Feuerwehren	1,48	1,15	1,00	0,86
Bauwerke für technische Zwecke	1,95	1,24	1,00	0,85
Gebäude für kulturelle Zwecke	1,46	1,28	1,00	0,88
Ausstellungsgebäude	1,46	1,34	1,00	0,87
Bibliotheksgebäude	1,42	1,33	1,00	0,90
Gemeinschaftshäuser	1,47	1,25	1,00	0,88
Justizvollzugsanstalten	1,66	1,45	1,00	0,84

Im Bereich der Wohnbauten gilt zusätzlich eine besondere Regelung, die Ausschlusskriterien für die Erstellung von Verbrauchsausweisen enthält. Gemäß § 17 der EnEV und FAQ 18 sind bestehende Wohngebäude von der Erstellung eines Verbrauchsausweises ausgenommen, wenn folgende Bedingungen vorliegen:

- Das Wohngebäude hat weniger als 5 Wohnungen
- Der Bauantrag wurde vor dem 1. November 1977 gestellt
- Das Anforderungsniveau der Wärmeschutzverordnung von 1977 wird nicht eingehalten.

In diesem Fall muss ein Bedarfsausweis erstellt werden. Ebenfalls dürfen Verbrauchsausweise bei bestehenden Gebäuden nicht ausgestellt werden, wenn die Verbrauchsdaten nicht in ausreichenden Umfang vorliegen.

2.3.2 Bedarfsausweis zur EnEV

Bei der Errichtung eines Neubaus muss grundsätzlich ein Bedarfsausweis erstellt werden, da noch keine Verbrauchswerte vorliegen. Die Berechnungen erfolgen im vergleichenden Referenzgebäudeverfahren. Aufgrund dieses komplexen Ansatzes, ein Gebäude energetisch zu erfassen, können diese Berechnungen nur mit computergestützten und validierten Programmen erfolgen. Bei Wohngebäuden erfolgen die Berechnungen entweder auf den normativen Grundlagen der DIN 4108-6 und DIN 4701-10 oder der DIN V 18599. Nichtwohngebäude werden dagegen nur nach DIN V 18599 berechnet.

Ebenfalls können Bedarfsausweise auch bei Bestandsimmobilien notwendig werden. Dies ist der Fall, wenn Verbrauchsdaten nicht vollständig vorliegen oder wesentliche Änderungen an dem Gebäude vorgenommen wurden.

2.3.3 DIN V 18599

Energetische Bewertung von Gebäuden, Berechnung des Nutz-, End- und Primärenergiebedarfs für Heizung, Kühlung, Lüftung, Trinkwasser und Beleuchtung

Um Gebäude im Sinne der Energieeinsparverordnung ganzheitlich bewerten zu können, wurde mit der DIN V 18599 ein Regelwerk geschaffen, das eine Betrachtung und Bilanzierung des Bauwerks inklusive der haustechnischen Anlagen ermöglicht. Die DIN V 18599 verfügt insgesamt über circa 900 Seiten:

- Teil 1 Allgemeine Bilanzierungsverfahren, Begriffe, Zonierung und Bewertung der Energieträger
- Teil 2 Nutzenergiebedarf für Heizen und Kühlen von Gebäudezonen
- Teil 3 Nutzenergiebedarf für die energetische Luftaufbereitung
- Teil 4 Nutz- und Endenergiebedarf für Beleuchtung
- Teil 5 Endenergiebedarf von Heizsystemen
- Teil 6 Endenergiebedarf von Wohnungslüftungsanlagen und Luftheizungsanlagen für den Wohnungsbau
- Teil 7 Endenergiebedarf von Raumlufttechnik- und Klimakältesystemen für den Nichtwohnungsbau
- Teil 8 Nutz- und Endenergiebedarf von Warmwasserbereitungssystemen
- Teil 9 End- und Primärenergiebedarf von Kraft-Wärme-Kopplungsanlagen
- Teil 10 Nutzungsrandbedingungen, Klimadaten
- Teil 11 Gebäudeautomation

Diese Norm wurde als Werkzeug zur Optimierung des Primärenergiebedarfs von Gebäuden konzipiert. Durch den Hauptbezug auf den Primärenergiebedarf lassen sich allerdings kaum Aussagen zu dem tatsächlichen Energiebedarf eines Gebäudes treffen. Dies liegt zum einen an den anzusetzenden Berechnungsgrundlagen für die Primärenergiefaktoren f_p, bei denen eine Gewichtung der Energieträger, bezogen auf den erneuerbaren bzw. nicht erneuerbaren Anteil, erfolgt. Zum anderen werden mit der normativen Berechnung nicht die Einflüsse aus dem tatsächlichen Nutzerverhalten oder den lokalen Klimabedingungen berücksichtigt, die auf der Übernahme der Klimadaten von Potsdam als allgemein anzunehmenden Referenzort für alle Berechnungen beruhen.

Im Rahmen der modellhaften Berechnung werden somit vereinfachende und verallgemeinernde Parameter eingeführt, um ebenfalls eine Vergleichbarkeit für den Gebäudetyp für ganz Deutschland herzustellen. Die Ermittlung des tatsächlichen und auf das Objekt bezogenen Primärenergiebedarf ist nicht das Ziel der Berechnung zur Energieeinsparverordnung.

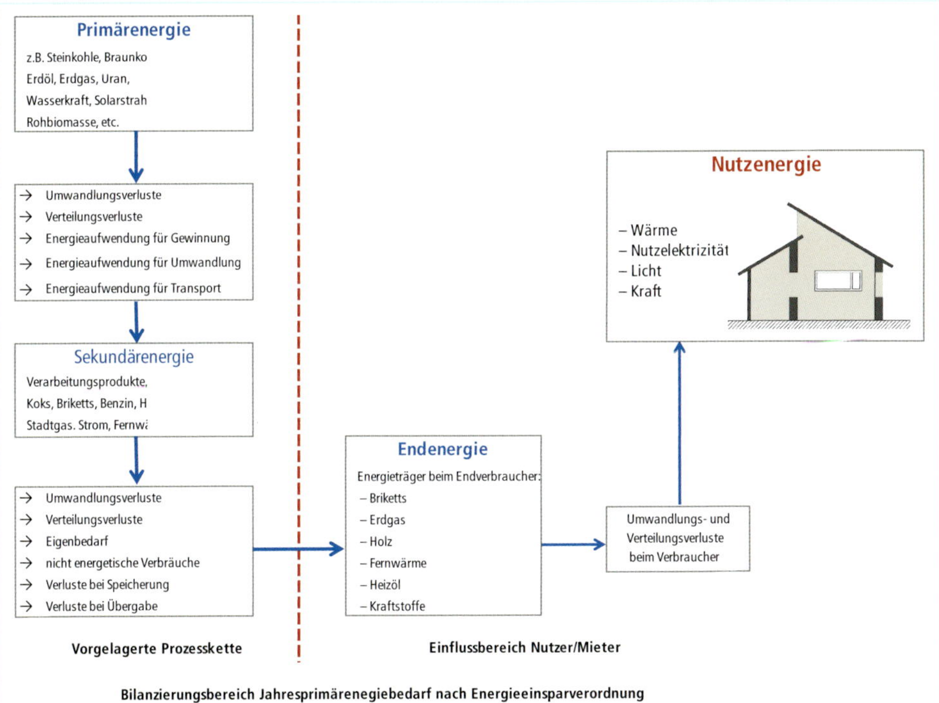

Abb. 2-5 Jahresprimärenergiebedarf – Grundlage Primärenergiebedarf zur Bewertung nach DIN V 18599 inklusive aller Umwandlungs- und Verteilungsverluste vom Abbau der Ressource bis zur Nutzung im Gebäude

Durch die Darstellung des Primärenergiebedarfs wird die gesamte Prozesskette abgebildet, die mit dem Abbau der Ressource beginnt und sämtliche energetischen Verluste aus der Umwandlung und Transport, bzw. Übermittlung berücksichtigt. Der in der Tab. 2-2 dargestellte energieträgerbezogene Primärenergiefaktor nach DIN V 18599-1 bildet im Nachweisverfahren einen der entscheidenden Faktoren. In den Nachweisen zur Energieeinsparverordnung zeigt sich, dass Gebäude, deren Heizungsanlagen Umweltenergie, biogene Brennstoffe wie Holz oder Biogas oder Nah- und Fernwärme aus erneuerbaren Brennstoffen nutzen, im Vergleich zu konventionell beheizten Gebäuden deutlich besser bewertet werden.

Obwohl mit der Bewertung nach DIN V 18599 kein tatsächlicher Verbrauch dargestellt wird, was jeden Immobilienbesitzer zuerst einmal interessiert, ist diese Norm ein anschauliches Mittel, um eine Vergleichbarkeit zur Effizienz zwischen verschiedenen Immobilien herzustellen.

Tab. 2-2 Übersicht einiger Primärenergiefaktoren nach für übliche Energieträger [58]

Energieträger Bezugsgröße Endenergie: Heizwert H_i		**Primärenergiefaktoren f_p**	
		insgesamt	**nicht erneuerbarer Anteil**
		A	**B**
Fossile Brennstoffe	Heizöl EL	1,1	1,1
	Erdgas H	1,1	1,1
	Steinkohle	1,1	1,1
	Braunkohle	1,2	1,2
Biogene Brennstoffe	Biogas	1,5	0,5
	Holz	1,2	0,2
Nah-/Fernwärme aus KWK	fossiler Brennstoff	0,7	0,7
	erneuerbarer Brennstoff	0,7	0
Nah-/Fernwärme aus Heizwerken	fossiler Brennstoff	1,3	1,3
	erneuerbarer Brennstoff	1,3	0,1
Strom	allgemeiner Strommix	2,8	2,4 (1,8 ab 2016)
Umweltenergie	Solarenergie	1,0	0,0
	Erdwärme, Geothermie	1,0	0,0
	Umgebungswärme	1,0	0,0

2.3.4 Die Zonierung von Nichtwohngebäuden

Für Nichtwohngebäude muss nach den Vorgaben der DIN V 18599 eine Zonierung in der Bilanzierung erfolgen. Im zehnten Teil der DIN V 18599 werden die energetischen Randbedingungen zu 43 verschiedenen Nutzungen beschrieben, die anzuwenden sind. Die Norm erfasst folgende Nutzungen innerhalb eines Nichtwohngebäudes:

Tab. 2-3 Zonen nach DIN V 18599

Nr.	Nutzung	Nr.	Nutzung	Nr.	Nutzung
1	Einzelbüro	16	WC und Sanitärräume	31	Bibliothek Freihandbereich
2	Gruppenbüro, bis sechs Arbeitsplätze	17	Sonstige Aufenthaltsräume	32	Bibliothek Magazin und Depot
3	Gruppenbüro, >6 Arbeitsplätze	18	Nebenflächen ohne Aufenthaltsräume	33	Turnhalle
4	Besprechung	19	Verkehrsfläche	34	Parkhaus – Büro und Privatnutzung
5	Schalterhalle	20	Lager	35	Parkhaus – öffentliche Nutzung
6	Einzelhandel/Kaufhaus	21	Rechenzentrum	36	Saunabereich
7	Einzelhandel / Kaufhaus mit Lebensmittelabteilung	22	Gewerbliche und industrielle Hallen – schwere Arbeit	37	Fitnessraum
8	Klassenzimmer und Gruppenraum Kindergarten	23	Gewerbliche und industrielle Hallen – mittelschwere Arbeit	38	Labor
9	Hörsaal/Auditorium	24	Gewerbliche und industrielle Hallen – leichte Arbeit	39	Untersuchungs- und Behandlungsräume
10	Bettenzimmer	25	Zuschauerbereich	40	Spezialpflegebereiche
11	Hotelzimmer	26	Theater, Foyer	41	Flure des allgemeinen Pflegebereichs
12	Kantine	27	Bühne	42	Arztpraxen und therapeutische Praxen
13	Restaurant	28	Messe/Kongress	43	Lager- und Logistikhallen
14	Küche in Nichtwohngebäuden	29	Ausstellungsräume/Museum		
15	Küche – Vorbereitung und Lager	30	Bibliothek/Lesesaal		

Durch die Zonierung werden die wesentlichen Eigenschaften eines Gebäudes in den Berechnungen zusammengeführt. Für jede Zone enthält die Norm Vorgaben zu den Nutzungsbedingungen, die zu übernehmen sind und nicht verändert werden sollen.

In der praxisbezogenen Anwendung wird schnell deutlich, dass nicht alle Gebäudetypen und deren Zonen abgebildet sind. Demzufolge müssen Annahmen getroffen werden oder mögliche Vorgaben aus den Auslegungsfragen des Deutschen Instituts für Bautechnik übernommen werden.

Abb. 2-6 Beispiel der Zonierung: Zoneneinteilungen nach DIN V 18599 für den Nachweis gemäß Energieeinsparverordnung (EnEV 2016)

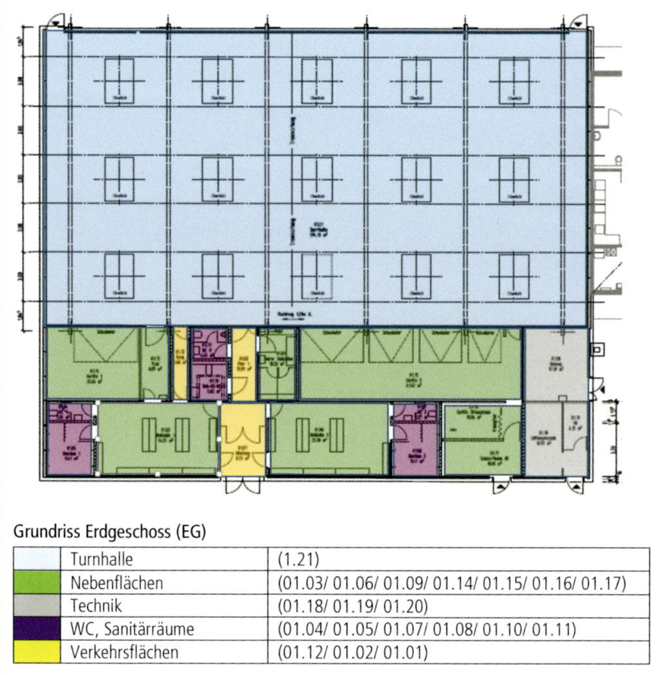

	Turnhalle	(1.21)
	Nebenflächen	(01.03/ 01.06/ 01.09/ 01.14/ 01.15/ 01.16/ 01.17)
	Technik	(01.18/ 01.19/ 01.20)
	WC, Sanitärräume	(01.04/ 01.05/ 01.07/ 01.08/ 01.10/ 01.11)
	Verkehrsflächen	(01.12/ 01.02/ 01.01)

Die vorgegebenen Nutzungsprofile enthalten Angaben für die Beheizung, Kühlung, Personenbelegung, interne Wärmequellen, Temperaturabsenkungen und den Automatisierungsgrad. Damit erfolgt eine detaillierte und übergreifende Bilanzierung über alle Eigenschaften, die die jeweiligen Nutzungen eines Gebäudes betreffen. Da diese Vorgaben im Nachweis nicht angepasst werden dürfen, obwohl der Nachweisführende weiß, dass das Gebäude anders genutzt wird, haben die Berechnungen zuerst einmal ausschließlich modellhaften Charakter, um eine Vergleichbarkeit von Immobilien herzustellen. Folglich sagt der Nachweis nichts über den tatsächlichen Verbrauch im Nutzungsfall aus.

2.3.5 Sonderfälle und Probleme zur Auslegung nach EnEV

Dadurch, dass die Randbedingungen im Referenzgebäudeverfahren zur Energieeinsparverordnung fest umschrieben sind, ergeben sich in der Umsetzung regelmäßig Schwierigkeiten im Verständnis bei Bauherren, die die Erwartung haben, dass nach diesen umfassenden Bilanzierungen der tatsächliche Energiebedarf ermittelt wird. Die grundlegende Schwäche der Bilanzierung liegt an den Verallgemeinerungen der normativen Vorlage und Energieeinsparverordnung, da hier ein wesentliches Ziel die Vergleichbarkeit von Gebäuden ist. Zum Beispiel darf der Energieeinsatz, der für Produktionsprozesse notwendig ist, gemäß § 1 zum Anwendungsbereich der EnEV nicht von der Bilanzierung erfasst werden. Für den Unterhalt und Energiebedarf einer Fabrikationsstätte ist diese Auslegung noch nachvollziehbar. Dies bedeutet, dass der Energieverbrauch der Maschinen der Fertigung für den Ausweis nicht von

Relevanz ist. Betrachtet man demgegenüber jedoch Hallenbäder, dann darf nach diesem Ansatz das erwärmte Badewasser als das zu produzierende Produkt angesehen werden, welches von der energetischen Bilanzierung ausgenommen ist. Damit ist der Energiebedarf der gesamten Badewassertechnik incl. Pumpen, Wasseraufbereitung und Wassererwärmung nicht mehr Teil des Energieausweises. Somit bleiben die größten Verursacher des Energieverbrauchs eines Hallenbads unberücksichtigt. ([11], S. 22–29)

Die Bewertung kann, wenn sie zu einem nachvollziehbaren und belastbaren Ergebnis führen soll, jedoch nur ganzheitlich erfolgen. In diesem Punkt ist die Energieeinsparverordnung unvollständig und kann zu fatalen Ergebnissen führen.

Innerhalb des Gebäudetypus **Nichtwohngebäude** gibt es bei der Bewertung von Hallenschwimmbädern weitere Besonderheiten, die schwer zu verstehen sind. Auch für diesen Gebäudetyp besteht die Notwendigkeit eine Zonierung nach DIN V 18599 durchzuführen. Obwohl keine schwimmbadspezifischen Zonen existieren, muss jedem Bereich eine Zone zugewiesen werden.

Abb. 2-7 Sonderfall Hallenbäder: Vorgaben zur Zonierung liegen nicht vor. Die anzunehmenden Zonen sind realitätsfern und führen zu nicht nachvollziehbaren Ergebnissen.

Für jede Zone gilt ein normativ festgelegtes Profil, das die Nutzungsrandbedingungen beschreibt, die zu übernehmen sind und die sich als Referenzgebäude wiederfinden. Da für schwimmbadtypische Nutzungen keine Zonen vorhanden sind, müssen Schwimmbäder trotzdem in das Korsett der normativen Vorgaben gepresst werden. Dazu darf grundsätzlich nicht von den beschriebenen Nutzungsrandbedingungen der jeweiligen Zone abgewichen werden, weil die Vergleichbarkeit zu der energetischen Qualität von unterschiedlichen Gebäuden herzustellen ist.

Da nun die DIN V 18599 mit ihren 43 Nutzungsrandbedingungen ausgerechnet Schwimmbäder, die für ihren hohen Energiebedarf bekannt sind, nicht erfasst, muss eine weitere Empfehlung betrachtet werden, die besagt, dass bei nicht von der Norm erfassten Nutzungen die Zone 17 für sonstige Aufenthaltsräume zu verwenden ist und eine Bewertung und Anwendung individueller Profile grundsätzlich nicht erwünscht und damit unzulässig ist. Obwohl Schwimmbäder bekanntermaßen ein wesentlich höheres Niveau an Innenraumtemperatur haben, wie es zum Beispiel in der VDI 2089 Blatt 1, zur technischen Gebäudeausrüstung von Schwimmbädern beschreibt, und folgende Innenraumtemperaturen einzuhalten sind:

18 °C Treppenhäuser
22 °C Foyer
22–28 °C Umkleidebereich
22–26 °C Schwimmmeisterraum/Erste-Hilfe-Raum
26–34 °C Vorreinigungen und WC
30–34 °C Schwimmhalle,

soll die Zone 17 für sonstige Aufenthaltsräume genutzt werden, wenn keine eigene Zone genutzt werden kann. Diese Empfehlung der **dena** ist jedoch fragwürdig, da die hierdurch ausgelösten Ergebnisse völlig von der Realität abweichenden energetischen Ergebnissen führen, was darin begründet ist, dass die Zone 17 allgemein gehalten ist und nicht die üblichen Randbedingungen eines Schwimmbads beinhaltet.

Abweichend von den Vorgaben der **dena** beschrieb die 10. Auslegungsstaffel des Deutschen Instituts für Bautechnik zur EnEV das Vorgehen in Fällen abweichender Nutzungen und öffnete eine mögliche Anpassung der Randbedingungen *»bei der Nutzung regelmäßig zu erwartende[n] Betriebsbedingungen«*. ([82], S. 49) Wird dazu eine individuelle Nutzung entworfen, dann muss diese begründet und im Nachweisverfahren dokumentiert werden. Hieraus resultiert jedoch, dass dem selbst entwickelten Nutzungsprofil kein validiertes Profil für das parallel im Vergleich berechnete Referenzgebäude zur Verfügung steht.

Tatsächlich stellt sich damit jedoch die grundsätzliche Frage nach der Sinnhaftigkeit von Energieeinsparnachweisen für Hallenbäder. Sieht man über die Tatsache hinweg, dass Hallenbäder im Regelfall keine Mietobjekte im Immobilienmarkt sind und es keine Konkurrenzsituation, wie bei anderen Objekten, im kommunalen Markt gibt, bleibt immerhin noch der Ansatz, dass der Bauherr ein eigenes Interesse an der energetischen Qualität seines geplanten Hallenbades besitzt. Für diesen Fall sollte jedoch nicht die verallgemeinerbare Vergleichbarkeit im Vordergrund stehen, sondern der konkrete Bezug für das kommunale Schwimmbad, das den Nutzerbedürfnissen gerecht wird.

In diesem Zusammenhang muss jedoch gesehen werden, dass die EnEV-Bedarfsausweise bei einer Übernahme der normativen Vorgaben bei den Zonenrandbedingungen zu einem falschen Ergebnis beim Primärenergiebedarf führen, der wiederum die Grundlage zur Erfüllung des EEWärmeG bildet.

2.3.6 Verordnung zur Umsetzung der Energieeinsparverordnung – EnEV-UVO

Im Zusammenhang mit der Energieeinsparverordnung wurde am 31. Mai 2002 die Verordnung zur Umsetzung der Energieeinsparverordnung auf Länderebene der Bundesrepublik Deutschland eingeführt. In Nordrhein-Westfalen nimmt diese Verordnung direkten Bezug auf das Energieeinspargesetz von 1976, die geänderte Fassung von 1980 und die Verordnung über Zuständigkeiten nach dem Energieeinspargesetz vom 24. November 1982.

Die Zuständigkeiten zur Umsetzung der Energieeinsparverordnungen werden damit an die Untere Bauaufsichtsbehörde übertragen. Wenn Gebäude in den Geltungsbereich der EnEV fallen, muss der Bauherr oder die Bauherrin bei der Errichtung von Neubauten einen staatlich anerkannten Sachverständigen für Schall- und Wärmeschutz zur Erstellung oder Prüfung der

Nachweise beauftragen. Nach dieser Verordnung müssen stichprobenhafte Kontrollen des Sachverständigen erfolgen, die dem Bauordnungsamt gegenüber zu dokumentieren sind. Für den Arbeitsbereich der haustechnischen Gewerke müssen Fachunternehmererklärungen zur Ausführung abgegeben werden.

Die vorläufigen Nachweise zur EnEV müssen bei der Unteren Bauaufsichtsbehörde spätestens bis Baubeginn vorgelegt werden. Zur Bauabnahme muss dann der endgültige Energieausweis beim Deutschen Institut für Bautechnik hochgeladen sein und eine Registriernummer erhalten haben.

2.4 Erneuerbare-Energien-Wärmegesetz – EEWärmeG

Das 2009 durch das Bundesministerium für Umwelt, Naturschutz und Reaktorsicherheit eingeführte Erneuerbare-Energien-Wärmegesetz (im Folgenden: EEWärmeG) steht in unmittelbarem Zusammenhang zur EnEV. Grundsätzlich hat dieses Gesetz die Nutzung von Wärme und Kälte aus erneuerbaren Energien zum Ziel. Nach diesem Gesetz gilt als erneuerbare Energie die Nutzung von:

- Geothermie
- Umweltwärme
- solare Strahlungsenergie
- aus Biomasse erzeugte Wärme.

Positiv wirken sich in den Nachweisen zum EEWärmeG grundsätzlich der Einsatz von Wärmepumpen, Solarthermie oder erneuerbare Brennstoffe, wie Biomethan oder Holzpellets aus.

Zur Einhaltung des EEWärmeG besteht ebenfalls die Möglichkeit zur Kompensation für den Planer. Durch die Unterschreitung der Anforderungen aus der Energieeinsparverordnung an die Wärmedämmung der Gebäudehülle und des Jahresprimärenergiebedarfs um 15 % darf auf den Einbau zusätzlicher Maßnahmen verzichtet werden.

Bei öffentlichen Gebäuden strebt der Gesetzgeber in der Umsetzung eine Vorbildfunktion an. Hier liegt die Unterschreitung der EnEV-Anforderungen bei neu zu errichtenden Gebäuden bei 30 % und bei Sanierungsmaßnahmen von Bestandbauten bei 20 %.

In der aktuellen Fassung des EEWärmeG (zuletzt geändert am 20. Oktober 2015) wurden die Anforderungen für öffentliche Bauherren aufgrund der Vorbildfunktion auch auf den Bestand erweitert. Werden öffentliche Gebäude grundständig renoviert, müssen die Anforderungen des EEWärmeG ebenfalls umgesetzt werden.

2.5 Europäische Union – Richtlinie der Gesamteffizienz von Gebäuden

Im April 2010 veröffentlichte die Europäische Union die neuste Fassung zur »Gesamteffizienz von Gebäuden« unter dem Aktenzeichen 2010/C 123 E/04. Diese novellierte Fassung baut auf der Urfassung von 2002 auf und bildet die gesamteuropäische Grundlage für die Umsetzung in Länderrecht, wie es in Deutschland mit der Energieeinsparverordnung ebenfalls 2002 geschah.

Im Mittelpunkt der Darlegungen stehen unter Punkt (2) die nachhaltige, umsichtige und effiziente Verwendung fossiler Brennstoffe, wie Erdgas, Erdöl oder Kohle, die im Zusammenhang mit dem Ausstoß von Kohlendioxid gesehen wird. Damit ist die Richtlinie zur Gesamteffizienz von Gebäuden auch ein Steuerungselement hinsichtlich der Ziele des Kyoto-Protokolls, hier besonders die Artikel 2 und 3, in denen auch eine Verbesserung der Energieeffizienz in maßgeblichen Teilen der Volkswirtschaften gefordert wird. Damit verbunden ist das Ziel bzw. die Reduzierung des CO_2-Ausstoßes und die Einhaltung des Rahmenübereinkommens der Vereinten Nationen zur Begrenzung des Temperaturanstiegs (unter 2 °C).

Da in der Europäischen Union der Gesamtenergiebedarf von Gebäuden bei ca. 40 % gesehen wird, werden Maßnahmen zur Steigerung der Nutzung von Energie aus erneuerbaren Quellen als vorrangig betrachtet. Bis 2020 sollen nach dieser Richtlinie 20 % des Gesamtenergieverbrauchs von Gebäuden aus erneuerbaren Energien stammen. Obwohl der Rat hier deutliche Ziele definiert hat, wird es als ausschließliche Sache der Mitgliedstaaten gesehen, die Mindestanforderungen an die Gesamtenergieeffizienz von Gebäuden festzulegen.

2.6 Entwicklung der Anforderungen an den Wärmeschutz

Mit jeder Novellierung von Verordnungen wurden die energetischen Anforderungen an die Hüllflächen und die technischen Anlagen erhöht. Gerade für den Bausachverständigen, der sich meist mit Bestandsgebäuden oder gar Altbauten zu befassen hat, ist es daher wichtig, die jeweils zum Errichtungszeitpunkt maßgeblichen Anforderungen zu kennen. Bei der sachverständigen Würdigung eines Sachverhalts ist immer auf die zum Errichtungszeitpunkt gültigen normativen Anforderungen Bezug zu nehmen. Diese sind nachstehender Tabelle auszugsweise zu entnehmen. Nicht enthalten sind die Ergänzungen aus den Jahren 1967 und 1974, die in Form von DIN-Mitteilungen bzw. ergänzenden Bestimmungen publiziert wurden, sowie die Regelung der TGL, den Technischen Normen, Gütevorschriften und Lieferbedingungen der DDR.

Tab. 2-4 Anforderungen gemäß DIN 4108 von 1952 bis 1981 für schwere Bauteile ([92], S. 29 f.)

Anforderung Mindest-Wärmedurchlasswiderstand für flächige Bauteile [$m^2 \cdot K/W$]							
	DIN 4108:1952-07			**DIN 4108:1960-05**			**DIN 4108: 1981-08**
	Wärmedämmgebiet			**Wärmedämmgebiet**			
Bauteil/System	**I**	**II**	**III**	**I**	**II**	**III**	
Außenwand, Wände gegen Bodenräume, Durchfahrten und offene Hausflure	0,39	0,47	0,56	0,39	0,47	0,56	0,55
Wände von Aufenthaltsräumen gegen Erdreich	k.A.	k.A.	k.A.	k.A.	k.A.	k.A.	k.A.
Wände gegen Garagen (auch beheizte)	k.A.	k.A.	k.A.	k.A.	k.A.	k.A.	0,55
Wohnungstrennwände; Wände zu fremden Arbeitsräumen	0,26	0,26	0,34	0,26	0,26	0,34	0,25 und 0,07[1)]
Wände zu fremden, dauernd unbeheizten Räumen (Flure, Keller, Lagerräume) und Treppenraumwände	0,26	0,26	0,34	0,26	0,26	0,34	0,24

Tab. 2-4 Anforderungen gemäß DIN 4108 von 1952 bis 1981 für schwere Bauteile ([92], S. 29 f.)

Anforderung Mindest-Wärmedurchlasswiderstand für flächige Bauteile [m² · K/W]							
	DIN 4108:1952-07			DIN 4108:1960-05			DIN 4108: 1981-08
	Wärmedämmgebiet			Wärmedämmgebiet			
Bauteil/System	I	II	III	I	II	III	
Unterer Abschluss nicht unterkellerter Aufenthaltsräume und Decken unter nicht ausgebauten Dachräumen	0,47 (0,34)			0,47 (0,34)			0,90
Kellerdecken; Decken unter abgeschlossenen, unbeheizten Hausfluren	0,64 (0,43)			0,64 (0,43)			0,90 (0,45)
Decken, die Aufenthaltsräume nach unten gegen die Außenluft abgrenzen; Decken über offenen Durchfahrten	1,29	1,50	1,72	1,29	1,50	1,72	1,75
Decken von Aufenthaltsräumen gegen belüftete Kriechkeller	k.A.	k.A.	k.A.	k.A.	k.A.	k.A.	1,75
Flachdächer; Decken unter Dachterrassen	0,56	0,56	0,56	0,56	0,56	0,56	1,10
Wärmegedämmte Dachschrägen von ausgebauten Dachgeschossen	0,56	0,56	0,56	0,56	0,56	0,56	1,10

1) 0,25 in nicht zentral beheizten Gebäuden und 0,07 in zentralbeheizten Gebäuden

Hinweis: Zahlenwerte in Klammern stehen für die ungünstige Stelle eines flächigen Bauteils mit abweichenden Forderungen

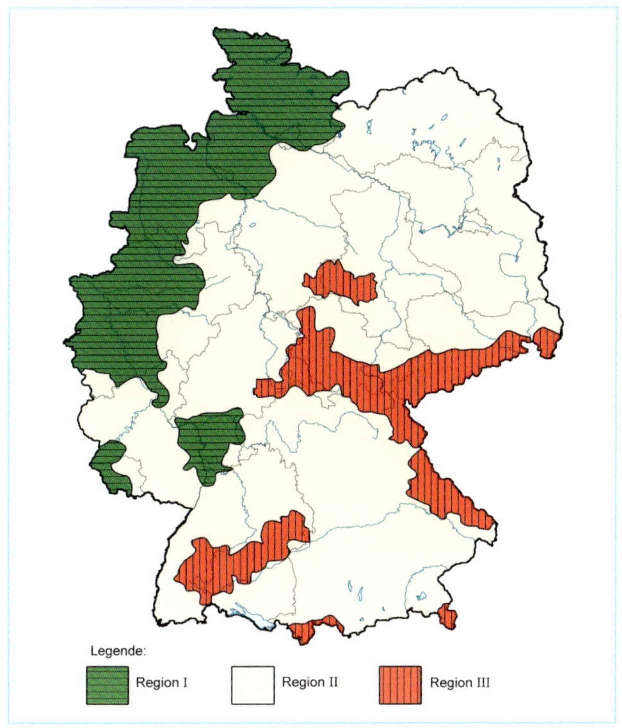

Abb. 2-8 Wärmedämmgebiete nach DIN 4108 der Ausgaben von 1952-07 bis 1974-10 ([92], S. 49)

Tab. 2-5 Anforderungen gemäß WSVO von 1977 bis 2001 für Gebäude im Bestand

		Anforderung [W/(m² · K)]		
Zeile	**Bauteil/System**	**1. WSVO 1977**	**2. WSVO 1982**	**3. WSVO 1995**
1.1	Außenwand[1)], Geschossdecke gegen Außenluft	1,45–1,75	0,60	0,40/0,50
1.2	Außenwand gegen Erdreich, Bodenplatte, Wände	0,90	0,70	0,50
	Decken zu unbeheizten Räumen	0,80		
1.3	Dach, oberste Geschossdecke, Wände zu Abseiten	0,45	0,45	0,30
1.4	Fenster, Fenstertüren[2)]	1,90–3,50	3,10	1,80

1) Außenwand einschließlich Fenster und Türen und in Abhängigkeit zur Kompaktheit des Gebäudes
2) In Abhängigkeit zu der gewählten Rahmengruppe und dem Rahmenmaterial sowie der Verglasung

Tab. 2-6 Anforderungen gemäß EnEV von 2002 bis heute für Gebäude im Bestand

		Anforderung/Referenzausführung [W/(m² · K)]		
Zeile	**Bauteil/System**	**EnEV 2002**	**EnEV 2007**	**EnEV 2009**
1.1	Außenwand, Geschossdecke gegen Außenluft	U = 0,35 bzw. 0,45	U = 0,35 bzw. 0,45	U = 0,24
1.2	Außenwand gegen Erdreich, Bodenplatte, Wände und Decken zu unbeheizten Räumen	U = 0,40 bzw. 0,50	U = 0,40 bzw. 0,50	U = 0,30
1.3	Dach, oberste Geschossdecke, Wände zu Abseiten	U = 0,30 bzw. 0,25	U = 0,30 bzw. 0,25	U = 0,20 bzw. 0,24
1.4	Fenster, Fenstertüren	U = 1,70	U = 1,70	U_W = 1,30
1.5	Dachflächenfenster	U = 1,70	U = 1,70	U_W = 1,40
1.6	Lichtkuppeln	k.A.	k.A.	U_W = 2,00
1.7	Außentüren	k.A.	k.A.	U = 1,30

2.7 Anforderungen aus der EnEV 2014: Fassung 2016

Durch die Einführung der EnEV 2014 wurde das Ziel definiert, einen nahezu klimaneutralen Gebäudebestand bis 2050 zu erreichen und die Dekarbonisierung im Gebäudesektor zu erreichen. Vor diesem Hintergrund muss der im EnEV-Nachweis nachzuweisende Primärenergiefaktor gesehen werden. Dieser Faktor stellt die maßgebende Größe dar und wird maßgeblich aus der Art und Weise, wie Heizwärme- und Warmwassererzeugung erzeugt wird, bestimmt.

Tab. 2-7 Einteilung der Energieeffizienzklassen

Energieeffizienzklasse	A+	A	B	C	D	E	F	G	H
Endenergie kWh/(m²a)	<30	<50	<75	<100	<130	<160	<200	<250	>250

Aus diesem Grund besteht die Verpflichtung, Heizungsanlagen, die älter als 30 Jahre sind, außer Betrieb zu nehmen und durch effizientere Techniken zu ersetzen. Konkret besagt der § 10 der EnEV, dass Heizkessel, die vor dem 1. Oktober 1978 aufgestellt wurden, nicht mehr betrieben werden dürfen. Heizungsanlagen die älter als 30 Jahren sind, sollen zukünftig außer Betrieb genommen werden.[100] Zu dieser Regelung gibt es Ausnahmen. So sind unter anderem Brennwertkessel oder Niedertemperatur-Heizkessel, deren Nennleistung über 400 kW oder unter 4 kW liegt, von der Verpflichtung ausgenommen.

Zusätzlich ist die nachträgliche Dämmung von obersten Geschossdecken oder alternativ des darüber liegenden Daches weiterhin gefordert, wenn die vorhandene Konstruktion nicht die Anforderungen an den Mindestwärmeschutz nach DIN 4108-2 erfüllt. Diese Dämmung muss dann mit einem Wärmedurchgangskoeffizienten von 0,24 $W/(m^2 \cdot K)$ ausgeführt werden.

Im Falle des Verkaufs eines Gebäudes oder einer Wohnung muss der Verkäufer spätestens zum Besichtigungstermin dem Interessenten einen Energieausweis bzw. eine Kopie vorlegen. Dies kann auch durch einen öffentlichen Aushang des Energieausweises im Gebäude erfolgen. Diese Vorgaben gelten ebenso bei der Vermietung, Verpachtung oder dem Leasing von Gebäuden und Wohnungen oder anderen vermietbaren Flächen und sollen nach § 16 bereits in den Immobilienanzeigen zum Verkauf berücksichtigt werden.

Mit der Novellierung der EnEV im Jahr 2014 wurde die Verpflichtung eingeführt, dass der Ersteller eines Nachweises eine Registriernummer auf elektronischem Weg oder in Papierform zum Nachweis beim DIBt zu beantragen hat. Die hochgeladenen Energieausweise werden stichprobenweise von einer Kontrollstelle, in einem mehrstufigen Verfahren, überprüft. Bei fehlerhaften Nachweisen muss mit der Einleitung eines Bußgeldverfahrens gegen den Ausweisaussteller gerechnet werden. Der Vollzug als Kontroll- oder Registrierstelle wird vorläufig, bis zum Inkrafttreten von landesrechtlichen Regelungen, dem Deutschen Institut für Bautechnik übertragen.

Aufgrund der rechnerischen Vorgaben zur Berechnung im vergleichenden Referenzgebäudeverfahren bei Neubauten, werden jedoch weiterhin keine Mieter oder Betreiber von Gebäuden oder Wohnungen, trotz umfangreicher programmgestützter Berechnungen, in die Lage versetzt, konkret zu erfahren, was eine Immobilie tatsächlich verbraucht. Dieser Umstand führt regelmäßig in der Praxis zu Unverständnis und Diskussionen zwischen dem Nachweisersteller und dem Bauherren.

So lange in den Berechnungsansätzen für den Jahres-Primärenergiebedarf der ganze Energiebedarf vom Abbau einer Ressource inclusive der Umwandlungsverluste als Primärenergiefaktor f_p eingerechnet wird, kann keine Aussage zum tatsächlichen Verbrauch eines Gebäudes getroffen werden. Der Ausweis zur Energieeinsparverordnung wird weiterhin nur Vergleichswerte zu Referenzgebäuden liefern und bedarf gegenüber nicht Fachkundigen immer einer Erklärung.[81]

3 Wärmeschutz: Definition und Erläuterung der wesentlichen Fachbegriffe

3.1 Energie

Der Begriff Energieeinsparverordnung lässt zunächst die Vermutung aufkommen, Energie wäre etwas, was man produzieren und auch einsparen könne; dem ist aber nicht so. Es bedarf hier zunächst einer Klarstellung.

1. Hauptsatz der Thermodynamik

»Energie kann nicht erzeugt, kann nicht vernichtet, sondern lediglich umgewandelt werden.«

Energie = Exergie + Anergie = konstant
Exergie = voll umwandelbarer Energieanteils
Anergie = nicht umwandelbarer Energieanteil

Definition:
»Energie ist die Fähigkeit eines Systems, äußere Wirkung hervorzurufen«.

2. Hauptsatz der Thermodynamik

»Alle natürlichen Prozesse sind irreversibel. Alle Prozesse sind mit Verlusten behaftet.«

Energie kann folgende Formen aufweisen:
- Primärenergie: Wasserkraft, Wind; Öl, Gas; Holz
- Sekundärenergie: z. B. Strom aus Wasserkraft
- Endenergie: Strom, Benzin aus Öl
- Nutzenergie: Wärme durch Heizung
- Energiedienstleistung: Auto fahren, Maschine betreiben.

Energieäquivalente (Umrechnungsfaktoren)

1 m^3 Erdgas	7,8 kWh
1 ℓ Erdöl	10,0 kWh
1 kg Buchenholz	4,0 kWh
1 kg Fichtenholz	4,5 kWh

Energieträger sind unter anderem Öl, Gas, Kohle, Uran, Wasser, Luft, Holz, Erdreich, Wind, Sonnenstrahlung, Licht etc. Energie tritt somit in verschiedenen Formen auf. Wärme ist (wie auch Schall) eine mögliche Form, in der Energie wirkt.

Tab. 3-1 SI-Basiseinheiten

Art	Einheit	Bezeichnung
Länge	1 m	Meter
Masse	1 kg	Kilogramm
Zeit	1 s	Sekunde
elektrische Stromstärke	1 A	Ampere
thermodynamische Temperatur	1 K	Kelvin
Stoffmenge	1 mol	Mol
Lichtstärke	1 cd	Candela

Tab. 3-2 Abgeleitete SI-Einheiten

Physikalische Größe	Definition	Einheitenzeichen	Beziehung zu den Basisgrößen des SI-Systems
Kraft	Masse · Beschleunigung	N (Newton)	$N = \frac{kg \cdot m}{s^2}$
Druck	$N = \frac{kg \cdot m}{s^2}$	Pa (Pascal)	$Pa = \frac{N}{m^2} = \frac{kg \cdot m}{s^2 \cdot m^2}$
Arbeit	Kraft · Weg	J (Joule)	$J = N \cdot m = \frac{kg \cdot m^2}{s^3}$
Leistung	$\frac{\text{Arbeit}}{\text{Zeit}}$	W (Watt)	$W = \frac{J}{s} = \frac{N \cdot m}{s} = \frac{kg \cdot m^2}{s^3}$
Wärmeleitfähigkeit	$\frac{\text{Leistung}}{\text{Weg} \cdot \text{Temperaturintervall}}$	$\frac{W}{m \cdot K}$	$\frac{W}{m \cdot K} = \frac{kg \cdot m^2}{s^3 \cdot m \cdot K}$
Spezifische Wärmeleitfähigkeit	$\frac{\text{Energie}}{\text{Masse} \cdot \text{Temperaturintervall}}$	$\frac{J}{kg \cdot K}$	$\frac{J}{kg \cdot K} = \frac{kg \cdot m^2}{s^3 \cdot m \cdot K}$
Wärme	Energie	J (Joule)	$J = N \cdot m = \frac{kg \cdot m^2}{s^3}$
Wärmedurchgangskoeffizient	$\frac{\text{Leistung}}{\text{Fläche} \cdot \text{Temperaturintervall}}$	$\frac{W}{m^2 \cdot K}$	$\frac{W}{m^2 \cdot K}$
Dichte	$\frac{\text{Masse}}{\text{Volumen}}$	$\frac{kg}{m^3}$	$\frac{kg}{m^3}$
Spezifisches Gewicht/Wichte	$\frac{\text{Gewichtskraft}}{\text{Volumen}}$	$\frac{N}{m^3}$	$\frac{N}{m^3} = \frac{kg \cdot m}{m^3 \cdot s^2}$

3.2 Einheiten und physikalische Größen

Im Folgenden werden technische Begriffe, Formeln und Symbole verwandt, die hier zunächst definiert werden.

Tab. 3-3 SI-Vorsätze für dezimale Vielfache und Teile

Name	Zeichen	Faktor	Name	Zeichen	Faktor
Deka	da	10^{1}	Dezi	d	10^{-1}
Hekto	h	10^{2}	Zenti	c	10^{-2}
Kilo	k	10^{3}	Milli	m	10^{-3}
Mega	M	10^{6}	Mikro	µ	10^{-6}
Giga	G	10^{9}	Nano	n	10^{-9}
Tera	T	10^{12}	Pika	p	10^{-12}
Peta	P	10^{15}	Femto	f	10^{-15}
Exa	E	10^{18}	Atto	a	10^{-18}
Zetta	Z	10^{21}	Zepto	z	10^{-21}
Yotta	Y	10^{24}	Yokto	y	10^{-24}

Tab. 3-4 Energie und Arbeit; Arbeit (W) = Leistung (P) · Zeit (t); 1 J (Joule) = 1 Ws = 1 Nm/SKE[1)]

Einheit	J	kWh	kcal	kg SKE
1 J = Nm = 1 Ws	1	$2{,}778 \cdot 10^{-7}$	$2{,}39 \cdot 10^{-4}$	$3{,}42 \cdot 10^{-8}$
1 kWh	$3{,}6 \cdot 10^{6}$	1	860	0,123
1 kcal	$4{,}187 \cdot 10^{3}$	$1{,}163 \cdot 10^{-3}$	1	$1{,}43 \cdot 10^{-4}$
1 kg SKE	$2{,}927 \cdot 10^{7}$	8,14	$7{,}0 \cdot 10^{3}$	1

1) Steinkohleeinheit

Tab. 3-5 Leistung; Leistung (P) = Arbeit (W) / Zeit (t); 1 W (Watt) = 1 J/s = 1 NM/s

Einheit	W	kW	kcal/h	Kpm/s	PS
1 W	1	0,001	0,860	0,102	0,00136
1 kW	1000	1	860	102	1,35778
1 kcal/h	1,1628	0,0011628	1	0,119	0,00158
1 kpm/s	9,80665	0,0098067	8,43	1	0,01333
1 PS	735,49875	0,37549875	632	75	1

Tab. 3-6 Griechisches Alphabet

groß, klein	gesprochen	deutsch	groß, klein	gesprochen	deutsch
Α, α	Alpha	a	Ν, ν	Ny	n
Β, β	Beta	b	Ξ, ξ	Xi	x
Γ, γ	Gamma	g	Ο, ο	Omikron	o
Δ, δ	Delta	d	Π, π	Pi	p
Ε, ε	Epsilon	e	Ρ, ρ	Rho	r(h)
Ζ, ζ	Zeta	z	Σ, σ	Sigma	s
Η, η	Eta		Τ, τ	Tau	t
Θ, θ	Theta	th	Υ, υ	Ypsilon	y
Ι, ι	Iota	i	Φ, φ	Phi	ph
Κ, κ	Kappa	k	Χ, χ	Chi	ch
Λ, λ	Lambda	l	Ψ, ψ	Psi	ps
Μ, μ	My	m	Ω, ω	Omega	

3.3 Allgemeine Begriffe der Wärmelehre

Grundlage des Wärmeschutzes und des energetisch optimierten Bauens bilden Materialien mit Dämmeigenschaften. Diese Eigenschaften liegen bei Materialien vor, deren Rohdichte gering ist, oder die einen hohen und luftgefüllten Porenanteil besitzen.

Da jedoch die Anzahl der Baustoffe gering ist, welche auf natürliche Weise über diese Eigenschaften verfügen, hat sich in den vergangenen Jahrzehnten eine Industrie gebildet, deren Ziel es ist, künstlich verschiedene Grundstoffe im Baubereich zu porosieren. Ziel ist dabei, den Porenanteil in den Materialien zu erhöhen und damit Masse gegen Luft zu tauschen.

Tab. 3-7 Vergleich der Stoffeigenschaften von trockener Luft und Wasser ([76], Tabelle 1, S. 4)

DIN EN 12524 – Juli 2000 (zurückgezogen)			Baustoffe und Bauprodukte
Wärme- und feuchteschutztechnische Eigenschaften			**tabellierte Bemessungswerte**
Gegenüberstellung von trockener Luft und Wasser bei 0 °C			
Material	**Rohdicht ρ [kg/m³]**	**Wärmeleitfähigkeit λ [W/(mK)]**	**spez. Wärmekapazität c_p [J/(kgK)]**
trockene Luft	1,23	0,025	1 008,00
Wasser bei 0 °C	1 000	0,60	4 190,00

Während früher die Tragfähigkeit die Hauptanforderung an die Baustoffe war und dazu eine hohe Rohdichte von Vorteil war, haben sich mit dem energiesparenden Bauen die Anforderungen verändert.

Die Rohdichte ist eine Angabe über das volumenbezogene Gewicht pro m^3. Eine hohe Rohdichte führt in Materialien zu einer höheren Wärmeleitung, da wesentlich mehr Moleküle vorhanden sind, die die Wärmeenergie über Stoßimpulse übertragen können. Hohe Rohdichten stehen für ein hohes Gewicht und damit für schwere Konstruktionen. Verkürzt kann man daher sagen, je höher die Rohdichte ist, umso schwerer und wärmeleitfähiger ist ein Material. Für die Bewertung von Materialien und Konstruktionen werden unterschiedliche Begriffe genutzt, deren Inhalte miteinander verknüpft sind. Durch diese Begriffe und Rechenwerte wird eine Vergleichbarkeit der Konstruktionen hergestellt, die Auskunft über deren Eigenschaften gibt. Im alltäglichen Gebrauch ist hauptsächlich der λ-Wert von Interesse, der für die Wärmeleitfähigkeit von Materialien steht. Trotzdem lohnt sich ein Blick auf die weiteren Begriffe und Rechenwerte, um die Verknüpfung von energetischen Zielen, aber auch Ansprüchen an die Behaglichkeit und den Oberflächentemperaturen deutlich zu machen:

- Wärmeleitfähigkeit λ
- Wärmedurchlasswiderstand **R**
- Wärmeübergangswiderstand R_{si} und R_{se}
- Wärmestromdichte **q**
- Wärmedurchgangskoeffizient Δ oder **U**-Wert
- Wärmespeicherung oder spezifische Wärmekapazität c_p
- Wärmestrom und Isotherme
- Temperaturleitzahl α
- Wärmeeindringkoeffizient **b**.

3.3.1 Wärmeleitfähigkeit λ

Die Wärmeleitfähigkeit λ (W/m · K) eines Stoffes wird von der Rohdichte und somit von der Porenstruktur des Baustoffs mit beeinflusst. Bei Materialien mit einer hohen Rohdichte kann man von einer großen Leitfähigkeit ausgehen.

Die Einheit der Wärmeleitfähigkeit λ ist W/m · K. Der λ-Wert steht für die Wärmemenge Q, die in einer Stunde durch eine Schicht von 1 m Dicke geleitet wird. Dabei beträgt der Temperaturunterschied zwischen den beiden Außenflächen 1 K, was mit nachstehender Formel ausgedrückt wird:

$$Q = \lambda \cdot t \cdot A \cdot \Delta\vartheta / s \text{ [Wh]}$$

Darin bedeuten:

t	die Dauer des Wärmedurchgangs in Stunden in h
A	die Fläche des Bauteils in m^2
$\Delta\vartheta$	die Temperaturdifferenz zwischen den Bauteilen in K
s	die Dicke in Metern in m
λ	die Wärmeleitzahl.

Abb. 3-1 Unterschiedlicher Wärmedurchgang der Bauteile Stein und Fuge bei einer Giebelwand eines Wohnhauses

Abb. 3-2 Aufgrund des erhöhten Wärmestroms sind die Tellerdübel deutlich im Wärmedämmverbundsystem erkennbar. Die in diesem Bereich höhere Oberflächentemperatur führt zur schnelleren Trocknung des Putzes und verhindert damit einen Befall mit Algen.

Tab. 3-8 Vergleich wärme- und feuchtetechnischer Stoffeigenschaften ([76], S. 4)

DIN EN 12524 – Juli 2000 (zurückgezogen)			**Baustoffe und Bauprodukte**
Wärme- und feuchteschutztechnische Eigenschaften			**tabellierte Bemessungswerte**
Material	**Rohdichte ρ [kg/m³]**	**Wärmeleitfähigkeit λ [W/(mK)]**	**spez. Wärmekapazität c_p [J/(kgK)]**
Beton (mittl. Rohdichte)	2 000	1,350	1 000,00
Natronglas einschl. Floatglas	2 500	1,000	750,00
Aluminiumlegierungen	2 800	160,000	880,00
Kupfer	8 900	380,000	380,00
Stahl	7 800	50,000	450,00
PVC	1 390	0,170	900,00
Konstruktionsholz (z. B. 500 kg/m³)	500	0,130	1 600,00
Sperrholz (z. B. 300 kg/m³)	300	0,09	1 600,00
Naturbims	400	0,120	1 000,00
Schiefer	2 000–2 800	2,20	1 000,00

Deutlich erkennbar wird die Wärmeleitfähigkeit an den unterschiedlichen Erscheinungsbildern im Fassadenbereich von Gebäuden. Gut sichtbar lassen sich häufig auf einer Wand Stein und Fuge oder Dämmung und Tellerdübel erkennen. Während durch den Fugenanteil die Wärme stärker nach außen abgeleitet und dadurch die Oberfläche in diesem Bereich stärker erwärmt wird, hat der Stein eine geringere Wärmeleitfähigkeit, was zu einer kälteren Oberfläche der Außenseite führt. Dieser Prozess führt zu einem häufigeren Tauwasserausfall auf dem Bauteil mit größerem Wärmedurchlasswiderstand. Dieser Vorgang ist einfach zu erkennen, da hieraus häufig ein Befall mit Algen oder Pilzen resultiert, die sich auf dem kälteren Bauteil ansiedeln.

In den Technischen Unterlagen der Hersteller von Dämmstoffen werden häufig unterschiedliche λ-Werte zur Verfügung gestellt, was bei der Ermittlung des U-Werts zu Missverständnissen führen kann.

Auf der Grundlage der DIN 4108-4:2013-02 muss zwischen λ, λ_D und λ_{grenz} und Dämmstoffen nach Kategorie I oder II unterschieden werden. Der eigentliche λ-Wert wird dabei als Bemessungswert genutzt, der den Einbauzustand der Dämmung darstellt und eine Minderung für die Alterung und die klimatypische Einbaufeuchte bereits berücksichtigt. Liegt als Angabe für einen Dämmstoff λ_{grenz} vor, ist bei diesem Dämmstoff die Verschlechterung des Materials durch Alterung noch nicht berücksichtigt ist. Enthalten die Herstellerangaben λ_D für die Wärmeleitfähigkeit, dann steht dies für einen Dämmstoff der Kategorie I, was bedeutet, dass während der Produktion des Dämmstoffs keine Fremdüberwachung erfolgt. Um daraus den Bemessungswert λ für den rechnerischen Nachweis zur EnEV zu erhalten, muss λ_D mit einem Sicherheitszuschlag von 1,2 bzw. 20 % nach DIN 4108-4 versehen werden. Gibt es für den Dämmstoff eine allgemeine bauaufsichtliche Zulassung und wird die Produktion fremdüberwacht, fällt das Dämmmaterial unter die Kategorie II. Daraus resultiert ein geringerer Zuschlag auf λ_D von nur 1,05 bzw. 5 %, um den Bemessungswert λ zu erhalten (vgl. DIN 4108-4, Tab.2).

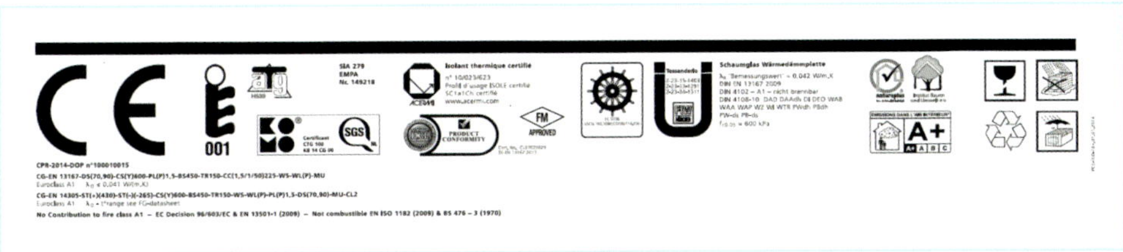

Abb. 3-3 **Deklarationen zum Dämmprodukt (Quelle: Foamglas). Neben dem Ü-Zeichen wird λ_R als Bemessungswert der Wärmeleitfähigkeit angegeben.**

3.3.2 Wärmedurchlasswiderstand R

Der Wärmedurchlasswiderstand ist das Ergebnis der Division der Schichtstärke des Materials durch die Wärmeleitfähigkeit λ. Der sich daraus ergebende Wärmedurchlasswiderstand wird mit R, wie Resistenz, bezeichnet.

Komplexe Konstruktionen, die wir z. B. als Wandbauteil kennen, setzen sich aus mehreren einzelnen und unterschiedlichen Wärmedurchlasswiderständen zusammen. Der Wärmedurchlasswiderstand eines vollständigen Wandaufbaus ist somit die Summe aller einzelnen Wärmedurchlasswiderstände.

Ermittelt wird R einer einzelnen Schicht mit:

$$R = \frac{d}{\lambda}$$

Dabei ist:

R Wärmedurchlasswiderstand in m^2K/W

d Schichtstärke in m

λ Wärmeleitfähigkeit in W/mK

Ein hoher Wert von R zeigt einen großen Wärmedurchlasswiderstand, was für eine gute Dämmwirkung des Materials steht.

Der in den wärmetechnischen Bewertungen gebräuchliche U-Wert ist das Ergebnis der Kehrwertbildung aus R zuzüglich der Wärmeübergangswiderstände der beidseitigen Grenzschicht der Luft vor dem Bauteil.

Ergänzt man einen mehrschichtigen Aufbau, wie bei einer Wand, um die Wärmeübergangswiderstände der Grenzschichten zu ermitteln, erhält man den Wärmedurchgangswiderstand R_T aus der Summe der einzelnen Widerstände der Schichten:

$$R_T = R_{se} + R1 + R2 + R3 + R4 \ldots + R_{si}$$

Dabei ist:

R_{si} innerer Wärmeübergangswiderstand in m^2K/W

R_{se} äußerer Wärmeübergangswiderstand in m^2K/W

Beispiel:

Eine mehrschichtige Außenwand (d = 24 cm) aus Kalksandstein wird außenseitig mit einem Wärmedämmverbundsystem aus expandiertem Polystyrol (EPS) verkleidet und verputzt.

Tab. 3-9 Berechnung Wärmedurchlasswiderstands für ein mehrschichtiges Bauteil

Schicht		d [m]	λ [W/mk]	Ri [m^2K/W]
1	Kalkzementputz	0,02	1,00	0,020
2	Kalksandstein	0,24	0,99	0,242
3	EPS-Dämmstoff	0,12	0,034	3,529
4	Kunstharzputz	0,003	0,70	0,004
R Wärmedurchlasswiderstand				3,795
5	R_{si} Wärmeübergang innen			0,130
6	R_{se} Wärmeübergang außen			0,040
R_T Wärmedurchgangswiderstand				3,965

3.3.3 Wärmeübergangswiderstand und Wind

In die Berechnungen zum U-Wert nach DIN EN ISO 6946 oder im Nachweis zum Glaser-Verfahren nach DIN 4108-3, fließen neben den aus dem Wärmedurchlasswiderstand gebildeten Eigenschaften zusätzlich die Wärmeübergangswiderstände ein. Dieser Anteil resultiert aus der Grenzschicht der anliegenden Luft vor dem Bauteil. Der Wärmeübergangswiderstand ist dabei abhängig von dem Bewegungszustand der Luft, also der Geschwindigkeit der Strömung, der Oberflächenbeschaffenheit, die Strahlung und Absorption beeinflusst, sowie der Lage der Fläche im Raum.

Damit sind die Rechenwerte der Wärmeübergangswiderstände das Ergebnis der Berechnung von Wärmestrahlung und Konvektion, unter Berücksichtigung des Emissionsgrads ε der Oberfläche, der mittleren thermodynamischen Temperatur T_m der Oberfläche und ihrer Umgebung sowie der Stefan-Boltzmann-Konstante $\boldsymbol{\sigma}$.

An Bauteilen unterscheidet man den raumseitigen Wärmeübergangswiderstand R_{si} und außen liegenden Wärmeübergangswiderstand R_{se}. Die Wärmeübergangswiderstände stehen für die Wärmemenge Q, die in einer Stunde zwischen 1 m^2 Bauteil und der angrenzenden Luftschicht ausgetauscht wird.

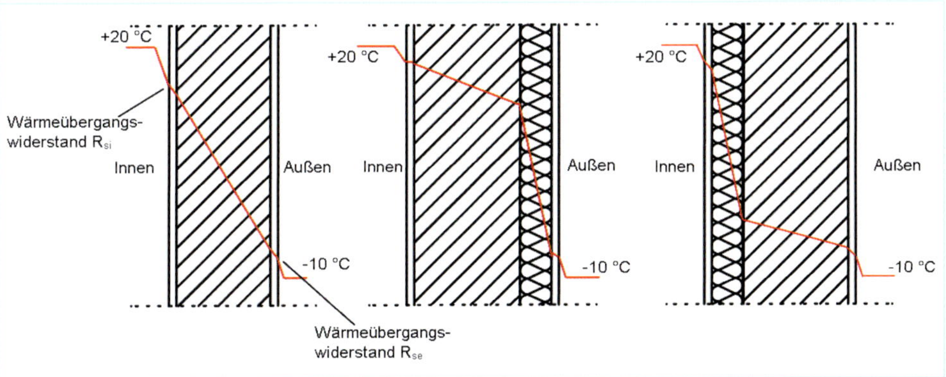

Abb. 3-4 **Schematische Temperaturverläufe von links nach rechts in einer monolithischen Außenwand, einer Außenwand mit Innendämmung und einer von außen gedämmten Wand**

Nach DIN EN ISO 6946 werden in der U-Wert-Ermittlung die Wärmeübergangswiderstände nach der Richtung des Wärmestroms, ob horizontal, abwärts oder aufwärts differenziert.

Dachflächen werden in Bezug zur vorhandenen Neigung unterschiedlich bewertet. Dachflächen, deren Neigung ≥30° zur Horizontalen sind, werden beim Übergangswiderstand wie eine Wand betrachtet. Liegt die Neigung <30° gelten die Werte eines Flachdachs.

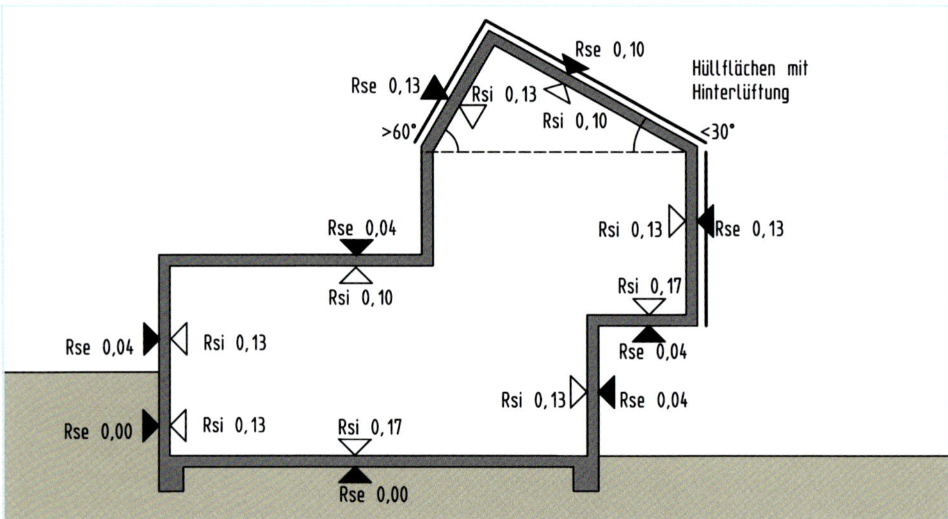

Abb. 3-5 Übersicht der konventionellen Wärmeübergangswiderstände nach DIN EN ISO 6946

Dadurch, dass die Summe aller Widerstände das Ergebnis der U-Wert Berechnung beeinflusst, ergibt sich eine Veränderung des U-Werts unter Berücksichtigung der tatsächlichen Windgeschwindigkeit. Im Regelfall wird in der U-Wert-Berechnung ein äußerer Wärmeübergangswiderstand R_{se} von 0,04 m²K/W berücksichtigt, was einer Windgeschwindigkeit von 4 bis 5 m/s entspricht.

Tatsächlich weicht der vorhandene Wärmeübergangswiderstand R_{se} auf Außenoberflächen von Bauteilen jedoch von den normativ für die Berechnungen festgelegten Werten ab, da Außenbauteile unter einem sich ständig ändernden Einfluss der Windgeschwindigkeit stehen. Somit stellen die anzusetzenden äußeren Wärmeübergangswiderstände eine normative Vereinfachung dar.

Tab. 3-10 Wärmeübergangswiderstände bei unterschiedlichen Windgeschwindigkeiten ([84], Anhang 2, Tabelle A.2, S. 19)

DIN EN ISO 6946 – April 2008	Bauteile
Werte von R_{se} für unterschiedliche Windgeschwindigkeiten	
Windgeschwindigkeit [m/s]	**R_{se} [m²K/W]**
2	0,06
3	0,05
4	0,04
5	0,04
7	0,03

In Deutschland gibt es regional stark unterschiedliche Windbedingungen. Auf der Grundlage von Messungen des Deutschen Wetterdienstes sind vor der Küstenlinie der Ost- und Nordsee Windstärken zwischen 7 bis 8 m/s möglich. Mit dem Auftreffen auf das angrenzende Binnenland verringern sich die Windgeschwindigkeiten deutlich auf 5 bis 6 m/s. Im Innenland kommen solche Windgeschwindigkeiten nur noch auf den Höhenlagen der Mittelgebirge vor. Mit zunehmender Entfernung zu den Küstenregionen verringern sich die vorherrschenden Windgeschwindigkeiten. So liegen die Windgeschwindigkeiten im nördlichen Teil Deutschlands zwischen 4 bis 5 m/s und in den südlichen Gebieten um 3 m/s. In geschützten Flusstälern in Süddeutschland sind die geringsten Windgeschwindigkeiten von 2 bis 3 m/s zu finden.[24]

Da die äußeren Wärmeübergangswiderstände in die U-Wert Berechnung und damit in die energetischen Betrachtungen der Hüllfläche zur Energieeinsparverordnung eingehen, ist bei Lagen mit extremen Expositionen ein Abgleich zu den tatsächlichen Bedingungen zu empfehlen.

Grundsätzlich beeinflusst Wind die Kühlung und Trocknung von Oberflächen. Liegen Gebäudeflächen besonders windexponiert, führt der Wind zu höheren Wärmeverlusten und erzeugt somit einen größeren Heizwärmebedarf. Daher sollte schon in der Entwurfsphase geklärt werden, welcher Einfluss durch den Wind auf die Kubatur und Fassade zu erwarten ist. So bieten kompakte Bauweisen einen größeren Schutz, während zerklüftete Fassaden zu höheren Transmissionswärmeverlusten führen.

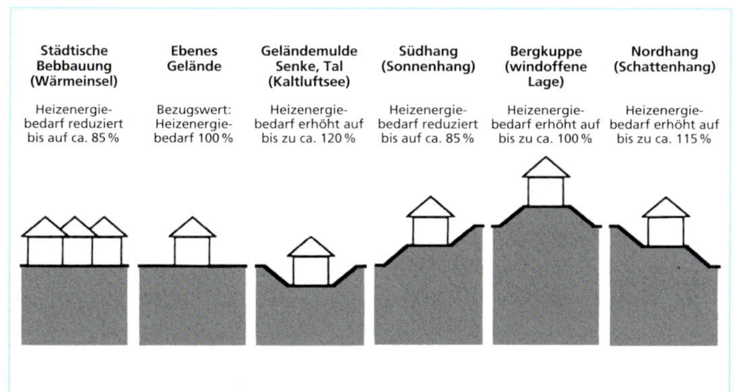

Abb. 3-6 Heizenergiebedarf in Abhängigkeit zu lokalen klimatischen Verhältnissen [40]

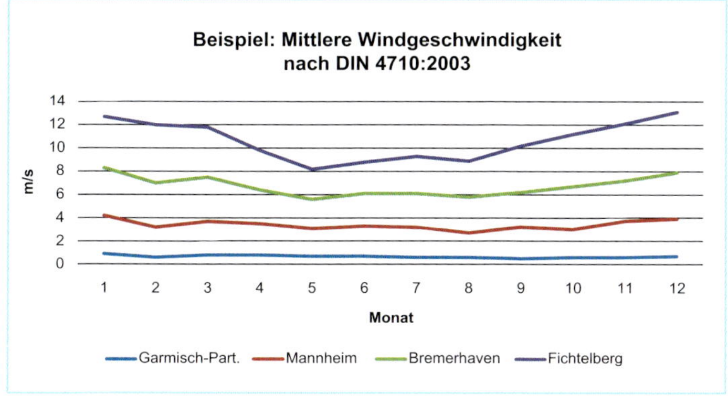

Abb. 3-7 Beispiel der mittleren Windgeschwindigkeiten an unterschiedlichen Orten in Deutschland [94]

3.3.4 Wärmestromdichte q, Wärmestrom und Isotherme

Die Wärmestromdichte beschreibt den Transport von Energie in einem Material. Dieser Transport ist gekennzeichnet durch Richtung und Stärke und steht in Abhängigkeit zu der Zeit. Durch den Bezug zur Zeit wird als SI-Einheit $J/s\ m^2 = W/m^2$ für die Wärmeleistung der Wärmestromdichte genutzt.

Der Energietransport erfolgt dabei von den wärmeren zu den kühleren Teilen. Dadurch entsteht in den Baustoffschichten eine Temperaturveränderung. Treibende Kraft für die Wärmeströme ist somit ein Temperaturunterschied Δ_T zwischen den Oberflächen. Ein hoher Temperaturunterschied führt folglich zu einem größeren Wärmestrom. Die Wärmestromdichte zeigt unter konstanten Temperaturbedingungen den Wärmeverlust durch ein Bauteil von innen und außen. Dabei einsteht ein stationäres Temperaturfeld im Bauteil. Ist das Temperaturfeld zeitabhängig, spricht man von instationären Verhältnissen. Unter natürlichen Bedingungen liegen durch die Veränderungen des Tages- bzw. Jahresgangs grundsätzlich instationäre Verhältnisse vor. Für die normative Ermittlung von Temperaturen der Grenzschichten, wie es zum Beispiel im Glaser-Nachweis nach DIN 4108-3 notwendig ist, wird der Temperaturverlauf innerhalb einer Konstruktion zur Vereinfachung unter stationären Bedingungen dargestellt. Der Einfluss der Zeit und die daraus resultierenden Veränderungen im Bauwerk durch die Phasenverschiebung bleiben unberücksichtigt. Stationäre Verhältnisse liegen damit in Bauwerken eigentlich nie vor.

Die Wärmestromdichte q in W/m^2 wird aus dem U-Wert (bzw. dem Kehrwert von R_T) und der Differenz von Innenlufttemperatur θ_i, zur Außenlufttemperatur θ_e ermittelt:

$$Q = U(\Theta_i - \Theta_e)$$

Dabei ist:

q	Wärmestromdichte in W/m^2
U	Wärmedurchgangskoeffizient in $W/m^2 \cdot K$
Θ_i	Temperatur der Luft innen in °C
Θ_e	Temperatur der Luft außen in °C

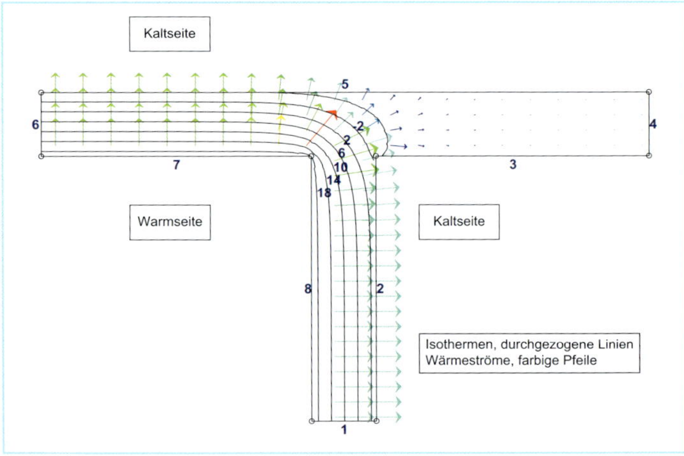

Abb. 3-8 Schematische Darstellung von Isothermen und Wärmeströmen zwischen warmen und kalten Bereichen in einer Wand

Auf der Grundlage der Vorgaben in DIN EN ISO 8990:1996-09 WÄRMESCHUTZ – BESTIMMUNG DER WÄRMEDURCHGANGSEIGENSCHAFTEN IM STATIONÄREN ZUSTAND lassen sich im Bauteil Wärmeströme und Isotherme darstellen. Als Isothermen bezeichnet man Linien gleicher Temperatur.

Bei den Betrachtungen zu kritischen Oberflächentemperaturen haben die Isothermen eine besondere Funktion. Anhand der Lage und des Verlaufs der Isothermen im Bauteil lässt sich eine Abschätzung des Risikos von Schimmelpilzbefall nach DIN 4108-2 treffen.

3.3.5 U-Wert oder Wärmedurchgangskoeffizient

Zur Vergleichbarkeit der wärmeschutztechnischen Qualität von Konstruktionen bzw. Bauteilen wird der U-Wert genutzt. Dieser Wert bildet damit die Grundlage für die energetische Bewertung von allen Außenbauteilen oder Bauteilen, die warme von kalten Raumzonen trennen. Damit kann der U-Wert als energetisches Schutzziel angesehen werden, was sich auch in den Vorgaben der EnEV widerspiegelt.

Der U-Wert bzw. Wärmedurchgangskoeffizient stellt den Wärmestrom durch ein Bauteil dar. Dieser steht für den Wärmestrom durch eine Fläche von 1 m^2 innerhalb einer Stunde. Grundlage für diese modellhafte Bewertung bildet eine angenommene Temperaturdifferenz zwischen den beiden Oberflächen von konstant 1 °K.

Wie die folgende Abbildung zeigt, setzt sich der U-Wert einer Konstruktion aus verschiedenen Parametern zusammen. Beeinflussbar ist der U-Wert von Materialeigenschaften, wie den λ-Werten, dem Widerstand, den ein Material bietet, und den Schichtdicken der Konstruktion.

Mittels der **Stellschraube** Schichtdicke kann der U-Wert einer Konstruktion verändert werden. In dem Wärmedurchgangskoeffizienten werden zusätzlich die Wärmeübergangswiderstände R_{si} für innen zum Raum und R_{se} für außen berücksichtigt.

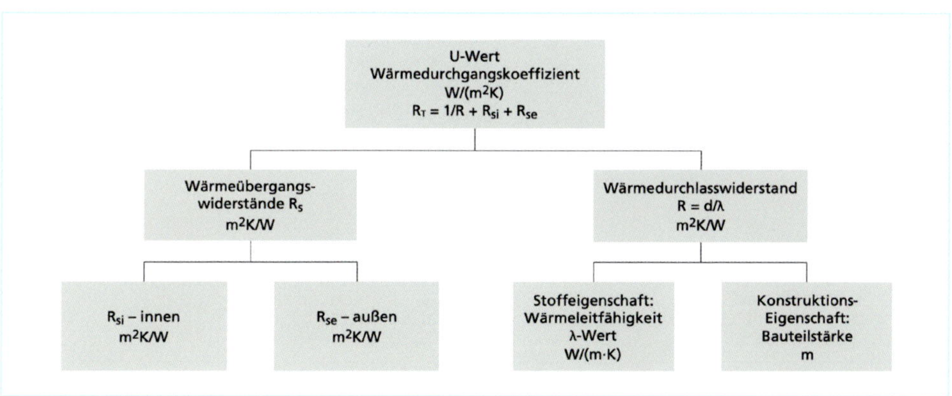

Abb. 3-9 Übersicht der Verknüpfung der physikalischen Berechnungsgrundlagen zur Ermittlung des Wärmedurchgangskoeffizienten

Der Wärmedurchgangswiderstand R des Bauteils ist die Summe aller homogenen Schichten, aus denen ein Bauteil gebildet wird. Die Ermittlung erfolgt schichtenweise und in anschließender Addition aller Einzelwiderstände. Damit werden im U-Wert nicht nur die Stoffeigenschaften und Bauteilstärken, sondern auch die Einbausituation berücksichtigt.

Bildet man mit der Summe aller Widerstände (siehe Kapitel 4.1.2 und 4.1.3) den Kehrwert aus dem Wärmedurchgangswiderstand R_T, erhält man den U-Wert bzw. den Wärmedurchgangskoeffizienten.

$$U_{Wert} = \frac{1}{R_{si} + R_{Schichten} + R_{se}}$$

Dabei ist:

R	Wärmedurchlasswiderstand in $m^2 \cdot K/W$
R_{si}	Wärmeübergangswiderstand innen in $m^2 \cdot K/W$
R_{se}	Wärmeübergangswiderstand außen in $m^2 \cdot K/W$
U	Wärmedurchgangskoeffizient in $W/m^2 \cdot K$

Eine Besonderheit stellen Luftschichten in den Konstruktionen dar. In Luftschichten findet die Wärmeübertragung als komplexer Übertragungsvorgang aus Konvektion, Wärmeleitung und Strahlung statt und steht in direkter Abhängigkeit zur Stärke der Luftschicht.

Außenwandkonstruktionen	Rohdichte P (kg/m³)	λ W/mK	R m²K/W
Betonwand mit 100 mm WDVS:			
- Wärmeübergangswiderstand innen			0,13
- 3 mm Kunstharzputz	1100	0,700	0,004
- 100 mm EPS	20	0,035	2,86
- 200 mm Stahlbeton	2300	2,300	0,09
- 20 mm Kalkzementputz	1800	1,000	0,02
- Wärmeübergangswiderstand außen			0,04
***R* insgesamt**			**3,144**
U-Wert 1/*R* = *0,32 W/m²K*			
Porenbeton- MW mit 100 mm WDVS:			
- Wärmeübergangswiderstand innen			0,13
- 3 mm Kunstharzputz	1100	0,700	0,004
- 100 mm EPS	20	0,035	2,86
- 175 mm Porenbeton	600	0,160	1,094
- 20 mm Kalkzementputz	1800	1,000	0,02
- Wärmeübergangswiderstand außen			0,04
***R* insgesamt**			**4,148**
U-Wert 1/*R* = *0,24 W/m²K*			
KS-Mauerwerk mit 100 mm WDVS:			
- Wärmeübergangswiderstand innen			0,13
- 3mm Kunstharzputz	1100	0,700	0,004
- 100 mm EPS	20	0,035	2,86
- 175 mm Kalksandstein	1800	0,990	0,177
- 20 mm Kalkzementputz	1800	1,000	0,02
- Wärmeübergangswiderstand außen			0,04
***R* insgesamt**			**3,231**
U-Wert 1/*R* = *0,31 W/m²K*			
KS-Mauerwerk mit 160 mm WDVS:			
- Wärmeübergangswiderstand innen			0,13
- 3mm Kunstharzputz	1100	0,700	0,004
- 160 mm EPS	20	0,035	4,571
- 175 mm Kalksandstein	1800	0,990	0,177
- 20 mm Kalkzementputz	1800	1,000	0,02
- Wärmeübergangswiderstand außen			0,04
***R* insgesamt**			**4,942**
U-Wert 1/*R* = *0,20 W/m²K*			

Abb. 3-10 Beispiele unterschiedlicher U-Wert Ermittlungen einiger typischer Wandkonstruktionen

3.3.6 Der k-Wert

In frühen Normen oder Verordnungen zum Wärmeschutz findet man durchgängig den **k-Wert** als Begriff, der die wärmeschutztechnische Qualität eines Bauteils beschreibt. Bis in die 1990er Jahre wurde in Deutschland der k-Wert als Bezeichnung für den Wärmedurchgangskoeffizienten genutzt.

Der heutige U-Wert entspricht dem k-Wert. Die Einheit des Wärmedurchgangskoeffizienten ist $W/m^2 \cdot K$.

3.3.7 Wärmemenge Q oder spezifische Wärmekapazität c

Im Zusammenhang mit dem **λ**-Wert steht die spezifische Wärmekapazität c_p eines Baustoffs. c_p ist ein massebezogener Wert, der die spezifische Wärmekapazität bei einem konstanten Druck darstellt. Mit diesem Wert wird die Wärmemenge Q beschrieben, die benötigt wird um 1 kg eines Materials um 1 K zu erwärmen.

Aus diesem Wert kann abgeleitet werden, dass Baustoffen mit geringem c_p-Wert weniger Energie zur Erwärmung zugeführt werden muss, um eine Temperaturerhöhung von 1 K im Baustoff zu erzielen (vgl. Tab. 3-11 zur Wärmeleitfähigkeit nach DIN EN 12524).

Der c_p-Wert ist eine Stoffeigenschaft, die auch in Bezug auf mögliche Ausdehnungen fester Körper gesehen werden muss.

Tab. 3-11 Auszugweise Gegenüberstellung der Stoffeigenschaften Rohdichte, Wärmeleitfähigkeit und der spezifischen Wärmekapazität einiger üblicher Baustoffe

DIN EN 12524 – Juli 2000 (zurückgezogen)			**Baustoffe und Bauprodukte**
Wärme- und feuchtschutztechnische Eigenschaften			**tabellierte Bemessungswerte**
Material	**Rohdichte ρ [kg/m³]**	**Wärmeleitfähigkeit λ [W/(mK)]**	**spez. Wärmekapazität c_p [J/(kgK)]**
Beton (mittlere Rohdichte)	2000	1,350	1000,00
Natronglas einschl. Floatglas	2500	1,000	750,00
Aluminiumlegierungen	2800	160,000	880,00
Kupfer	8900	380,000	380,00
Stahl	7800	50,000	450,00
PVC	1390	0,170	900,00
Konstruktionsholz (z. B. 500 kg/m³)	500	0,130	1600,00
Sperrholz (z. B. 300 kg/m³)	300	0,09	1600,00
Naturbims	400	0,120	1000,00
Schiefer	2000–2800	2,20	1000,00

Im Bilanzverfahren zum sommerlichen Wärmeschutz nach DIN 4108-2 ist die Materialeigenschaft der spezifischen Wärmekapazität c von Bedeutung. Im Zusammenhang mit der Rohdichte und der Bauteilstärke errechnet sich c_{wirk}. Dieser Wert gibt Auskunft über das Wärmespeicherverhalten der unterschiedlichen Bauweisen und deren Abkühlverhalten bei nächtlicher Lüftung.

Auf der Grundlage der DIN EN ISO 13786 kann die wirksame Wärmekapazität für den zu betrachtenden Raum ermittelt werden.

3.3.8 Der Wärmeeindringkoeffizient b und die Kontakttemperatur

Der Wärmeeindringkoeffizient b ist als physikalische Eigenschaft einfach erlebbar. Vergleicht man sein eigenes Empfinden bei der Berührung von z. B. Styropor, Holz oder Keramik, stellt man fest, wie unterschiedlich die wärmetechnischen Wahrnehmungen sind. Bei gleicher Raum- und Oberflächentemperatur, und unter eingeschwungenen Bedingungen, stellt sich bei Styropor unmittelbar ein Gefühl von Wärme bei der Berührung ein. Mit der Berührung von Holz fällt diese Empfindung von Wärme schon weniger deutlich aus. Berührt man dagegen einen Baustoff mit einer hohen Rohdichte, wie z. B. Fliesen, erlebt man den Wärmefluss aus dem Körper in das Material unmittelbar. Im Vergleich zu Baustoffen mit geringer Rohdichte empfindet man dies als kalte Oberfläche. Verursacher dieser Empfindung ist der Wärmeeindringkoeffizient, der die Kontakttemperatur bestimmt, wenn zwei unterschiedliche Stoffe sich berühren.

Gebildet wird der Wärmeeindringkoeffizient aus der Wärmeleitfähigkeit λ, Dichte $\mathbf{P}$ und der spezifischen Wärmekapazität c_p. Damit steht der Wärmeeindringkoeffizient in unmittelbarem Bezug zur Temperaturleitfähigkeit, die auf denselben Parametern beruht.

Mit dem Wärmeeindringkoeffizienten lässt sich ermitteln, welche Kontakttemperatur entsteht. Die Kontakttemperatur ergibt sich nach Recknagel und Sprenger aus folgender Formel ([44], S. 175):

$$t_K = \frac{b_1 \cdot t_1 + b_2 \cdot t_2}{b_1 + b_2}$$

Ein einfaches Rechenbeispiel macht die Folgen spürbar:

Ein Mensch berührt im ersten Fall mit seinen Füßen einen Marmorboden mit b_1 2,5 $W/m^2 \cdot s^{-0,5}$. Im zweiten Fall steht er auf einem Holzboden, der mit b_2 0,5 $W/m^2 \cdot s^{-0,5}$ einen geringeren Wärmeindringkoeffizienten besitzt.

Für einen Fuß wird eine Oberflächentemperatur von t_2 30 °C angenommen. Der Wärmeeindringkoeffizient der menschlichen Haut liegt zwischen 1,0 bis 1,3 $W/m^2 \cdot s^{-0,5}$. Für die Oberflächentemperatur t_1 des Bodens wird von einem eingeschwungenen Zustand und 18 °C ausgegangen.

Auf der Grundlage dieser Werte ergibt sich eine Oberflächentemperatur auf dem Holzboden von ca. 26,2 °C. Unter gleichen Randbedingungen stellt sich für den Marmorboden dagegen nur eine Oberflächentemperatur von ca. 21,6 °C ein. Da die Abweichung zur menschlichen Kerntemperatur in diesem Fall größer ist, wird der Marmorboden als kühlerer Boden empfunden. Zugleich zeigt dies aber auch, wie einfach Wärmeströme erlebbar sein können und durch die Materialwahl die Kontakttemperatur beeinflussbar ist.

3.3.9 Emissionsgrad ε

Für Baukonstruktionen ist die Relation von a_s/ε bedeutend. Sollen Bauteiloberflächen unter solarer Bestrahlung eine geringe Temperatur annehmen, muss a_s/ε möglichst klein sein, was zum Beispiel durch einen hellen Anstrich erreicht werden kann.

Der Emissionsgrad ε von Baustoffen ist immer <1, da reale Körper nie die komplette Energie aufnehmen können und immer ein Teil als Reflektion abgegeben wird.

Tab. 3-12 Auszug der Absorptionsgrade aus Solarstrahlung und Emissionsgrad ([2], Tabelle 5.8, S. 633)

Absorptionsgrad a_S aus Solarstrahlung und Emissionsgrad ε			
Material	**a_S**	ε	**a_S/ε**
Aluminium, poliert	0,20	0,08	2,50
Dachpappe, schwarz	0,82	0,91	0,90
Eisen, rauh	0,75	0,82	0,91
Farbe, zinkweiß	0,22	0,92	0,24
Farbe, schwarze Ölfarbe	0,90	0,92	0,98
Kupfer, poliert	0,18	0,03	6,00
Marmor, weiß	0,46	0,90	0,51
Ziegel, rot	0,75	0,93	0,81

Der Emissionsgrad steht in direktem Bezug zur Temperaturdehnung. Temperaturschwankungen in einem Bauteil führen zu Verformungen oder Spannungen. Diese Temperaturschwankungen können langsam und gleichmäßig über die Jahreszeiten verlaufen. Ebenso kann der Verlauf schnell und ungleichmäßig verlaufen, wie nach einem sommerlichen Gewitterregen bei zusätzlicher Sonneneinstrahlung. Hieraus resultieren thermisch bedingte Spannungen in der Konstruktion, die zu Bauschäden führen.

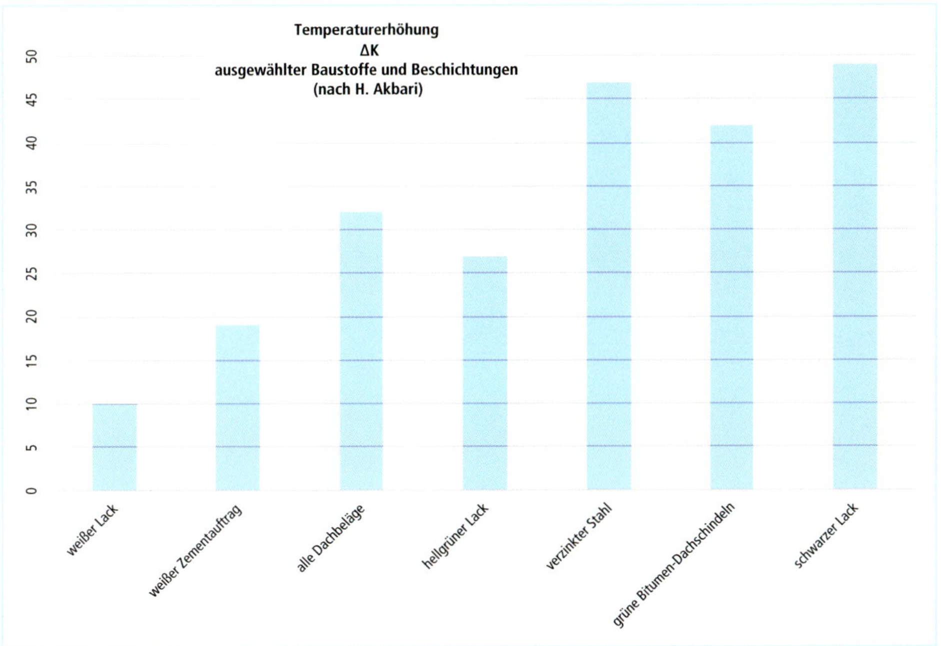

Abb. 3-11 Temperaturerhöhung von Beschichtung unter solarer Bestrahlung [1]

3.4 Mechanismen des Wärmetransports

Alle Bauteile erfahren Einwirkungen aus dem Transport von Wärme. Diese können klimatisch bedingt oder das Ergebnis von Nutzergewohnheiten sein.

Betrachtet man eine Außenwand, die einen beheizten Innenraum gegen den Außenraum abgrenzt, so erfährt diese Konstruktion immer wiederkehrende Beanspruchungen, die aus Sonne, Wind, Regen, Luftfeuchtigkeit, innerer Konvektion der Luft und der langwelligen Wärmestrahlung resultieren.

Diese unterschiedlichen Beanspruchungen beeinflussen sich gegenseitig und bestimmen die Wärmeleitung. Die Wärmeleitung in einem Bauteil ist damit nie das Ergebnis aus nur einem Vorgang, sondern das Ergebnis ständiger gegenseitiger Beeinflussung. Unter natürlichen klimatischen Bedingungen liegen im Außenbereich latent instationäre Verhältnisse vor. Dagegen können die Einflüsse im Innenraum als nahezu stationär angesehen werden.

Während im Bauteil die Wärme hauptsächlich durch Leitung übertragen wird, wird die Außenseite durch kurzwellige Sonnenstrahlung und dem Wärmeübergang von der Luft auf die Wand erwärmt. Dieser Vorgang wird zusätzlich beeinflusst, wenn Wind auf die Oberfläche einwirkt, was zu einem Wärmeaustrag führen kann.

Auf der Rauminnenseite wirken auf die Konstruktion hauptsächlich die Heizwärme und Konvektion in der Grenzschicht der Luft vor der Wand ein.

Diese ständigen und sich gegenseitig beeinflussenden Prozesse des Wärmetransports sind maßgeblich an der Dauerhaftigkeit eines Bauwerks beteiligt, da aus den Erwärmungs- und Abkühlungsprozessen Längenänderungen resultieren, die zu Bauschäden führen können.

Abb. 3-12 Energieeinträge und Energieabgaben von Konstruktionen

3.4.1 Wärmestrahlung

Die Wärmestrahlung erfolgt als Transport von Energie durch elektromagnetische Wellen von festen Körpern, Flüssigkeiten und einigen Gasen. Dabei emittiert und absorbiert jeder Körper elektromagnetische Strahlung. Der Wellenlängenbereich der Wärmestrahlung liegt mit 0,8 bis 800 µm oberhalb der des Lichts mit 0,4 bis 0,8 µm. ([44], S. 195)

In Abhängigkeit von der Stoff- und Oberflächenbeschaffenheit wird auftreffende Strahlung reflektiert, absorbiert oder durchgelassen. Die Intensität und Verteilung der Energie ist zusätzlich abhängig von der Temperatur, den Wellenlängen und den Schichtdicken. Mit der Temperatur steigen die Strahlungsintensität und damit die Wärmestromdichte. Die Ausbreitung der Wärmestrahlung ist nicht an Materie gebunden und deshalb auch im Vakuum möglich.

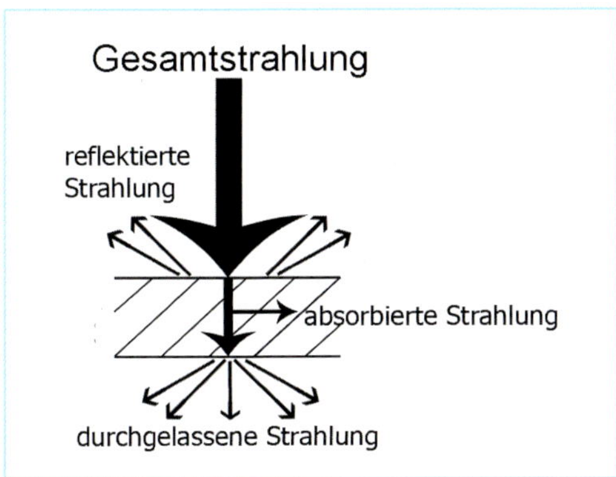

Abb. 3-13 Dissipation der auftreffenden Gesamtstrahlung auf einem Körper

3.4.2 Konvektion

Der Wärmetransport in Gasen oder Flüssigkeiten erfolgt als Wärmeleitung zwischen den Molekülen. Bei der Zugabe von Wärmeenergie erfolgt eine Ausdehnung der energietragenden Moleküle. Dadurch kommt es zu einer Erhöhung der Bewegung innerhalb der molekularen Struktur und es entsteht ein höherer Dampfdruck in einem geschlossenen System. Kommt es dabei zu Strömungen, vor oder in einem Bauteil, wird dieser Vorgang als Konvektion bezeichnet.

Dadurch, dass Gase bei Druck- und Temperaturunterschieden einen Druckausgleich anstreben, kann es zur Konvektion in ein Bauteil kommen, wenn Leckagen vorhanden sind. In der Bauschadensanalytik zeigt sich regelmäßig, dass Bauschäden aus Konvektion wesentlich häufiger vorliegen als Schäden aus Diffusion, wie sie durch das Glaser-Verfahren zu bewerten sind. Bereits geringe Temperaturgradienten führen zu einer thermischen Strömung.

Bei der Berechnung des U-Werts fließt die Konvektion in Form des Wärmeübergangswiderstandes R_{si} und R_{se} in die Berechnung ein.

3.4.3 Wärmeleitung

Die Wärmeleitung erfolgt in festen Stoffen unmittelbar zwischen den benachbarten Molekülen. Bei allen Materialien führt das zu einer temperaturabhängigen Längenänderung. Diese Längenänderungen ziehen Zwängungen bei der Ausdehnung oder Verkürzungen bei Abkühlung, nach sich. Dadurch kann die Wärmeleitung eine Ursache von Bauschäden sein. Die aus der Wärmeleitung resultierenden Längenänderungen müssen im Planungsprozess bei allen Konstruktionen berücksichtigt werden. Besonders im Bereich von Metall bzw. Blech verarbeitenden Gewerken gibt es in den Regelwerken Festlegungen zu Dilatationsfugen, die die Längendehnung ausgleichen.

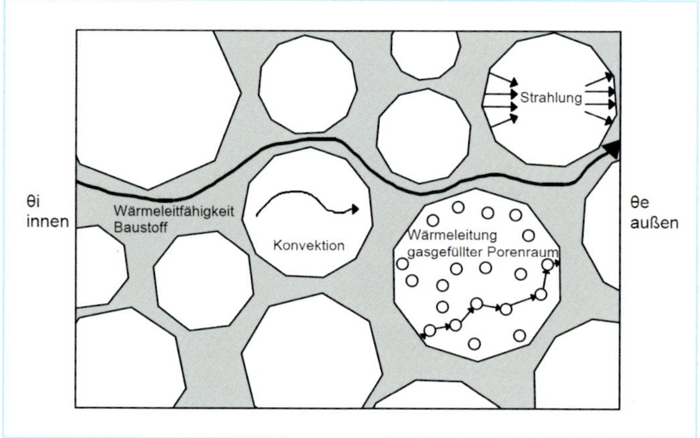

Abb. 3-14 Schematische Darstellung der Wärmeleitung in einem Baustoff

Die Längendehnung wird mit dem Ausdehnungskoeffizienten ermittelt, der Ursprungslänge des Bauteils beim Einbau und der zu erwartenden Temperaturdifferenz, die als Folge die Längenausdehnung verursacht. Die Einheit des Ausdehnungskoeffizienten ist mm/mK.

Bei einer einfachen Längenausdehnung gilt:

$$\Delta l = \alpha_T \cdot \Delta T \cdot l_c$$

Auch in Gasen findet Wärmeleitung statt, die ebenfalls zur Ausdehnung bzw. Volumenvergrößerung führt. Je stärker die Gasmoleküle erwärmt werden, desto mehr Energie enthalten sie und umso mehr geraten sie in Bewegung, dehnen sich aus und erhöhen den Druck im Raum.

Tab. 3-13 Ausdehnungskoeffizienten und lineare Wärmedehnung ([32], S. 137)

Lineare und wärmebedingte Ausdehnung	
Material	**Ausdehnungskoeffizient α [mm/m] bei 100 K Temperaturunterschied**
Aluminium	2,3
Beton	1,1
PVC	8,0
Glas	0,8
Holz – längs zur Faser	0,7
Holz – quer zur Faser	4,5
Klinker	0,7
keramische Platten	0,6
Stahl	1,2
Zink	3,6

Entropie

In der Thermodynamik stellt die Entropie eine Zustandsgröße für den Austausch von Energie dar. Bestimmt wird dieser Austausch durch Arbeit oder Wärmeübertragung. Mit dem Austausch von Energie verändert sich die Entropie.

Entropie ist ein Maß für **Unordnung** und Wahrscheinlichkeit. Da Wärme und kinetische Energie gleichzusetzen sind, bleibt letztendlich nur ungerichtete Bewegungsenergie, also die zufällige Verteilung von Energie als Wärme. Dies wird als Unordnung bezeichnet, da diese Energieform nicht weiter umwandelbar, also nicht nutzbar, ist. Das bedeutet, dass bei jeder Energieumwandlung derjenige Gesamtenergie-Anteil, der als nicht nutzbare **Abfallenergie** frei wird, immer mehr zunimmt.

Theoretisch führt das zu einem Zustand völliger Gleichförmigkeit, bei dem in einigen Milliarden Jahren im gesamten Universum alle Temperatur-, Spannungs- und sonstige Unterschiede verschwunden wären. Es gäbe nur noch eine überall gleiche Temperatur **(Wärmetod).**

Neuere Forschungen aus dem Gebiet der Quantenphysik deuten darauf hin, dass es so nicht kommen wird. Trotzdem besitzen die Hauptsätze der Thermodynamik in der klassischen Wärmelehre weiterhin ihre Gültigkeit.

Fazit: Hierin liegt nun der eigentliche Nutzen der Energieeinsparverordnung:

Energie kann nicht eingespart werden. Wir können aber die Umwandlung von Energie reduzieren und dabei auch den Anteil der ›Reibungsverluste‹ verringern.

4 Energetischer Wärmeschutz

Nach den Energiekrisen der 1970er-Jahre wuchs das Interesse an energiesparenden Maßnahmen für Gebäude, da diesem Sektor ein hoher Energiebedarf in Deutschland zugeordnet werden konnte.

Neben dem anfänglichen Ziel, die Abhängigkeiten von den erdölexportierenden Ländern zu reduzieren, etablierte sich ein Umweltbewusstsein, aus dem sich ein ressourcenschonenderes Handeln ableitete. Zusätzlich führten die Erkenntnisse um die Ursachen des klimatischen Wandels, zum Umdenken und Abkehr von fossilen Brennstoffen als gesellschaftliches Ziel. Damit wurde der energetische Wärmeschutz zu einem der zentralen Themen der Energieeinsparung bei Gebäuden. Allein in Deutschland liegt der Bedarf an Raumwärme in privaten Haushalten bei ca. 21 % des gesamten Endenergieverbrauchs. Schließt man in die Betrachtung noch sämtliche Nichtwohngebäude für Handel, Industrie und Gewerbe mit ein, wird deutlich, wie bedeutend der Einfluss im Sektor der Immobilien auf den gesamten Endenergieverbrauch Deutschlands ist. Ein 2008 veröffentlichter Vergleich der Arbeitsgemeinschaft Energiebilanzen BDEW zeigte, dass der Anteil der privaten Haushalte bei ca. 27,4 %, Industrie 29 %, Verkehr 28,2 % und Gewerbe, Handel und Dienstleistungen bei 15,4 % lag. Die aktuellen Statistiken von DESTATIS für das Jahr 2018 differenzieren bei der Aufteilung des Energiebedarfs in privaten Haushalten. Bei diesem Vergleich wird deutlich, dass bei der Raumwärme die größten Potenziale zur Optimierung bestehen.

Tab. 4-1 Struktur des Endenergieverbrauchs in privaten Haushalten pro Jahr [9]

Anwendungsbereich	**Milliarden Kilowattstunden**			
Haushalt	2010	2014	2015	2016
Raumwärme	469	446	458	468
Warmwasser	85	92	93	93
Kochen, Trocknen, Bügeln	42	39	38	38
Haushaltsgeräte	60	57	56	56
Beleuchtung	13	11	11	10

Zur Umsetzung der Ziele des energiesparenden Bauens steht als wichtigste Maßnahme, die Reduzierung des Energiebedarfs im Vordergrund. Die Verluste an Wärme sollen geringgehalten werden. Dazu kommen zusätzlich Maßnahmen, bei denen Umweltwärme genutzt oder die vorhandene Technik durch effizientere Systeme optimiert wird.

Betrachtet man die möglichen Maßnahmen zur Reduktion der Wärmeverluste in einem Bauwerk, stehen zuerst die wärmeübertragenden Flächen des Gebäudes, wie Fassaden, Dach und Bodenplatte im Mittelpunkt der Betrachtung. Ebenso ist die Art der Wärmeverteilung in einem Gebäude ein entscheidender Faktor, bei dem es darum geht, kompakte und gut gedämmte Leitungsnetze herzustellen. Die wärmedämmenden Eigenschaften der Bauteile werden von den Stoffeigenschaften der Materialien und den Dimensionen der Bauteilschichten geprägt.

Neben den physikalischen Stoffeigenschaften prägen die äußeren klimatischen bzw. wetterbedingten Prozesse den Wärmeenergiebedarf eines Hauses. Daneben sind die Wärmeströme die sich aus der Nutzung im Inneren eines Gebäudes einstellen, ebenso bedeutend. Diese resultieren aus den unterschiedlichen Zonen, mit voneinander abweichenden Raumlufttemperaturen, wie z. B. bei einem unbeheizten Treppenhaus, das neben beheizten Wohnräumen liegt.

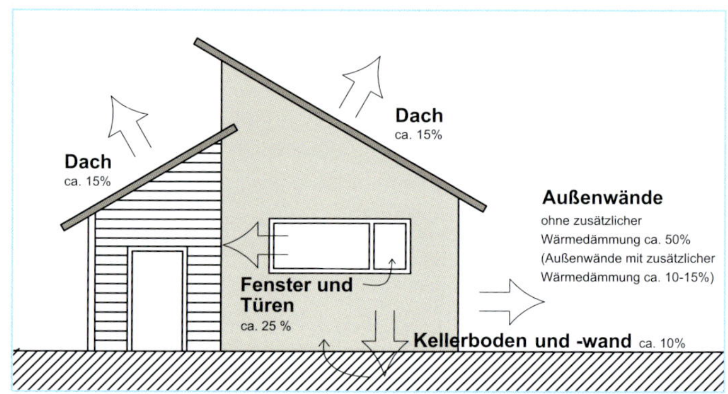

Abb. 4-1 Prozentuale Wärmeverluste nach Fachverband WDVS über die Hüllflächen, Quelle: Fachverband WDVS

4.1 Vorgaben und Gliederung der Energieeinsparverordnung

Mit der Einführung der EnEV wurden Mindeststandards zu den Qualitäten des energiesparenden Wärmeschutzes für die Umfassungsbauteile und bei den haustechnischen Komponenten vorgegeben. Im vergleichenden Referenzgebäudeverfahren der Energieeinsparverordnung, nach DIN V 18599, erfolgt eine Bewertung anhand des Jahresprimärenergiebedarfs und der Transmissionswärmeverluste.

Die Energieeinsparverordnung unterscheidet bei den Bilanzierungsmethoden nach der Art der Nutzung, wie Wohngebäude oder Nichtwohngebäude, und differenziert bei den Anforderungen zwischen Neubauten oder Bestandsbauten, sowie konditionierten bzw. nicht konditionierten Nutzungen.
Ergänzend zu der Festlegung nach Gebäudetyp oder Gebäudenutzung müssen alle Gebäude in Bezug auf ihre Konditionierung für Wärme oder Kälte betrachtet werden. Damit verknüpft die EnEV die energetische Qualität der Hüllfläche zur technischen Gebäudeausstattung (infolge TGA).

Das Berechnungsverfahren zur Energieeinsparverordnung basiert auf den Grundlagen der DIN V 18599 bzw. den Vorgaben der DIN V 4108-6:2003-07 Berechnung des Jahresheizwärme- und des Jahresheizenergiebedarfs.

Die aktuelle Fassung der Energieeinsparverordnung ist in sieben Abschnitte gegliedert und enthält 31 Paragrafen und weitere 12 Anlagen:

Abschnitt 1	Allgemeine Vorschriften
Abschnitt 2	Zu errichtende Gebäude
Abschnitt 3	Bestehende Gebäude und Anlagen
Abschnitt 4	Anlagen der Heizungs-, Kühl und Raumlufttechnik sowie der Wärmeversorgung
Abschnitt 5	Energieausweise und Empfehlungen für die Verbesserung der Energieeffizienz
Abschnitt 6	Gemeinsame Vorschriften, Ordnungswidrigkeiten
Abschnitt 7	Schlussvorschriften
Anlage 1	Anforderungen an Wohngebäude
Anlage 2	Anforderungen an Nichtwohngebäude
Anlage 3	Anforderungen bei Änderung von Außenbauteilen und bei Errichtung kleiner Gebäude, Randbedingungen und Maßgaben für die Bewertung bestehender Gebäude
Anlage 4	Anforderungen an die Dichtheit des gesamten Gebäudes
Anlage 4a	Anforderungen an die Inbetriebnahme von Heizkesseln und sonstigen Wärmeerzeugersystemen
Anlage 5	Anforderungen an die Wärmedämmung von Rohrleitungen und Armaturen
Anlage 6	Muster Energieausweise Wohngebäude
Anlage 7	Muster Energieausweise Nichtwohngebäude
Anlage 8	Muster Aushang Energieausweis auf der Grundlage des Energiebedarfs
Anlage 9	Muster Aushang Energieausweis auf der Grundlage des Energieverbrauchs
Anlage 10	Einteilung in Effizienzklassen
Anlage 11	Anforderungen an die Inhalte der Fortbildung

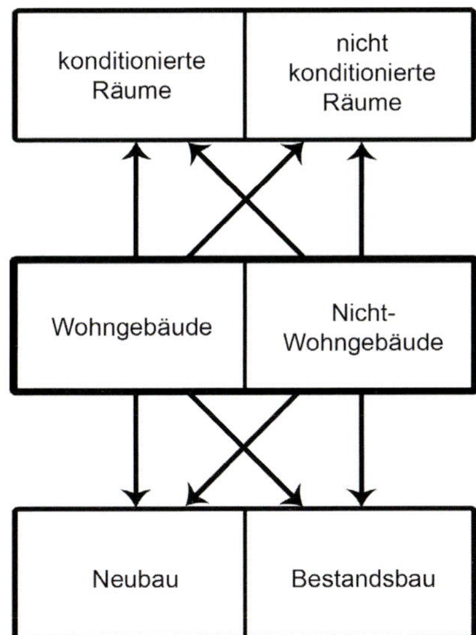

Abb. 4-2 Zuordnungen nach Energieeinsparverordnungen

4.1.1 Wohngebäude

Bei Wohngebäuden, die neu errichtet werden, gelten die Vorgaben der Anlage 1, Tabelle 2 der EnEV. Die dort vorgegebenen Höchstwerte für den umfassungsflächenbezogenen spezifischen Transmissionswärmeverlust H'_T werden aus dem U-Wert in Zusammenhang mit den Flächenanteilen und den F_x-Korrekturfaktoren gebildet:

- Wohngebäude freistehend, Nutzfläche ≤350 m² $H'_T = 0{,}40$ W/(m² · K)
- Wohngebäude freistehend, Nutzfläche >350 m² $H'_T = 0{,}50$ W/(m² · K)
- Wohngebäude einseitig angebaut $H'_T = 0{,}45$ W/(m² · K)
- Wohngebäude alle anderen $H'_T = 0{,}65$ W/(m² · K)
- Wohngebäude, z. B. Erweiterungen $H'_T = 0{,}65$ W/(m² · K).

In der Bilanzierung wird der spezifische bauteilbezogene Transmissionswärmeverlust H_T ermittelt. Dieser umfassungsflächenbezogene Transmissionswärmeverlust wird, wie im Beispiel (siehe Tab. 4-2), gewählt und zusätzlich mit einem pauschalen Wärmebrückenzuschlag von 0,05 W/(m² · K) beaufschlagt. Wie in Kapitel 4.3 beschrieben, stehen dem Planer unterschiedliche Wege zur Verfügung, um den Wärmebrückenzuschlag in die Bilanzierung einzubinden.

Dieses Ergebnis bildet die Grundlage für den spezifischen und auf die wärmeübertragende Hüllfläche A bezogenen Transmissionswärmeverlust H'_T:

$$H' = \frac{A_G}{(0{,}5 \cdot P)}$$

Tab. 4-2 Zusammenfassende tabellarische Ermittlung des Transmissionswärmeverlustes H_T unter Berücksichtigung der Temperaturkorrekturfaktoren F_x

2. Wärmeverlust						
2.1 Transmissionswärmeverlust [W/K]						
Bauteil		**Fläche A_i [m²]**	**Wärmedurchgangskoeffizient U_i [W/(m²K)]**	**$U_i \cdot A_i$ [W/K]**	**Temperatur-Korrekturfaktor F_{xi} [–]**	**$U_i \cdot A_i \cdot F_{xi}$ [W/K]**
Außenwand	Süd	78,00	0,24	18,72	1	18,72
	West	55,00	0,24	13,20	1	13,20
	Ost	55,00	0,24	13,20	1	13,20
	Nord	78,00	0,24	18,72	1	18,72
Fenster	Süd	12,00	1,30	15,60	1	15,60
	West	15,00	1,30	19,50	1	19,50
	Ost	7,50	1,30	9,75	1	9,75
	Nord	8,00	1,30	10,40	1	10,40
Haustür		2,80	1,70	4,76	1	4,76
Dach		192,00	0,18	34,56	1	34,56
Wand gegen Erdreich		85,00	0,28	23,80	0,6	14,28
Bodenplatte		114,00	0,30	34,20	0,6	20,52
	$\sum A_i = A =$	702,30	Spezifischer Transmissionswärmeverlust $\sum U_i \cdot A_i \cdot F_{xi} =$			193,21
Gewählt pauschaler Wärmebrückenzuschlag ΔU_{WB}: 0,05 W/(m² · K) · A						35,12
Transmissionswärmeverlust $H_T = \sum (U_i \cdot A_i \cdot F_{xi}) + \Delta U_{WB} \cdot A$					$H_T =$	228,13

4.1.2 Nichtwohngebäude

Für neu zu errichtende Nichtwohngebäude gibt die EnEV in der Anlage 2, Tabelle 2 Höchstwerte zu den einzuhaltenden Wärmedurchgangskoeffizienten vor. Diese beziehen sich auf das Zonenprofil, bzw. auf die Raum-Solltemperatur. Auf der Grundlage der wärmetechnischen Konditionierung der Räume erfolgt die Einteilung in zwei Kategorien nach Innenräumen mit einer Raumlufttemperatur von ≥19 °C oder Innenräumen, deren Raumlufttemperatur zwischen 12 und 19 °C liegt.

Für Zonen und Räume mit Raumtemperaturen ≥19 °C gilt:

Tab. 4-3 EnEV Anforderungen zu Wärmedurchgangskoeffizienten bei Nichtwohngebäuden

EnEV Anforderungen an die wärmeübertragenden Umfassungsflächen für Neubauten »Nichtwohngebäude«			
	Höchstwerte Wärmedurchgangskoeffizienten U		
Bauteile von Räumen mit Raumtemperaturen ≥19 °C	**EnEV 2009 [W/(m²/K)]**	**Neubauvorhaben bis 31. Dezember 2015 [W/(m²/K)]**	**Neubauvorhaben ab 1. Januar 2016 [W/(m²/K)]**
Opake Außenbauteile	0,35	0,35	0,28
Transparente Außenbauteile	1,90	1,90	1,50
Vorhangfassaden	1,90	1,90	1,50
Glasdächer, Lichtkuppeln, Lichtbänder	3,10	3,10	2,50

Bei gering beheizten Zonen und Räumen mit Lufttemperaturen von 12 bis 19 °C gelten unverändert die folgenden Wärmedurchgangskoeffizienten für die wärmeübertragenden Umfassungsflächen:

Tab. 4-4 EnEV Anforderungen zu Wärmedurchgangskoeffizienten bei gering beheizten Nichtwohngebäuden

EnEV Anforderungen für Neubauten »Nichtwohngebäude« nach Anlage 2, Tabelle 2	
Bauteile von Räumen mit Raumtemperaturen 12–19 °C	**Höchstwerte Wärmedurchgangskoeffizienten U [W/(m²/K)]**
Opake Außenbauteile	0,50
Transparente Außenbauteile	2,80
Vorhangfassade	3,00
Glasdächer, Lichtkuppeln, Lichtbänder	3,10

4.1.3 Bestandsbauten und Denkmäler

Für Bestandsbauten und Denkmäler enthält die EnEV separate Regelungen. Während Denkmäler und sonstige schützenswerte Gebäude unter den § 24 zu Ausnahmen von der EnEV gehören, müssen Sanierungen, Erweiterungen und der Ausbau von Gebäuden nach § 9 bewertet werden. Hier greift u. a. im Sanierungsfall eines Bauteils die 10 %-Regelung. Diese besagt, dass eine Teilfläche nur dann repariert werden darf, wenn sie <10 % der Gesamtfläche des jeweiligen Bauteils ist. Liegt der Anteil der Fläche bei ≥10 %, muss eine energetische

Sanierung der gesamten Flächen unter Beachtung der U-Wert-Vorgaben der EnEV erfolgen. Ausnahmen bestehen auch diesbezüglich. So sind z. B. Fassaden von einer dämmtechnischen Sanierung ausgenommen, wenn sie lediglich gestrichen werden.

Daneben besteht zusätzlich die Möglichkeit zur Befreiung der Erfüllung nach EnEV. Die Bedingungen dazu sind in der Anlage 3 zur EnEV geregelt. So kann im Falle einer technisch begründeten Beschränkung beim Einbau einer nachträglichen Dämmung die Anforderung auch dann als erfüllt gelten, wenn nach den anerkannten Regeln der Technik die höchstmögliche Dämmstoffstärke mit einem Bemessungswert der Wärmeleitfähigkeit λ von 0,035 W/(m·K) eingebaut wird. Die Befreiung erfolgt als Antrag in Abstimmung mit der Unteren Bauaufsicht.

Die Anforderungen für Maßnahmen an bestehenden Gebäuden werden in der Anlage 3 zur EnEV, durch Vorgaben an den einzuhaltenden Wärmedurchgangskoeffizienten der Bauteile bestimmt. Dabei gelten die Vorgaben der Anlage 3 sowohl bei Teilflächensanierungen als auch bei Erweiterung durch Anbauten.

Die Unterteilung der energetischen Qualitäten der Umfassungsflächen erfolgt in Bezug zur Nutzung (Wohn- oder Nichtwohngebäude) und wird auf die vorherrschenden Raumtemperaturen bezogen.

a) Wohngebäude und Nichtwohngebäude mit Raumtemperaturen ≥19 °C

Tab. 4-5 EnEV Anforderungen zu Wärmedurchgangskoeffizienten bei Bestandsgebäuden

EnEV Anforderungen für Bestandsbauten nach Anlage 2, Tab. 2	
Bauteile von Räumen mit Raumtemperaturen ≥19 °C	**Höchstwerte Wärmedurchgangskoeffizienten U [W/(m²/K)]**
Außenwände	0,24
Außenfenster und Türen	1,30
Dachflächenfenster	1,40
Verglasungen	1,10
Vorhangfassaden	1,50
Glasdächer	2,00
Außenfenster mit Sonderverglasungen	2,00
Sonderverglasungen	1,60
Vorhangfassaden mit Sonderverglasungen	2,30
Decken, Dächer, Dachschrägen	0,24
Flachdächer	0,20
Decken und Wände gegen unbeheizte Räume	0,30
Fußbodenaufbauten	0,50
Decken an Außenluft nach unten	0,24

b) Wohngebäude und Nichtwohngebäude mit Raumtemperaturen von 12 bis 19 °C

Tab. 4-6 EnEV-Anforderungen zu Wärmedurchgangskoeffizienten bei gering beheizten Bestandsbauten

EnEV Anforderungen für Bestandsbauten nach Anlage 2, Tab. 2	
Bauteile von Räumen mit Raumtemperaturen 12–19 °C	**Höchstwerte Wärmedurchgangskoeffizienten U [W/(m²/K)]**
Außenwände	0,35
Außenfenster und Türen	1,90
Dachflächenfenster	1,90
Verglasungen	keine Anforderungen
Vorhangfassaden	1,90
Glasdächer	2,70
Außenfenster mit Sonderverglasungen	2,80
Sonderverglasungen	keine Anforderungen
Vorhangfassaden mit Sonderverglasungen	3,00
Decken, Dächer, Dachschrägen	0,35
Flachdächer	0,35
Decken und Wände gegen unbeheizte Räume	keine Anforderungen
Fußbodenaufbauten	keine Anforderungen
Decken an Außenluft nach unten	0,35

4.2 Die energetische Bewertung der Hüllfläche

Eine der wichtigsten Grundlagen der energetischen Bilanzierung ist der Wärmedurchgangskoeffizient bzw. der U-Wert von Bauteilen. Im Nachweisverfahren zur EnEV wird der U-Wert der einzelnen Bauteile zu deren Flächenanteilen in der gesamten wärmeübertragenden Hüllfläche und ihrer Einbausituation mit dem F_{xi} Temperatur-Korrekturfaktoren in Bezug gesetzt.

Über das A/V_e-Verhältnis erhält man eine Kenngröße zur überschlägigen Beurteilung der energetischen Qualität eines Gebäudes. Dabei wird die wärmeübertragende Hüllfläche in Relation zum beheizten Raumvolumen gesetzt:

A Fläche der wärmeübertragenden Hüllfläche in m^2
V_e Außenmaß des Gebäudes in m^3.

Ein kleines A/V_e Verhältnis steht für ein kompaktes Gebäude, das einen geringeren Hüllflächenanteil besitzt und bei dem folglich der zu erwartende Wärmeverlust über die Hüllfläche geringer ist. Typische günstige Verhältniszahlen sind für Wohnbauten 0,7 und für Geschossbauten 0,3 bis 0,4.

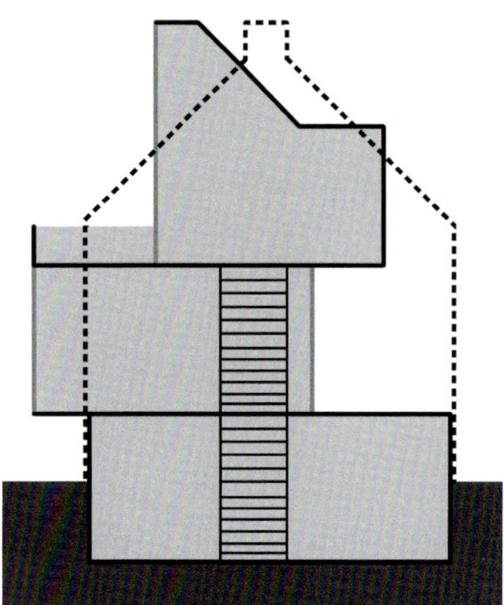

Abb. 4-3 Kompakte und wenig zerklüftete Bauweisen sind energetisch günstiger durch ihr niedriges A/V_e-Verhältnis

Abb. 4-4 Beispiel eines Wohnhauses, bei dem die wärmeübertragende Hüllfläche, durch die Trennung der Geschossdecken, maximiert wurde

4.2.1 Transmissionswärmeverluste H'_T

Im EnEV-Nachweisverfahren ist der Nachweis und die Einhaltung der Transmissionswärmeverluste H'_T eine zentrale Größe, die nachzuweisen ist. Aus dem ermittelten Wert lässt sich rückschließen, welche Wärmeverluste über die wärmeübertragende Hüllfläche zu erwarten sind. Daher müssen im Nachweis zur Energieeinsparverordnung Vorgaben eingehalten werden.

Im Berechnungsverfahren wird der Transmissionswärmeverlust eines Gebäudes aus der Summe aller Hüllflächen in m^2, ihres Wärmedurchgangskoeffizienten (U-Wert) der Bauteile und dem F_x-Korrekturfaktor gebildet.

Tab. 4-7 Vergleichende Betrachtung der Transmissionswärmeverluste und des Jahres-Primärenergiebedarfs zur Energieeinsparverordnung bei einem Mehrfamilienhaus

	Ist-Wert	mod. Altbau	EnEV-Neubau	−15 %	−30 %	−50 %	Neubau [%]
Jahres-Primärenergiebedarf q_p [kWh/(m²a)]	24,17	78,43	42,02	35,71	29,41	21,01	−42
Transmissionswärmeverlust H'_T [W/(m²K)]	0,302	0,700	0,433	0,368	0,303	0,216	−30

Berechnung nach DIN V 4108-6 und DIN V 4701-10/EnEV 2016

4.2.2 Der F_X-Temperatur-Korrekturfaktor

Der F_X-Korrekturfaktor wird genutzt, um den Einfluss der Einbausituation eines Bauteils hinsichtlich der Transmissionswärmeverluste zu bewerten. Bauteile, die warme Innenräume gegen kalten Außenraum abgrenzen, besitzen den Korrekturfaktor 1. Dies bedeutet keine Minderung der zu bewertenden Wärmeströme und unverminderte Transmissionswärmeverluste.

Trennen dagegen Bauteile warme Innenräume gegen unbeheizte Räume oder Räume gegen Erdreich ab, erfolgt eine Anpassung der Wärmeströme. Dadurch erfolgt eine Bewertung der Einbausituation, die einen geringeren Wärmeverlust anzeigt, was aus der tatsächlichen Einbausituation resultiert (vgl. Tab. 4-2). Die Werte der F_X-Korrekturfaktoren können der DIN V 4108-6,2003-06, Tabelle 3 oder der Energieeinsparverordnung entnommen werden:

- Außenwand 1
- Dach als Systemgrenze 1
- Wände und Decken zu unbeheizten Räumen 0,5
- oberste Geschossdecke 0,8
- Drempelwand 0,8
- Fußboden auf Erdreich 0,6
- Kellerdecke und -wände zu unbeheiztem Keller 0,6
- Flächen des beheizten Kellers gegen Erdreich 0,6.

4.3 Wärmebrücken und energetische Nachweise

Als Wärmebrücken werden örtlich begrenzte Bereiche in der wärmeübertragenden Hülle eines Bauwerks bezeichnet, die eine höhere Wärmestromdichte als die benachbarten ungestörten Bauteile aufweisen. Daher werden Wärmebrücken auch als gestörte Bauteile bezeichnet. Diese Bereiche sind hinsichtlich der Wärmedämmung eine Schwachstelle in der Konstruktion, da es hier zu erhöhten Wärmeverlusten aus Transmission kommt.

Sie steht für den Sonderfall in einer homogen gedämmten Schicht oder einen Wechsel innerhalb der Konstruktion der Hüllfläche, der aus dem Wechsel von Konstruktionen oder Materialien resultieren kann.

Die höheren Wärmströme im Bereich der Wärmebrücke verursachen

- höhere Wärmeverluste im Bereich der Wärmebrücke,
- stärkere Abkühlung auf der Raumseite der Konstruktion im Bereich der Wärmebrücke,
- Einschränkungen bei der Aufenthaltsqualität durch Unbehaglichkeit an kalten Bauteiloberflächen,
- Erhöhung der relativen Luftfeuchte auf der Bauteiloberfläche durch die niedrigere Bauteiltemperatur,
- Befall mit Schimmelpilz als Folge des Tauwasserausfalls im Bereich der Wärmebrücken.

Nicht erst mit der Einführung der Energieeinsparverordnung erkannte man die besondere Bedeutung der Wärmebrücke für die energetische Qualität eines Gebäudes. Mit dem Bilanzierungsverfahren von Gebäuden wurde die Bewertung der Wärmeverluste durch punkt- oder linienbezogene Wärmebrücken zu einem Teil der Planung.

Nach EnEV stehen verschiedene Varianten zur Wahl, um energetische Verluste durch Wärmebrücken in die Bilanzierung einzubinden:

- detaillierter Einzelnachweis von Wärmebrücken durch FE-Simulations-Software
- pauschaler Wärmebrückenzuschlag von 0,05 W/(m²·K) auf die gesamte Hüllfläche,
- pauschaler Wärmebrückenzuschlag von 0,10 W/(m²·K) auf die gesamte Hüllfläche.

Wird der 5 %-Zuschlag gewählt, bedeutet dies, dass die Planung unter Verwendung der Vorgaben des Beiblatts 2 zu Wärmebrücken erfolgt bzw. vergleichbare Konstruktionen verwendet werden. Wählt der Planer das Beiblatt 2 als Grundlage seiner Planung, muss beachtet werden, dass die Vorgaben der Norm an die Eigenschaften der Dämmstoffe eingehalten werden.

Möchte sich der Planer von den Vorgaben des Beiblatts lösen, kann für den vereinfachten Nachweis ein pauschaler Zuschlag von 10 % auf die Transmissionswärmeverluste auf alle Bauteile gewählt werden. Damit werden alle Wärmebrücken eingerechnet und es wird kein Gleichwertigkeitsnachweis notwendig. Dieser Fall bedeutet jedoch nicht, dass die grundsätzlichen Anforderungen an das wärmebrückenfreie Bauen und an das Einhalten von Oberflächentemperaturen außer Kraft gesetzt sind. Die Rahmenbedingungen der DIN 4108-2 hinsichtlich der einzuhaltenden Oberflächentemperaturen, dem Nachweis zur prognostizierten Freiheit von Schimmelpilzbildung oder den energetischen Vorgaben der Energieeinsparverordnung bilden weiterhin die Grundlage der Planung. Dies spiegelt sich auch in der Formulierung des § 7 der EnEV wider, der vorgibt, dass die Forderungen zum Mindestwärmeschutz einzuhalten sind. Der Einfluss konstruktiver Wärmebrücken auf den Jahresheizwärmebedarf muss nach den anerkannten Regeln der Technik erfolgen und in einem wirtschaftlich vertretbaren Rahmen so gering wie möglich gehalten werden.

Unter energetischer Sicht ist der pauschale Wärmebrückenzuschlag, aufgrund seiner Höhe von 0,10 W/(m²K), kritisch zu sehen, wenn es darum geht die EnEV-Anforderungen zu erfüllen.

Einzelne Detailpunkte können unter besonderen Bedingungen von der energetischen Wärmebrückenbetrachtung ausgenommen sein, wenn diese z. B. außenseitig vollständig überdämmt sind. Das Beiblatt 2 der DIN 4108 erfasst dazu folgende Vereinfachungen:

- überdämmte Außen- und Innenecken,
- Innenwände, die in Außenwände einbinden und mit min. 100 mm überdämmt sind und der Dämmstoff eine Wärmeleitfähigkeit ≤0,040 W/(mK) besitzt,
- in Außenwände einbindende Geschossdecken, wenn die Außenwand eine durchgehende Dämmung besitzt, die mindestens R ≥ 2,5 m²K/W beträgt,
- einzelne Anschlüsse von Türen in der Hüllfläche,
- Querschnittänderungen in den Außenwänden durch Schlitze oder Steckdosen.

Wird eine detaillierte Nachweisführung durchgeführt, muss diese auf der Grundlage der DIN EN ISO 14683 Wärmebrücken im Hochbau – Längenbezogener Wärmedurchgangskoeffizient erfolgen. In diesem Berechnungsverfahren kann die Festlegung getroffen werden, ob die Ermittlung außen-, innen- oder gesamtinnenmaßbezogen vorgenommen wird. Nach dieser Norm ist in Deutschland zwar alles zulässig, tatsächlich hat sich jedoch schon längst der Bezug zur Außenlänge der Umfassungsfläche durchgesetzt.

Für jedes nutzbare Verfahren zur Berechnung des Wärmebrückeneinflusses gibt die DIN 14683 die zu erwartenden und typischen Genauigkeiten dieser Berechnungsverfahren an:

- numerische Simulation ±5 %
- Wärmebrückenkataloge ±20 %

- Handrechnung ±20 %
- Anhaltswerte von 0 % bis 50 %.

Im detaillierten Nachweisverfahren werden sämtliche Anschlüsse und Übergänge auf die längenbezogenen Wärmeverluste zusammengestellt. Die Berechnung kann auf der Grundlage der DIN EN ISO 10211 erfolgen. Bei der numerischen Simulation müssen weiterreichende Informationen zur Kontrolle offengelegt werden. So sind den Berechnungen Angaben zu den Wärmedurchgangskoeffizienten der homogenen Bauteile und der Abmessungen beizufügen. Ebenso muss der Bericht Informationen zu den inneren und äußeren Randbedingungen, wie den angesetzten Wärmeübergangswiderständen und den angrenzenden Temperaturen, enthalten.

Wird der Nachweis über die Gleichwertigkeit erbracht, kann dies unter Zuhilfenahme von Wärmebrückenkatalogen erfolgen. In der Regel weichen die zu planenden Details von den Vorgaben der Wärmebrückenkataloge ab. Voraussetzung für den Nachweis der Gleichwertigkeit ist jedoch, dass die wärmedämmtechnischen Eigenschaften der Wärmebrückenkataloge der tatsächlichen Planung entsprechen.

Die Systematik der Ermittlung der Gleichwertigkeit im Nachweisverfahren:

Tab. 4-8 Systematik zum Gleichwertigkeitsnachweis für Wärmebrücken

Wärmebrücke	DIN 4108 Beiblatt 2	Nachweis der Gleichwertigkeit		
		Konstruktives Grundprinzip	**R-Wert**	**Ψ-Wert**
Bauteil	Ausführung gem. Bild nach Beiblatt 2	Vorhanden und entsprechend der normativen Vorgaben: ▪ Abmessung ▪ Wärmeleitfähigkeit	–	–
		Weicht ab durch Dämmstärken oder λ-Wert	Nachweis über Wärmedurchlasswiderstand R	–
			Weicht ab beim Wärmedurchlasswiderstand R	Vergleich über den Ψ-Wert, z. B. nach Wärmebrückenkataloge

Ebenso können zur Nachweisführung die ψ-Werte der Herstellerangaben oder Wärmebrückenkataloge genutzt werden. Sollte auf diese vergleichende Weise kein überprüfbares Ergebnis erzielt werden, kann auf der Grundlage der DIN EN ISO 14683:2008 WÄRMEBRÜCKEN IM HOCHBAU, der längenbezogene Wärmedurchgangskoeffizient berechnet werden.

Im Handrechenverfahren müssen mit der Aufstellung des Nachweises Beschreibungen zu den Details vorgenommen werden, die Informationen zu dem Anwendungsbereich, den Abmessungen und die Mindestwärmeleitfähigkeit für sämtliche Baustoffe enthalten. Zusätzlich sind die Wärmeübergangswiderstände anzugeben.

Nach DIN 4108-2, Pkt. 6.3.1, kann der Nachweis von dreidimensionalen Wärmebrücken vernachlässigt werden, da die Flächenwirkung begrenzt ist. Hierzu benennt die Norm als Beispiel Konstruktionen von Vordächern oder punktuelle Balkonauflager. Dagegen müssen zweidimensionale Wärmebrücken grundsätzlich bewertet werden.

4.3.1 Randbedingungen der Wärmebrückenbetrachtungen

Als Grundlage für die Wärmebrückenbetrachtung können die in der DIN 4108 Beiblatt 2 beschriebenen Randbedingungen herangezogen werden. Zusätzlich gibt die DIN EN ISO 10211 Randbedingungen vor.

Die Norm unterscheidet dabei in ihren Betrachtungen nach den Planungszielen, ob eine Bewertung der raumseitigen Oberflächentemperatur erfolgen soll oder die Wärmestromdichte ermittelt wird. Die Qualität der raumseitigen Oberflächentemperatur wird mit dem f-Wert berechnet und bewertet. Dabei steht bei dieser Berechnung die Bewertung der Konstruktion zur Tauwasserfreiheit und eines eventuellen Schimmelpilzbefalls im Mittelpunkt der Betrachtung.

Soll die Konstruktion hinsichtlich möglicher Wärmeströme untersucht werden und gilt es Wärmeverluste durch Wärmebrücken zu bewerten, erfolgt die Berechnung des ψ-Werts (sprich: Psi-Wert) nach DIN 4108, Beiblatt 2. Das Beiblatt enthält, bezogen auf diese beiden Möglichkeiten unterschiedliche Randbedingungen. Auszugsweise werden hier einige anzunehmende Temperaturen der Oberflächen, Temperaturfaktoren und Wärmeübergangswiderstände dargestellt:

Ψ-Wert für Wärmeströme

Wand:	außen	f_e0/R_{se} 0,04	
	innen	f_e1/R_{si} 0,13	
Dach:	außen	f_e0/R_{se} 0,10	
	innen	f_e1/R_s 0,10	
Boden gegen Erdreich:	außen	f_{bf}/R_{se} 0,0	(unter Bodenplatte)
	innen	f_e1/R_{si} 0,17	

f-Wert für kritische Oberflächentemperaturen

Wand:	außen	–5 °C/R_{se} 0,04	
	innen	20 °C/R_s 0,25	
Dach:	außen	θ_a –5 °C/R_{se} 0,04	
	innen	θ_i 20 °C/R_s 0,25	
Boden gegen Erdreich:	außen	10 °C/R_{se} 0,0	(unter Bodenplatte)
	innen	20 °C/R_{si} 0,25	

Weichen die objektbezogenen geplanten Details von den vorgegebenen Standarddetails der Norm ab, müssen für die Nachweisführung die allgemeinen Randbedingungen übernommen werden. Entspricht die Wärmeleitfähigkeit des eingeplanten Dämmmaterials ebenfalls nicht den Vorgaben der Norm, muss ein Nachweis der Gleichwertigkeit über den Wärmedurchlasswiderstand R der Konstruktion geführt werden.

4.3.2 Arten der Wärmebrücke

Wärmebrücken lassen sich in drei Arten unterteilen:

- materialbedingte Wärmebrücken
- konstruktionsbedingte Wärmebrücken
- geometriebedingte Wärmebrücken.

Tatsächlich liegen im Bereich von Wärmebrücken oft Konstruktionsbedingungen vor, bei denen nicht eine einzige Ursache ausschließlich für den Zustand verantwortlich ist. An Gebäuden finden sich Wärmebrücken am häufigsten an den folgenden Bauteilen:

W Fensteranschlüsse
IW Innenwandanschlüsse an Außenwand, Boden oder Decke
GF Bodenplatte an Außenwand und Fundamenten
IF Deckenplatten in Außenwände einbindend
C Innen- und Außenecken von Fassaden
B Anschlüsse auskragender Bauteile, wie z. B. Balkone oder Vordächer
R Eckausbildung von Außenwand an Decke/Dach.

Eine weitere Unterscheidung kann nach punktuellen oder linienförmigen Wärmebrücken vorgenommen werden. Punktuelle Wärmebrücken können u. a. einzelne Befestigungspunkte von Geländerkonstruktionen sein. Zu den linearen Wärmebrücken zählen z. B. Attiken oder Balkonanschlüsse.

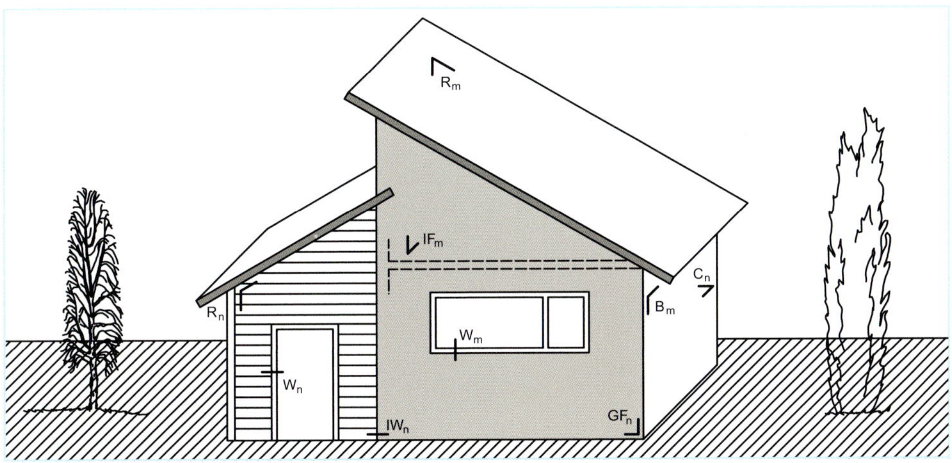

Abb. 4-5 Übersicht der Lage typischer Wärmebrücken nach DIN EN ISO 14683

Materialbedingte Wärmebrücken

Zu den materialbedingten Wärmebrücken werden zusammengesetzte Bauteile gezählt. Bei diesen Konstruktionen werden Materialien mit unterschiedlichen Wärmeleitfähigkeiten miteinander, und im direkten Anschluss, kombiniert. Typische bauliche Kombinationen sind Sparrendächer, Betonskelettbauten oder Fachwerk-Wandkonstruktionen.

Dadurch, dass die Konstruktion inhomogen ist, liegen unterschiedliche Wärmeströme vor, die von den Wärmeleitfähigkeiten der Baustoffe abhängen. Charakteristisch für diese Konstruktionen ist die raumseitige geringere Oberflächentemperatur im Bereich der Bauteile mit geringem Wärmedurchlasswiderstand. Die 2D-Simulation durch ein zusammengesetztes Wandbauteil zeigt deutlich, wie die unterschiedlichen Wärmeleitfähigkeiten wirken und die Oberflächentemperaturen voneinander abweichen.

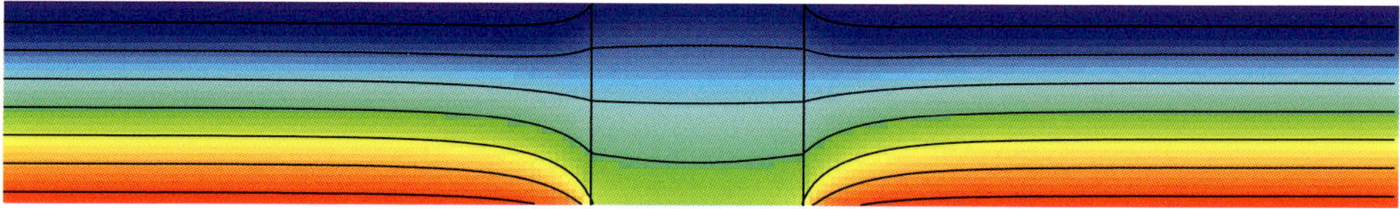

Abb. 4-6 **Isothermenverlauf in einer zusammengesetzten Wand. Die höhere Wärmeleitfähigkeit der zentralen Stütze verändert den Verlauf der Isothermen in der Konstruktion und führt zu einer geringeren raumseitigen Oberflächentemperatur.**

Mit den heutigen Dämmstandards und der Ausführung einer außenseitigen Dämmung ist die materialbedingte Wärmebrücke nicht mehr von Bedeutung. Durch das Überdämmen der tragenden Bauteile treten die Phänomene kaum noch in Erscheinung. Bei ungedämmten Altbauten lassen sich dagegen noch häufig die Erscheinungsbilder von Wärmebrücken erkennen.

Abb. 4-7 **Eine ungedämmte Außenwand, bei der durch Verschmutzungen deutlich der Unterschied der Wärmeleitfähigkeit zwischen Fuge und Stein, sowie der einbindenden Deckenplatte zu erkennen ist.**

Die Wirkung unterschiedlicher Wärmeleitfähigkeiten von Mauerwerkstein und Fugenmörtel lässt sich leicht am Beispiel der abgebildeten nicht gedämmten Mauerwerkswand erkennen. Fugenmörtel und Stein haben unterschiedliche Wärmeleitfähigkeiten, was zu abweichenden Oberflächentemperaturen auf der Wand führt. Die Verfärbungen aus Algen auf der Wand weisen auf Teilflächen hin, bei denen es durch die stärkere Abkühlung zu einem häufigeren Ausfall von Tauwasser kommt, was den Algen damit als Nahrungsgrundlage dient.

Durch den Einbau von vollflächigen außenseitigen Dämmungen wurden die bauphysikalischen Grundlagen dieser Erscheinungsbilder unbedeutender. Die homogenen äußeren Dämmebenen führten dazu, dass sich raumseitig eine einheitliche Oberflächentemperatur einstellte.

Allerdings traten dann in Abhängigkeit zu den gewählten Befestigungssystemen des Wärmedämmverbundsystems neue Erscheinungsbilder auf, die auf den gleichen physikalischen Grundlagen beruhen. Durch die höhere Wärmeleitfähigkeit des Befestigungsdübels aus Kunststoff wurde die materialbedingte Wärmebrücke gut sichtbar. Der Dübel im Dämmmaterial wurde nun zur materialbedingten und gut sichtbaren Wärmebrücke in den Wärmedämmverbundsystemen, wenn er nicht zusätzlich überdämmt wurde.

Abb. 4-8 Hier wurde Porenbetonmauerwerk nicht verklebt, sondern mit einem ungeeigneten Mörtel vermauert.

Abb. 4-9 In der Folge zeichnen sich die Mauerfugen innen selbst durch eine gestrichene Raufasertapete ab.

Abb. 4-10 Materialbedingte Wärmebrücke durch Tellerdübel und Verbindungsmittel im Wärmedämmverbundsystem

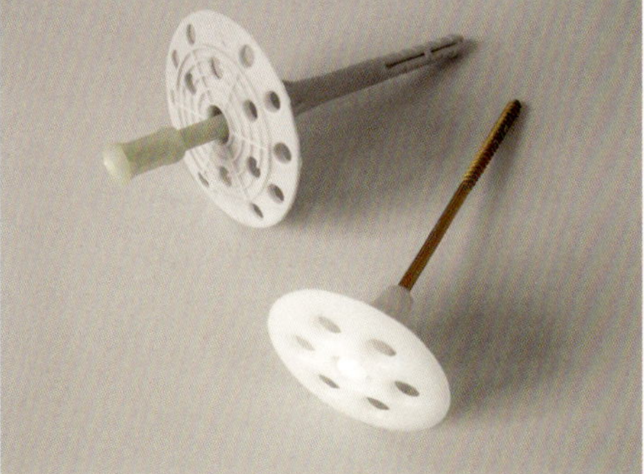

Abb. 4-11 Typische Befestigungsmittel für Wärmedämmverbundsysteme

Konstruktionsbedingte Wärmebrücken

Konstruktionsbedingte Wärmebrücken entstehen durch Schwächungen in Bauteilen. Dies sind zum Beispiel Querschnittminderungen, wie sie bei Heizkörpernischen oder Installationsschlitzen vorkommen. Zusätzlich können Fensterlaibungen, Fensterstürze und Rollladenkästen zu den konstruktionsbedingten Wärmebrücken gezählt werden.

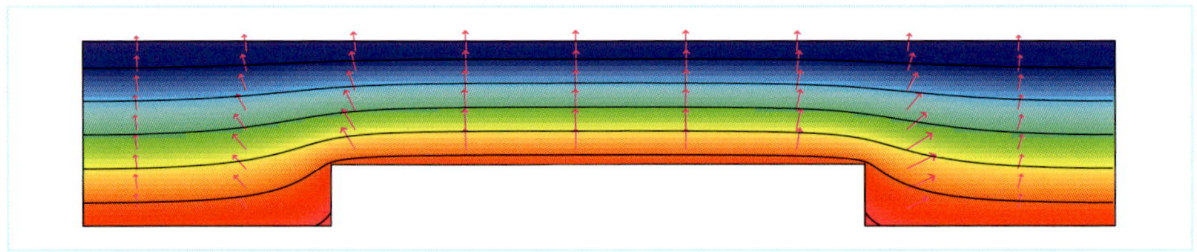

Abb. 4-12 **Beispiel der Wärmeströme und des Isothermenverlaufs in einer Heizkörpernische**

Genauso können sich Kombinationen von konstruktionsbedingten und geometrischen Wärmebrücken ergeben. Am Beispiel eines Unterzugs über einer offenen und kalten Tiefgarage wird der Wärmebrückeneinfluss gezeigt. Aufgrund fehlender Raumhöhen konnten nur die seitlichen Flanken des Unterzugs gedämmt werden, sodass die Untersicht ungedämmt frei blieb. Die Grafik verdeutlicht den Einfluss der seitlichen Flankendämmung und die raumseitige Veränderung der Oberflächentemperatur. Durch den Wärmebrückeneinfluss fällt die Oberflächentemperatur im beheizten Innenraum von ca. 19 bis auf ca. 13,5 °C direkt oberhalb des Unterzugs. Die fehlende unterseitige Dämmung führte dazu, dass der Unterzug auskühlt und der Effekt bis zur Oberseite des Deckenaufbaus spürbar wird.

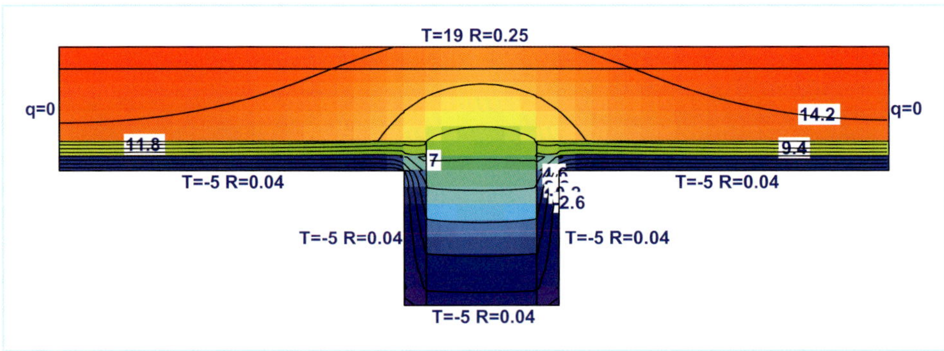

Abb. 4-13 Isothermenverlauf und Oberflächentemperaturen an einem Unterzug mit zweiseitiger Flankendämmung

Geometrisch bedingte Wärmebrücke

Typische Beispiele geometrischer Wärmebrücken sind Raumecken von Wänden untereinander oder zum Boden oder Decke. Bestimmt wird das Erscheinungsbild einer geometrischen Wärmebrücke durch ein unausgewogenes Flächenverhältnis. Einer kleineren beheizten Flächeninnenseite, die Wärme empfängt, steht eine größere Wärme abführende Außenseite gegenüber. Dadurch kommt es zu höheren Wärmeströmen in der Innenecke. Die erhöhten energetischen Verluste im Eckbereich führen dann zu einer stärkeren Abkühlung der Wandoberfläche auf der Rauminnenseite. Das wiederum führt dazu, dass die angrenzende Luftschicht abkühlt. Dadurch steigt in der Grenzschicht der Luft die relative Luftfeuchte an. Dabei kann die anliegende Luftschicht so weit abkühlen, dass das in der Luft gebundene Wasser freigegeben wird. Kommt es dabei zum Ausfall von Tauwasser kann dieser Vorgang die Grundlage für den Beginn des Wachstums von Schimmelpilz bilden.

Geometrische Wärmebrücken stellen somit eine Hauptursache für einen Schimmelpilzbefall in Wohnungen dar.

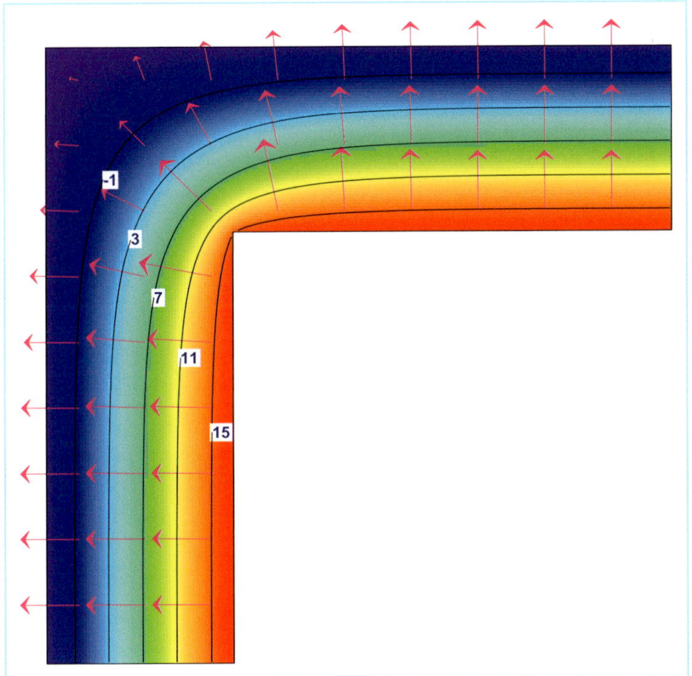

Abb. 4-14 Wärmeströme und Isothermenverlauf an einer Außenecke

Abb. 4-15 Geometrische Wärmebrücke in Raumecke und oberhalb des Fußbodens …

Abb. 4-16 … und in Fensterlaibung

4.3.3 Wärmebrücken nach DIN 4108 Beiblatt 2

Zur Vermeidung von Wärmebrücken kann im Rahmen der Planung unter anderem das Beiblatt 2 der DIN 4108 genutzt werden.

Das 2019 aktualisierte Beiblatt 2 enthält bewertete Lösungen und »*Empfehlungen für die Planung*«. In dem Beiblatt werden themen- und bauteilbezogen Standarddetails zu den nachfolgenden Bauteilanschlüssen zur Verfügung gestellt:

- Kellerboden
- Bodenplatte auf Erdreich
- Kellerwandeinbindung und Kellerdecke
- Tiefgaragendecke
- Innenwand
- Terrasse
- Geschossdecke und auskragende Geschossdecke
- Balkonplatte
- Fensterbrüstungen, -laibungen und -stürze
- Rollladenkästen
- Ortgänge und First
- Pultdächer und Flachdächer
- Pfetten- und Sparrendächer
- Gauben, Dachflächenfenster und Lichtkuppeln
- Pfosten-Riegel-Fassaden

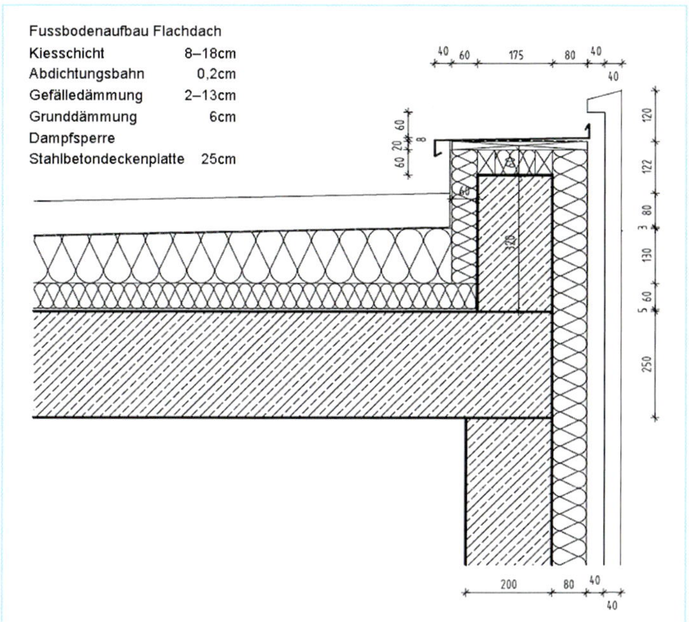

Abb. 4-17 Attikadetail mit allseitiger Dämmung nach DIN 4108 Beiblatt 2 (Keicher Ring Architekten / Architektur Hoffmann, Würzburg, Projekt: Weingut am Stein in Würzburg)

Abb. 4-18 Thermisch getrennte Konstruktion einer Attika mit EPS-Dämmung

Abb. 4-19 Weingut am Stein in Würzburg (Keicher Ring Architekten / Architektur Hoffmann, Würzburg)

Hinsichtlich der Nachweise zu kritischen Oberflächentemperaturen können die Details direkt herangezogen bzw. abgeleitet werden. Sämtliche dargestellten Anschlüsse erfüllen die Anforderungen der DIN 4108-2 hinsichtlich der Schimmelpilzfreiheit.

Da diese Norm jedoch nur Standarddetails darstellt, muss bei abweichenden Details ein objektbezogener Nachweis erstellt werden. Allen Details des Entwurfs zum Beiblatt 2 liegt eine Dämmung mit einem Bemessungswert der Wärmeleitfähigkeit von λ 0,035 W/(m·K) zugrunde. Für Perimeterdämmungen wird die Wärmeleitfähigkeit λ 0,040 W/(m·K) genutzt.

Um den Einfluss von Wärmebrücken zu reduzieren, ist die Ausführung einer durchgehenden und außenseitigen Dämmebene die sinnvollste Maßnahme. Auskragende Bauteile, wie Balkonplatten, Attiken oder die Dämmebene durchstoßende Konsolen müssen thermisch getrennt werden, was den grundsätzlichen Forderungen der DIN 4108-2 entspricht.

Nach den Vorgaben des Beiblatts 2 dürfen für die energetische Betrachtung in die Außenwand einbindende Geschossdecken und Innenwände sowie Außen- bzw. Innenecken unberücksichtigt bleiben, wenn diese außenseitig mit mindestens 100 mm Wärmedämmung in der Qualität der Wärmeleitfähigkeit von λ 0,035 W/(m·K) überdämmt werden.

Von der Nachweisführung zur energetischen Betrachtung werden jedoch einzelne Bauteile ausgenommen. Dazu gehören u. a. Haustüren, Kellertüren, Dachlukenklappen, Vordächer über Haustüren oder Türen zu unbeheizten Dachräumen.

4.3.4 Thermische Trennungen

Um den Wärmebrückeneinfluss und die daraus resultierenden Wärmeverluste und geringen Oberflächentemperaturen zu reduzieren, erfordert der Wärmeschutz die konsequente Trennung auskragender Bauteile. Damit gilt, dass Bauteile, die die Dämmebene eines Gebäudes durchdringen, keine direkte Verbindung zum begrenzenden Bauteil des warmen Innenraums zum kalten Außenraum haben dürfen. Auf diese Besonderheit nimmt die DIN 4108-2 Bezug. Die Ausführung von »*auskragenden Balkonplatten, Attiken und in den kalten Dachraum einbindende ungedämmte Wände oder freistehende Stützen, die die Dämmebene durchdringen sind ohne zusätzliche Wärmedämmmaßnahmen unzulässig*«. [70]

Abb. 4-20 Auskragende Balkonplatten in einem Wohnhaus in Erfttal (Agirbas/Wienstroer Architektur und Stadtplanung)

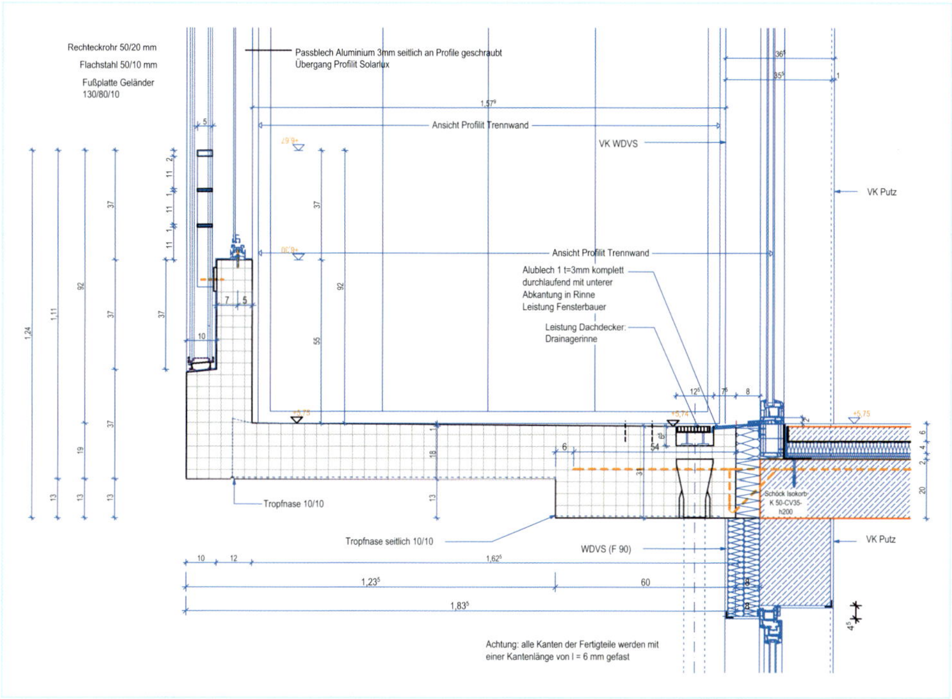

Abb. 4-21 **Detail des Balkonanschlusses mit thermischer Trennung (Agirbas/Wienstroer Architektur und Stadtplanung)**

Daraus folgt, dass diese Bauteile thermisch getrennt werden müssen. Zur Umsetzung der thermischen Trennung bietet die Industrie unterschiedliche Einbauteile, wie Kimmsteine für das Mauerwerk oder Isolationskörbe für auskragende Betonplatten, Holzkonstruktionen oder auch Stahlkonstruktionen an. Die thermische Trennung am nachfolgenden Beispiel des Schwimmstadions in Duisburg-Wedau zeigt, wie statische und bauphysikalische Anforderungen, auch bei schwierigen innenklimatischen Verhältnissen, zusammengebracht werden können.

Um den extremen klimatischen Bedingungen in einem Schwimmbad gerecht zu werden, in dem über das ganze Jahr eine Rauminnentemperatur von 30 °C herrscht, wurden alle Stahlträger an den Durchdringungspunkten innerhalb der Fassadenebene, durch ein Einbauteil, thermisch getrennt. Zusätzlich musste die thermische Trennung des Durchstoßpunkts hier die Dampfdichtigkeit gewährleisten und Längenänderungen der Konstruktion aus thermischen Veränderungen aufnehmen. Daher war es notwendig, alle Fassadenpaneele im Anschlussbereich zu den Stahlträgern gleitend auszuführen, damit keine Kräfte aus der Tragkonstruktion in die Glasfassade übertragen werden können.

Abb. 4-22 Stahlkonstruktion mit thermischer Trennung in der Fassadenebene des Schwimmstadions Duisburg-Wedau (Krieger Architekten/Ingenieure, Velbert, mit IPL Ingenieurplanung Leichtbau GmbH, Radolfzell)

Abb. 4-23 Detail des Fassadendurchstoßpunkts der Stahlkonstruktion mit thermischer Trennung (Krieger Architekten/Ingenieure, Velbert, mit IPL Ingenieurplanung Leichtbau GmbH, Radolfzell)

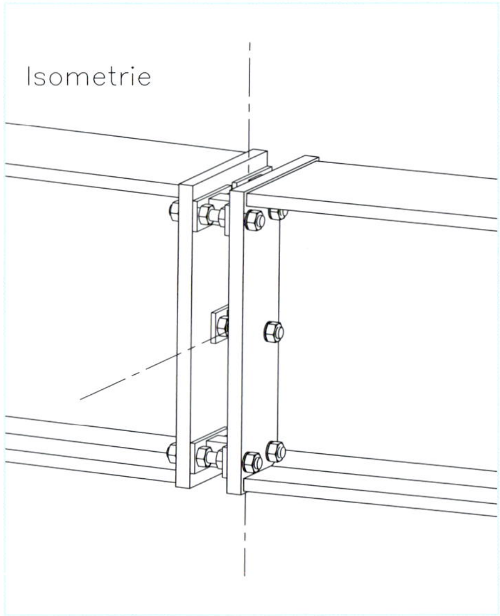

Abb. 4-24 Isometrie des Fassadendurchstoßpunkts der Stahlkonstruktion (Krieger Architekten/Ingenieure, Velbert, mit IPL Ingenieurplanung Leichtbau GmbH, Radolfzell)

Wärmebrücken und Oberflächentemperaturen

Stellt man sich den Temperaturverlauf durch einen Wandaufbau von innen nach außen vor, so ist die Verringerung der Temperatur unter gleichbleibenden stationären Bedingungen konstant in homogenen Bauteilen.

Diese Verringerung der Temperatur im Bauteil resultiert aus dem Wärmefluss, der vom Wärmedurchlasswiderstand des Baustoffs geprägt ist. Bildlich lässt sich diese Veränderung des Temperaturverlaufs in Form von Isothermen, den Linien gleicher Temperatur, darstellen.

In homogenen Bauteilen verlaufen die Isothermen parallel zu den Außenflächen der Konstruktion. Bei nicht homogenen, also zusammengesetzten Konstruktionen, wie z. B. Sparrendächer oder Fachwerkwände, bilden die Temperaturverläufe die unterschiedlichen Widerstände ab. Aufgrund ihrer inhomogenen Konstruktion, stellt sich bei diesen Bauteilen eine ähnliche Wirkung wie bei Wärmebrücken ein.

Die rechnerischen Simulationen erfolgen mit den Randbedingungen der winterlichen Tauperiode. Unter den normierten Randbedingungen nach DIN 4108-2, mit 20 °C Innenlufttemperatur und 50 % relativer Luftfeuchte sowie –5 °C Außenlufttemperatur, stellt die 12,6 °C-Isotherme den einzuhaltenden Grenzzustand dar, um einen Pilzbefall auszuschließen. Zusätzlich besteht nach DIN EN ISO 13788 die Anforderung, dass zur Vorbeugung eines Schimmelpilzbefalls unbedingt sichergestellt sein muss, dass auf den Bauteiloberflächen nicht über mehrere Tage eine relative Luftfeuchte von 80 % vorliegt.

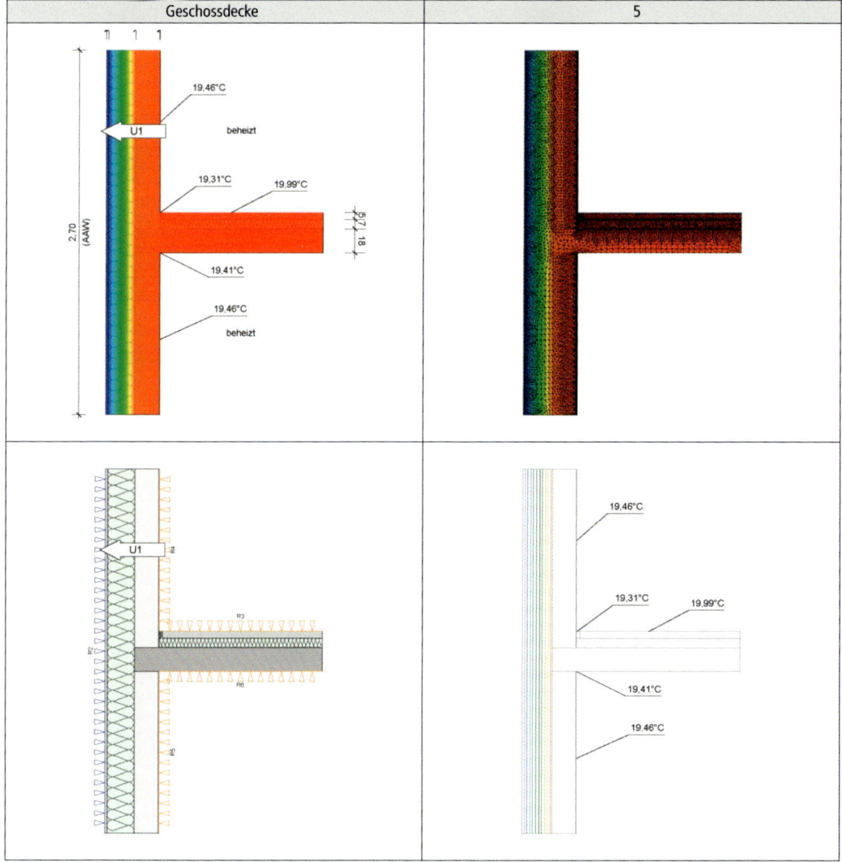

Abb. 4-25 Temperaturverlauf in einer außengedämmten Wand mit einbindender Geschossdecke

4.3.5 Wärmeverluste gegen Erdreich

Bauteile und Wärmebrücken gegen Erdreich stellen ein besonderes Thema dar, da hier zusätzliche Anforderungen an die Abdichtung des Gebäudes und die Gründungsbedingungen zu beachten sind. Für den Neubaubereich können auf der Grundlage des Beiblatts 2 zur DIN 4108 wärmebrückenfreie Konstruktionen konzipiert werden.

Die Grundlage zur Bewertung von Wärmebrücken bilden die normativen Vorgaben der DIN EN ISO 13370.

In Abhängigkeit zur Einbautiefe muss von einem verzögernden Einfluss der Wärmeströme durch das Erdreich ausgegangen werden. Bei thermischen Simulationen müssen die Wärmeströme im Erdreich bis in mindestens 3,0 m Tiefe unter Oberkante Gelände dargestellt werden. Für das Erdreich ist in diesem Nachweis eine konstante Temperatur Θ_e von 10 °C anzunehmen.

Im normativen Standardfall darf für das Erdreich eine Wärmeleitfähigkeit von λ_E = 2,0 W/(m·K) angenommen werden. Liegen genauere Angaben zur Art des Erdreichs vor, kann die tatsächliche Wärmeleitfähigkeit angesetzt werden. Neben dem Einfluss des Erdreichs auf die Wärmeströme ist der Grundwasserstand zu bewerten. Dies ist jedoch nur dann der Fall, wenn der Grundwasserstand hoch liegt und eine relativ hohe Fließgeschwindigkeit vorhanden ist. In diesem Fall darf der Temperaturkorrekturfaktor F_x pauschal um 15 % erhöht werden.

Tab. 4-9 Wärmetechnische Eigenschaften von Erdreich

Wärmetechnische Eigenschaften von Erdreich nach DIN EN ISO 10456 (Auszug)		
Material	**Rohdichte p [kg/m³]**	**Bemessungswärmeleitfähigkeit λ [W/m·K]**
Ton und Schlick	1 200–1 800	1,5
Sand und Kies	1 700–2 200	2,0
Kristalliner Naturstein	2 800	3,5
Sediment Naturstein	2 600	2,3

Zusätzlich fließen in die U-Wert Berechnung der erdberührten Bauteile die Wärmeübergangswiderstände ein. Raumseitig gilt für Bodenplatten R_{si} = 0,17 (m^2·K/W) bzw. R_{si} = 0,13 (m^2·K/W) bei erdberührten Wänden. Auf der Außenseite gegen Erdreich muss als Wärmeübergangswiderstand auf das Bauteil R_{se} = 0,00 (m^2·K/W) angesetzt werden.
Deutlich sichtbar wird der verzögernde Einfluss des Erdreichs auf die Wärmeströme. Wenn Bodenplatten nicht im Bereich von strömendem Grundwasser liegen, bildet sich unterhalb der Konstruktion im Erdreich eine Wärmelinse. Tagesschwankungen beeinflussen die Erdreichtemperatur nur gering und wirken sich nur bis etwa 1 m Tiefe aus. In den üblichen stationären Berechnungen zur Bauphysik finden die Schwankungen des Tagesgangs keine Berücksichtigung.

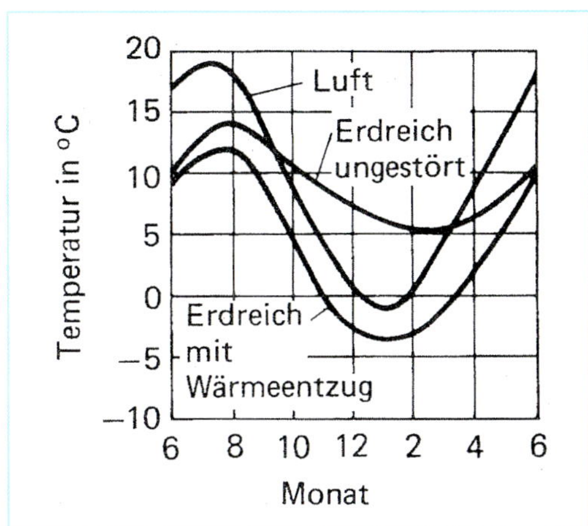

Abb. 4-26 Temperatur im Jahresgang von Luft, ungestörtem Erdreich und Erdreich unter Wärmeentzug. ([44], S. 496)

Trotzdem haben die jahreszeitlichen Temperaturunterschiede im Außenbereich unmittelbaren Einfluss auf die Temperaturen im Erdreich, die zu einer jahreszeitlich bedingten Phasenverschiebung führt. Dies resultiert aus der Fähigkeit des Erdreichs Wärme zu speichern und verzögert wieder abzugeben. Die Tiefe der Schichten im Erdreich ist dabei von Bedeutung. Je höher die Entfernung zur Geländeoberkante ist, desto geringer ist der Einfluss der Temperatur der Außenluft. Nur in den oberflächennahen Schichten des Erdreichs ist der kurzzeitige Einfluss der solaren Erwärmung spürbar, der jedoch keinen bedeutenden Einfluss auf tiefliegende Schichten in den Wintermonaten hat. In den Rechenansätzen bleibt der solare Einfluss unberücksichtigt. Über das Jahr gesehen kann sich, in Abhängigkeit zur Bodenart, der Einfluss bis in eine Tiefe von 10 m auswirken. ([38], S. 700)

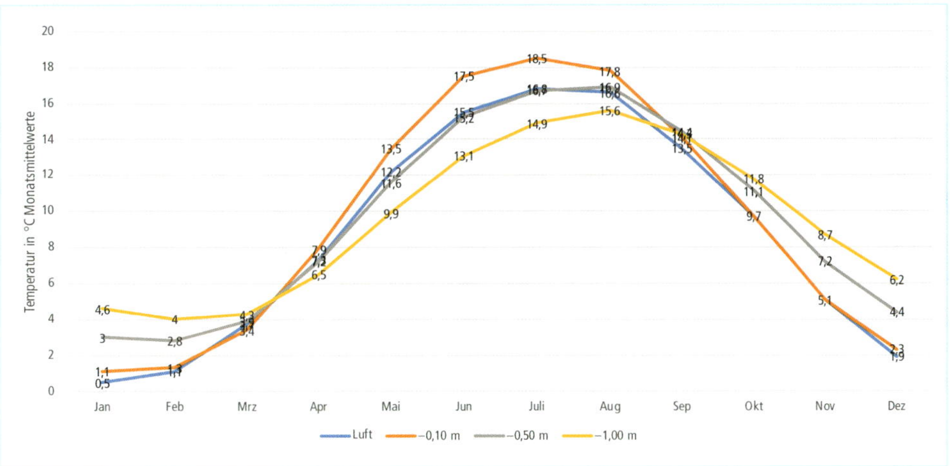

Abb. 4-27 Jahresgang der mittleren Lufttemperatur und im Erdreich bei unterschiedlichen Tiefen für Hamburg-Fuhlsbüttel nach DIN 4710

Bei der energetischen Betrachtung der Hüllflächen eines Gebäudes sind die erdberührten Bauteile ein Sonderfall. Da diese Bauteile, Wand und Bodenplatte, nicht an Luft angrenzen, sondern an Erdreich. Dadurch erfahren die Wärmeströme aus dem Bauwerk heraus eine Dämpfung. Der verzögernde Einfluss des umgebenden Erdreichs wird im Jahresgang spürbar. Die Einbindetiefe in das Erdreich hat dabei einen wesentlichen Einfluss auf die Wärmeverluste.

Im Vergleich zu allen sonstigen Flächen der Gebäudehülle eines Wohnhauses, betragen die Wärmeverluste der erdberührten Bauteile ca. 10 %.

Die besonderen Bedingungen von erdberührten Bauteilen werden in der Energieeinsparverordnung, der DIN V 18599-2 und der DIN 4108-6, Anhang E, bei Nichtwohngebäuden beschrieben.

Als Kenngrößen nach DIN 4108-6 werden bei mehrdimensionaler Wärmeleitung in den Berechnungen berücksichtigt:

P Umfang der Bodenfläche in m

A_G Grundfläche in m^2

h_k Tiefe in m

Auf dieser Grundlage wird der Temperaturkorrekturfaktor F_x ermittelt. Dieser besondere Umstand spiegelt sich auch in den Werten der Tabelle 5 der DIN V 18599-2 wider. Hier werden die Berechnungswerte der Temperaturkorrekturfaktoren von Bauteilen aufgeführt, und der anzusetzende Wert von Dämmungen mit Randdämmstreifen von 5 m Breite oder der vertikalen Dämmung gegen Erdreich eingeführt. Zusätzlich erfolgt eine Gewichtung der Bauteile des unteren Gebäudeabschlusses B'. Dies geschieht über den rechnerischen Ansatz:

$$H'_T = \frac{H_T}{A} \quad \left[\frac{W}{(m^2 \cdot K)}\right]$$

Während es bei Wohngebäuden gängige Praxis ist, die Außenseiten zu dämmen, lassen die Normen bei Nichtwohngebäuden Ausnahmen zu. Bei großen Gebäuden, wie z. B. Werkstätten oder Logistikhallen, muss nicht zwangsläufig das gesamte erdberührte Bauteil mit einer Dämmung nach Energieeinsparverordnung gedämmt werden. Die Anlage 2 der Energieeinsparverordnung regelt die detaillierte Anwendung für Nichtwohngebäude. Unter Punkt 2.3 der Anlage 2 wird darauf verwiesen, dass der Wärmedurchgangskoeffizient eines Bauteils gegen Erdreich mit dem Faktor 0,5 zu gewichten ist. Diese Wichtung resultiert aus dem phasendämpfenden Einfluss des Erdreichs, der positiven Einfluss auf die Bilanzierung hat.

Erdberührte Flächen unter Bodenplatten, die weiter als 5,0 m von den Gebäudeaußenkanten entfernt sind, können in der Bilanzierung zur EnEV als wärmeübertragende Fläche unberücksichtigt bleiben. Diese Regelung gilt jedoch nur für Nichtwohngebäude. Gemäß der Auslegung XIX-5 des DIBt zur Energieeinsparverordnung kann alternativ zu dem 5,0 m breiten Dämmstreifen am Rand auch eine 2,0 m tiefe senkrecht aufgebrachte Dämmung eingebaut werden. Nach dieser Auslegung des DIBt ist diese Art der Dämmung dem horizontalen Dämmstreifen nahezu gleichzusetzen. Dabei sind die Vorgaben an den U-Wert gegen Erdreich einzuhalten.

Unabhängig von dieser Regelung der EnEV muss jedoch der Mindestwärmeschutz nach DIN 4108-2 eingehalten werden.

Für den Nachweis des Mindestwärmeschutzes nach DIN 4108-2 müssen die Vorgaben für erdberührende Bauteile Berücksichtigung finden:

- **Wände beheizter Räume**
  - 1,2 m^2K/W
    Außenwände; Wände von Aufenthaltsräumen, die an das Erdreich grenzen
- **Decken beheizter Räume nach unten**
  - 0,90 m^2K/W
    Bodenplatte über nicht belüfteten Hohlräumen, wie Kriechkeller, die an Erdreich grenzen.
  - 0,90 m^2K/W
    Bodenplatte nicht unterkellerter Aufenthaltsräume, die unmittelbar an das Erdreich grenzen, bis zu einer Raumtiefe von 5,0 m ([70], Tabelle 3)

Für die Dämmungen im erdberührten Bereich gelten besondere Bedingungen. Die Berechnung des Wärmedurchlasswiderstands erfolgt nach DIN 4108-2. Danach dürfen die Wärmedurchlasswiderstände nur für die raumseitigen Schichten bis zur Bauwerksabdichtung berücksichtigt werden. Ausgenommen von dieser Einschränkung sind jedoch Perimeterdämmstoffe aus Schaumglas oder XPS. Die erdberührte Dämmung darf dann allerdings nicht ständig im Grundwasser liegen. ([70], Tabelle 3)

Bei der Verarbeitung ist darauf zu achten, dass die Dämmplatten dicht gestoßen werden und die Verlegung hohlraumfrei auf einem ebenen Untergrund erfolgt.

Perimeterdämmstoffe müssen frostbeständig und hochdruckfest und damit auch unempfindlich gegen Erddruck sein. Zusätzlich müssen eventuell Belastungen aus den Inhalten des Grundwassers bekannt sein, um eine Zersetzung der Dämmstoffe auszuschließen. Die Beanspruchung durch Wasser lässt sich auf der Grundlage der DIN 18195 zur Bauwerksabdichtung in die drei Lastfälle Bodenfeuchtigkeit, nichtdrückendes Wasser und drückendes Wasser, einteilen. Mit Perimeterdämmungen lassen sich wärmebrückenfreie Gebäude realisieren.

Abb. 4-28 XPS Dämmstoff

Abb. 4-29 Schaumglasdämmung

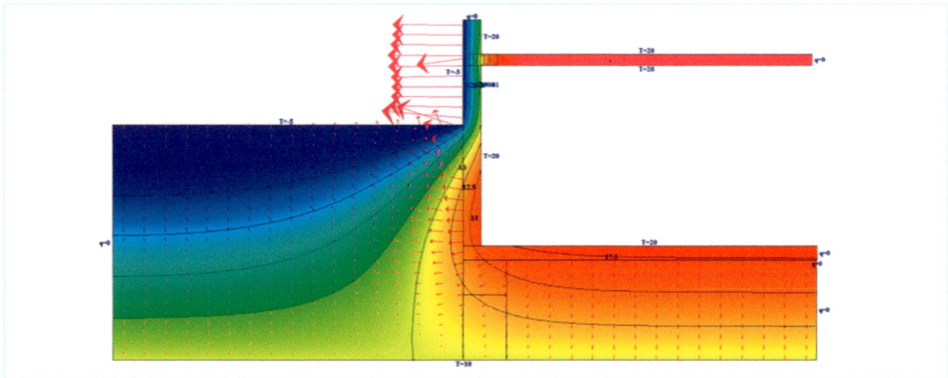

Abb. 4-30 Darstellung der Isothermenverläufe bei einer ungedämmten Betonkonstruktion, die bis ca. 2,00 m unter Oberkante Gelände einbindet. Darstellung nach den stationären Randbedingungen der DIN 6946 mit –5 °C Außenlufttemperatur und +10 °C im Erdreich. Unter der Bodenplatte bildet sich eine Wärmelinse aus. Die oberflächennahen Schichten des Erdreichs stehen im Einfluss der geringen Temperaturen der Außenluft.

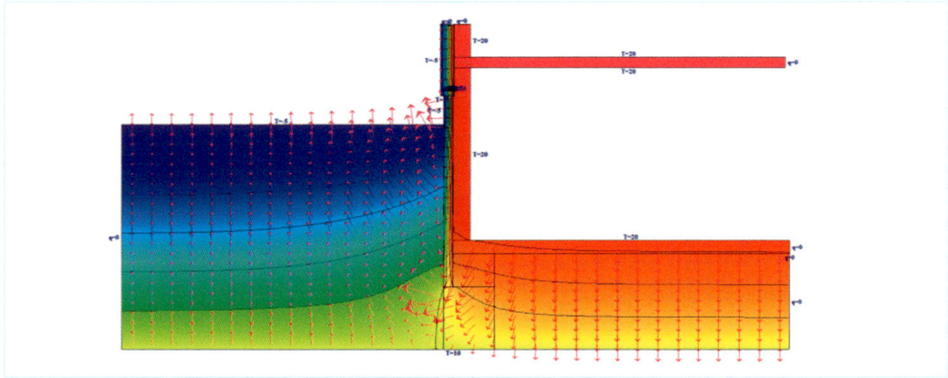

Abb. 4-31 Konstruktion und Einbindetiefe wie vor, jedoch ergänzt mit einer vertikalen Dämmung mit $\lambda = 0{,}035$ W/(m·K) und einer Stärke von 140 mm auf der erdberührten Wand. Die reduzierten Wärmeströme aus dem Gebäude führen dazu, dass das Erdreich stärker auskühlt. Unter dem Gebäude bildet sich eine Wärmelinse.

Da mit dem Einbau einer horizontalen Dämmung unterhalb der Bodenplatte nur noch geringe Wärmeströme in das Erdreich vorhanden sind, kann im Randbereich davon ausgegangen werden, dass sich Eislinsen bilden, wenn die Gebäude nicht tief gründen. Somit sind vorsorgliche Maßnahmen, wie der Einbau einer kapillarbrechenden Schicht, zwingend notwendig, um Frosthebungen des Bodens vorzubeugen. Im skandinavischen Raum werden, um dieser Erscheinung vorzubeugen, horizontale Frostschirme seitlich um das Gebäude umlaufend ausgeführt. Mit diesem Detail kann ohne großen Aufwand auch im Bestand die dämmtechnische Situation verbessert werden.

Tab. 4-10 Vorgaben an Bauteile nach Energieeinsparverordnung

U-Wert Vorgaben nach EnEV 2014 (Stand 2016) Nach Anlagen 1, 2 und 3 in Abhängigkeit zur Raumtemperatur		
	Wärmedurchgangskoeffizient U [W/(m^3·K)]	
Bauteil	**12–19 °C**	**≥19 °C**
Vorgaben nach Anlage 1, Tab. 1 Ausführung des Referenzgebäudes – Wohngebäude		
Außenwand gegen Erdreich	–	0,35
Bodenplatte	–	0,35
Vorgaben nach Anlage 2, Tab. 2 Höchstwerte der Wärmedurchgangskoeffizienten – Nichtwohngebäude		
Außenwand gegen Erdreich	0,50	0,28
Bodenplatte	0,50	0,28
Vorgaben nach Anlage 3, Tab. 1 Höchstwerte der Wärmedurchgangskoeffizienten bei erstmaligen Einbau, Ersatz und Erneuerung von Bauteilen		
Außenwand gegen Erdreich	Keine Anforderungen	0,30
Bodenplatte	Keine Anforderungen	0,30

4.4 Luftdichtheit und Wärmeschutz

Waren die Voraussetzungen zum Bauen früher von handwerklichen und technisch einfachen Möglichkeiten geprägt, so wird heute durch die Energieeinsparverordnung eine aufwendig geplante dichte Hülle notwendig, um die energetischen Ziele zu erreichen.

In Altbauten sorgten die häufig undichten Anschlüsse für einen ständigen Austausch der Raumluft. Auf diese Weise wurden Feuchtelasten aus Räumen abgeführt und die Raumluft somit entfeuchtet. Mit den Anforderungen, die energetischen Verluste durch Leckagen zu reduzieren, veränderte sich die Bauweise hin zu dichteren Konstruktionen.

Auf Grundlage der DIN 4108-2 zum Wärmeschutz, der Energieeinsparungsverordnung, sowie der DIN 4108-7 werden die heutigen Vorgaben an das luftdichte Bauen formuliert. Mit § 6 der EnEV wird direkt das Thema der Dichtheit und des Mindestluftwechsels für Gebäude bestimmt. Demzufolge sind Gebäude so auszuführen, *»dass die wärmeübertragende Umfassungsfläche einschließlich der Fugen dauerhaft luftundurchlässig entsprechend den anerkannten Regeln der Technik abgedichtet sind«* ([62], S. 945).

In der Praxis zeigt sich jedoch regelmäßig, dass gerade in dieser Anforderung eines der höchsten Bauschadensrisiken verborgen ist, da *»unter Baustellenbedingungen 100 % luftdichte Aufbauten bautechnisch kaum zu gewährleisten sind«* ([41], S. 132). Demnach wäre es sinnvoller, die Planung von vornherein hinsichtlich eines möglichen Versagensfalls zu konzipieren und Sicherheiten einzurechnen.

Abb. 4-32 Putzschäden und Eiszapfenbildung an der Unterkante der Blechverkleidung als Folge von Leckagen in der Luftdichtheitsebene eines Hallenbads

Nach Auffassung des Fraunhofer-Instituts für Bauphysik findet eine Durchströmung der Dämmebene in erster Linie bei Leckagen durch Konvektion statt, wenn bei Gasen aufgrund von Temperaturunterschieden von wärmeren Innenräumen nach außen hin der typische Druckausgleich stattfindet. Dabei sind besonders die Wintermonate von Interesse, da dann die höchsten Unterschiede zwischen der Innenraumtemperatur und der Außentemperatur vorhanden sind. Bei Neubauten muss zusätzlich die Anforderung an den erforderlichen Mindestluftwechsel, zum Erhalt der Gesundheit und der Beheizung der Mindestluftwechsel, sichergestellt sein. Durch die hohen Anforderungen an die Dichtheit der Hülle können diese Anforderungen nicht mehr durch Infiltration über Leckagen erfolgen. Damit besteht die Anforderung an ein Lüftungskonzept nach DIN 1946-6 für Wohnbauten.

Eine luftdichte Gebäudehülle ist aus den folgenden Gründen von Bedeutung:

- Vermeidung von Tauwasser in der Konstruktion, wenn warme Luft aus dem Innenraum in den kälteren Bereich der Baukonstruktion gelangt und das in der Luft gebundene Wasser kondensiert. Das durch die Abkühlung der Luft frei werdende Wasser bildet den Nährboden für Schimmel oder sonstige holzzerstörende Pilze. Die Baukonstruktion kann Schaden nehmen.
- Reduzierung des Heizenergieverbrauchs im Winter. Eine luftdichte Konstruktion unterbindet den Dampfdruckausgleich von Gasen, insbesondere unter winterlichen Bedingungen. Der Verlust an Wärmeenergie durch Konvektion wird reduziert.
- Sommerlicher Wärmeschutz, wenn warme Außenluft in das Haus gelangt, kann es im Haus wärmer werden als draußen.
- Verbesserung der Luftqualität und der Wohnqualität, da eine luftdichte Hülle verhindert, dass **schlechte** Luft in den Wohnbereich gelangt.
- Verbesserter Schallschutz, da eine dichte Gebäudehülle auch zu einer geringeren Lärmbelastung der Bewohner führt. Durch offene Fugen kann sich der Schall ausbreiten.

4.4.1 Luftdichtheitskonzept

Die Luftdichtheit von Gebäuden ist kein neues Planungsziel und wurde schon in der ersten Ausführung der DIN 4108 in den 1950er Jahren thematisiert. Der Teil 7 der DIN 4108 behandelt den Themenbereich Dichtigkeit des Gebäudes zur Sicherung der Ziele des Wärmeschutzes. Bedingt durch die wachsenden Anforderungen an die energetischen Qualitäten von Bauwerken liegt das Augenmerk damit nicht nur auf dem zu erreichenden Dämmstandard der Hüllflächen. Durch die besser werdende Qualität der Dämmung und der damit verbundenen Reduzierung der Transmissionswärmeverluste über die Hüllflächen fielen zwangsläufig die kritischen Bauteile, wie Wärmebrücken und Anschlüsse, stärker bei der energetischen Betrachtung ins Gewicht. Dabei stand nicht mehr nur der Schutz der Konstruktion vor Tauwasserausfall und den folgenden Bauschäden im Vordergrund. Vielmehr sollte der unkontrollierte Wärmeverlust durch Leckagen in der Hüllfläche verringert werden.

Zur Vermeidung von Bauschäden und unkontrollierten Wärmeverlusten durch Leckagen gibt die DIN 4108 im Teil 7 Empfehlungen zum luftdichten Bauen. Auf diese Norm nimmt die Energieeinsparverordnung direkt Bezug, und fordert eine luftdichte Hülle und die Erstellung eines Luftdichtheitskonzepts. Danach muss mit dem Planungsbeginn zwischen allen an der Planung Beteiligten die raumseitige Luftdichtheitsebene abgestimmt werden. Die Luftdichtheitsebene soll grundsätzlich raumseitig vor der Dämmebene eingebaut werden. Sämtliche Anschlussdetails und Baustoffe müssen aufeinander abgestimmt und in Details dargestellt werden. Durchdringungen der haustechnischen Gewerke müssen bereits in der Planung erfasst und in der Ausführung besonders überwacht werden. Die Anzahl der Durchdringungen soll geringgehalten werden. Auf diese konstruktiven Zusammenhänge nehmen auch die normativen Vorgaben der haustechnischen Gewerke Rücksicht, wie zum Beispiel die DIN 18015-2 der Elektrotechnik, die genau auf die Problematik der Anschlüsse und Durchdringungen hinweist.

Neben der handwerklichen Qualität bei der Herstellung der vollständigen Luftdichtheitsebene muss gewährleistet sein, dass keine schädliche Restfeuchte in der luftdicht abgeschlossenen Konstruktion verbleibt. Dies bedeutet, dass Baustoff und bereits vorhandene Bauteile auf der Baustelle unbedingt vor Feuchtigkeit geschützt werden müssen. Bei Holzkonstruktionen müssen daher vor dem Verlegen der Luftdichtheitsschicht Feuchtigkeitsmessungen nach DIN EN 13986 und DIN V 20000-1 erfolgen. Im Bauablauf muss daher, bevor die Luftdichtheitsebene hergestellt wird, vorhandene Feuchtigkeit getrocknet sein. Werden zu dichte Folien- und Abdichtungskonstruktionen eingebaut, kommt es zu einer Trocknungsbehinderung, was Bauschäden nach sich ziehen kann. Wie in der folgenden Abbildung zu sehen ist, wurde eine Holzfeuchte von 15,9 % an einem freiliegenden Sparren gemessen. Das hatte in einem allseits abgedichteten Warmdach zur Folge, dass die Wärmedämmung durchnässte und auf der Dampfsperre literweise Wasser stand. Unter normalen Bedingungen stellt sich in einer derartigen Dachkonstruktion eine Holzfeuchte von 10 % ein. Für Fichtenholz bedeutet eine Feuchtedifferenz von 1 %, dass bei einem Rohgewicht von 450 kg/m^3 gut 4,5 Liter Wasser je m^3 verbautem Holz ausfallen. Bei dem obenstehenden Messergebnis wären das 26,5 Liter.

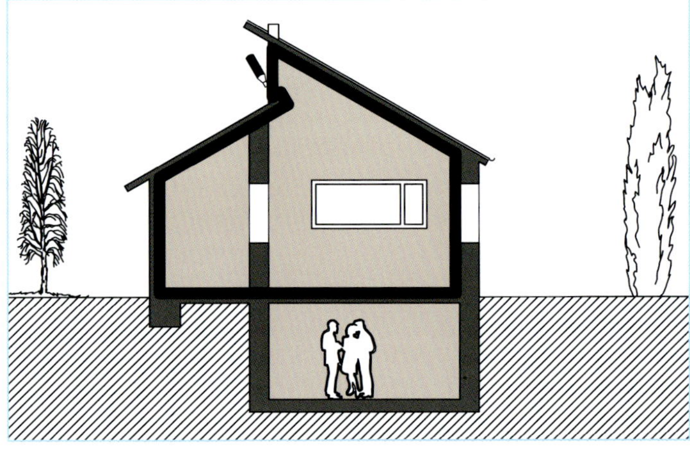

Abb. 4-33 Erstellung eines Luftdichtheitskonzepts nach DIN 4108-7:2009-1 zur Luftdichtheit von Gebäuden

Abb. 4-34 Messung von Holzfeuchte an einem freiliegenden Sparren

4.4.2 Verarbeitung und Anschlüsse von Folien

Von entscheidendem Einfluss für das Erreichen der geforderten Energieeffizienz und der Wärmedämmung am Bau ist ein luftdichter Anschluss aller Bauteile, der die Konvektion von warmer und feuchter Luft in die Bauteile verhindert und den Ausfall von Tauwasser ausschließt.

Zum Innenraum wird die Luftdichtheitsebene bei Holzkonstruktionen aus Folien hergestellt. Raumseitig, auf der warmen Seite der Dämmung, aufgebracht, schützen die Folien die Holzkonstruktion und Dämmebene vor Konvektion der warmen Innenraumluft in das Bauteil. Zur Sicherstellung der Luftdichtheit müssen die Anschlüsse der Folien untereinander und die Übergänge zu anderen Bauteilen frei von Spannung hergestellt werden. Eventuell mögliche Bauteilbewegungen, die aus der Nutzung, Winddruck- bzw. -sog. oder dem Schwinden von Bauteilen resultieren, müssen in der Planung und Ausführung Berücksichtigung finden. Klebeverbindungen sind so herzustellen, dass feuchte- oder temperaturbedingte Längenveränderungen aufgenommen werden. Dabei müssen Einwirkungen aus Zugbelastungen unbedingt ausgeschlossen sein. Anschlüsse sind daher immer mit einer Schlaufe auszubilden.

Werden im Zuge des Ausbaus Perforationen durch das Anbringen von Trockenbauplatten o. ä. notwendig, so sind Durchdringungen der Luftdichtheitsbahnen nur durch das Befestigungsmittel zulässig. Durchdringungen, die aus den haustechnischen Gewerken oder sonstigen Anbauten resultieren, müssen in die Luftdichtheitsebene eingebunden werden. Die Luftdichtheit ist grundsätzlich sicherzustellen. Auf diesen Umstand nimmt die DIN 18015 für ELEKTRISCHE ANLAGEN IN WOHNGEBÄUDEN Bezug und stellt fest, dass eine *»luftdichte und wärmebrückenfreie Gebäudehülle durch die Elektroinstallation nicht unzulässig beeinträchtigt werden darf«.* ([67], Anlage A, S. 17)

Abb. 4-35 Ausführung einer raumseitigen verklebten Folie im Dachbereich

Abb. 4-36 Raumseitige Dichtbänder bei einer Fenstersanierung

4.4.3 Luftdichte Anschlüsse von Fensterkonstruktionen

Die Abdichtung des Fensterblendrahmens zum Rohbau erfolgt gemäß den Vorgaben der DIN 4108-7 und DIN 18355. Dabei soll die Dichtigkeit (s_d-Wert) von innen nach außen abnehmen um den Eintrag von Feuchtigkeit durch Kondensatausfall auszuschließen und die Verdunstung von eventuell angefallenem Tauwasser nicht zu behindern. Dabei gilt der bauphysikalische Grundsatz zur Wasserdampfdiffusion **innen dichter als außen.**

Nach EnEV ist der Anschluss dauerhaft luftundurchlässig herzustellen, wobei zur Erreichung eines luftdichten Anschlusses nach DIN 4108-7 raumseitig eine umlaufende Abdichtung der Fuge zwischen Blendrahmen und Wand erforderlich ist. Der Fugenzwischenraum muss vollständig mit Dämmstoff ausgefüllt werden.

Gemäß DIN 18355 sind Fenster zusätzlich dauerhaft schlagregendicht einzubauen. Die Abdichtung zwischen Baukörper und Blendrahmen ist mit einem bewegungsfähigen Abdichtungssystem vorzunehmen:

- Dichtstoff mit geeigneten Hinterfüllmaterial,
- Imprägnierte Schaumkunststoffbänder,
- Bauabdichtungsfolien und Butyldichtbänder.

Kommen aufgeklebte Fugendichtbänder zur Ausführung, müssen diese spannungsfrei, mit Ausbildung einer Schlaufe eingebaut werden. Bei der Auswahl der Abdichtungssysteme müssen Einflüsse wie Verträglichkeit und Bautoleranzen, sowie die Vorgaben der Dichtsystemhersteller berücksichtigt werden.

Um eine wärmebrückenfreie Ausführung zusätzlich sicherzustellen, muss die Dämmung den Fensterrahmen überdecken. Dabei ist die Mindestabmessung nach DIN 4108, Beiblatt 2, mit 30 mm einzuhalten.

4.4.4 Luftdichtheit von üblichen Baumaterialien

Bei der Bewertung von Bauteilen und Konstruktionen stellt sich regelmäßig die Frage nach der Qualität der Luftdichtheit eines Bauteils, die nach DIN 4108-7 gefordert ist. Hierbei ist grundsätzlich zu beachten, dass eine luftdichte Konstruktion nicht unbedingt dampfdicht ist.

Zu den luftdichten Konstruktionsweisen werden homogene Betonkonstruktionen gezählt, wenn sie nach DIN 1045-2 hergestellt wurden. Bei Mauerwerk wird die Luftdichtheit erst durch das Aufbringen einer Putzlage erreicht. Ebenso gelten Gipsfaserplatten, Gipsplatten, Faserzementplatten, Holzwerkstoffplatten, mit Aluminiumfolien kaschierte Dämmungen und Bleche als luftdicht. Mit diesen Materialien lassen sich somit Luftdichtheitsschichten herstellen. Die Ausbildung der Stöße muss besonders beachtet werden, da sie dauerhaft dicht sein müssen. Hier zeigt sich jedoch, dass die Bearbeitung von Stößen entscheidend für die Qualität ist. Das nachfolgende Beispiel zeigt zwei Aufnahmen einer Decke über einem Hallenbad, die mit einer raumseitigen Dämm- und Luftdichtheitsebene aus alukaschierten PUR-Dämmplatten erstellt wurde, bei der die Stoßfugen mit einem dampfdichten Aluminium-Klebeband abgedeckt wurden. Da im Verlauf der Nutzung nach einigen Jahren die Klebewirkung der Dichtbänder nachließ, konnte feuchtwarme Schwimmbadluft unentdeckt in einen Holzdachstuhl einströmen. Nach jahrelanger Beaufschlagung des Dachstuhls mit Tauwasser konnte dieser nur noch ausgetauscht werden, nachdem festgestellt wurde, dass die Hölzer verfault waren. In diesem Fall zeigte sich wieder deutlich, dass das kleinste Bauteil über die Qualität der Ausführung bestimmt, wenn keine dauerhaften Materialien zum Einsatz kommen.

Abb. 4-37 Dampfdichte Fugendichtbänder auf einer aluminiumkaschierten Dämmplatte. Die Ablaufspuren zeigen Undichtigkeit im Stoßbereich an.

Abb. 4-38 Nach Jahren verliert der Kleber der Aluminium-Fugendichtbänder seine Wirkung und löst sich eigenständig.

Zu den nicht luftdichten Konstruktionsweisen müssen poröse Weichfaserplatten und Holzwolleleichtbauplatten gezählt werden. Gleiches gilt bei Trapezblechen, da hier der Überlappungsbereich nicht luftdicht ist. Für die Stöße und Anschlüsse sind besondere Maßnahmen zur Dichtung vorzusehen.

Aufgrund der besonderen Beanspruchung und dem notwendigen Schutz der Konstruktionen, empfiehlt es sich, Bauteilanschlüsse nach Möglichkeit revisionierbar herzustellen. Da dies jedoch im Regelfall nicht durchgängig bei den verdeckt eingebauten Folien und Anschlüssen möglich ist, kann mittels der Thermografie eine einfache Kontrolle und Bewertung der Luftdichtheit erfolgen.

Abb. 4-39 Anschluss eines Fensterelements an eine hinterlüftete Fassade

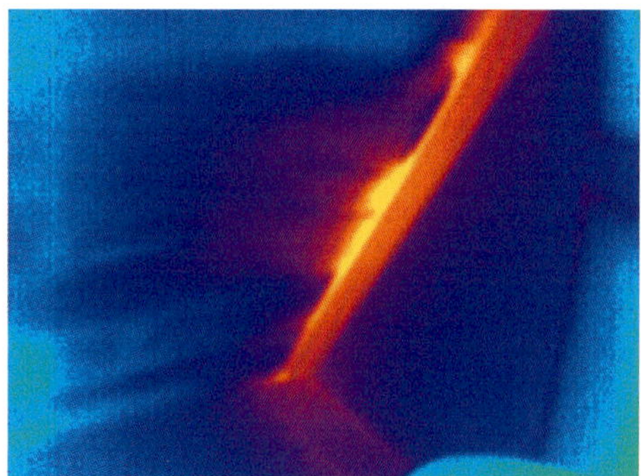

Abb. 4-40 Die Thermografie zeigt die Leckage in der Luftdichtheitsebene

4.4.5 Luftdichtheitsmessungen nach »Blower-Door-Messverfahren«

Der Nachweis der Luftdichtheit eines Gebäudes erfolgt durch die Überprüfung der Gebäudehülle auf ihre Durchlässigkeit. Dafür nutzt man ein Differenzdruckverfahren, das auf den normativen Vorgaben der DIN 4108-7 zur Luftdichtheit von Gebäuden und der DIN EN 13829 zur Bestimmung der Luftdurchlässigkeit von Gebäuden beruht. Gekoppelt sind diese Normen an die Vorgaben der Energieeinsparverordnung § 6 Abs. 1. Die EnEV besagt »*zu errichtende Gebäude sind so auszuführen, dass die wärmeübertragende Umfassungsfläche einschließlich der Fugen dauerhaft undurchlässig entsprechend den anerkannten Regeln der Technik abgedichtet ist*«. ([62], Abs. 2, S. 954)

Dies Anforderungen zur Luftdichtheit gelten für beheizte bzw. klimatisierte Gebäude. Ziel der Untersuchung ist, die Ortung und die Beseitigung von Leckagen, um Wärmeverluste zu reduzieren. Damit lässt sich das Risiko von Bauschäden, deren Ursache Konvektion und Tauwasserausfall ist, minimieren.

Zusätzlich stellt die DIN 4108-7 einen Zusammenhang zu Gebäuden mit Lüftungsanlagen und zur Lüftungsnorm für Wohngebäude der DIN 1946-6 her. Verfügt ein Gebäude über eine Wärmerückgewinnung in der Lüftungsanlage oder werden geregelte Außenwand-Luftdurchlässe nach DIN 1946-6 eingebaut, erhöhen sich die Vorgaben des einzuhaltenden Volumenstroms.

Während der gemessene Luftvolumenstrom bei Gebäuden, deren Lüftung ausschließlich über die Fenster erfolgt, nicht über 3 h^{-1} liegen darf, liegt der Grenzwert bei Gebäuden mit geregelten Außenwand-Luftdurchlässen bei höchstens 1,5 h^{-1}. Hat das Gebäude eine ventilatorgestützte Zuluft- bzw. Zu-Abluftanlage, soll die Luftwechselrate nur 1,0 h^{-1} betragen. Dies bedeutet eine Verschärfung zur EnEV und stellt eine Annäherung an den Passivhaus-Standard dar, bei dem eine Luftwechselrate von $n_{50} \leq 0{,}6\ h^{-1}$ das Ziel ist.

Nach den Normen werden die Anforderungen über die Luftwechselrate n_{50}, mit der Einheit h^{-1}, und der Luftdurchlässigkeit q_{50}, mit der Einheit $m^3/(hm^2)$, bei 50 Pa Druckunterunterschied, bestimmt.

In der Anwendung wird nach der Fertigstellung der Gebäudehülle im Rahmen der Untersuchung eine stationäre Druckdifferenz mit 50 Pa Unterdruck zur Umgebung im Gebäude aufgebaut. Mit einem verstellbaren Rahmen, der in eine Außentüre eingebaut wird, erzeugt ein Gebläse den notwendigen Unterdruck. Während der Messungen müssen sämtliche Öffnungen, die die Hüllfläche durchdringen, verschlossen sein. Im Gebäude selbst müssen alle Türen offenstehen. Sonstige Öffnungen, wie z. B. Bodenabläufe oder Abwasserleitungen, müssen im Siphon befüllt sein, sodass keine unkontrollierte Luft in den beprobten Raum einströmen kann. Für die Messung wird das Gebäude dadurch zu einer Raumluftzone zusammengefasst. Der Zustand des Gebäudes und der Ablauf der Messung werden protokolliert. Zur Messausrüstung gehört ein Manometer, das die Druckdifferenz zwischen dem Gebäudeinneren und der Umgebung misst, sowie eine Einrichtung zur Bestimmung des vom Gebläse geförderten Volumenstroms.

Mit der Blower-Door-Untersuchung werden zwei Ziele verfolgt:

1. Bestimmung der Luftwechselzahl n_{50}
   Zur Aufrechterhaltung von 50 Pa Differenzdruck muss der erforderliche Volumenstrom bestimmt werden. Dieser Wert des Volumenstroms wird durch das Luftvolumen des untersuchten Gebäudes dividiert. Man erhält so den n_{50}-Wert. Ein n_{50}-Wert von 3 pro Stunde (Schreibweise in den Normen 3 h^{-1}) bedeutet, dass bei 50 Pa Differenzdruck dreimal pro Stunde das Luftvolumen des Gebäudes ausgetauscht wird.
2. Ortung der noch vorhandenen Leckagen
   Zur Ortung von Leckagen wird mit dem Gebläse ein Unterdruck von etwa 50 Pa im Gebäude hergestellt. Unter Zuhilfenahme eines Anemometers lassen sich dann Undichtigkeiten durch Luftströme nachweisen. In besonderen Fällen, wie bei schwer zugänglichen Hallendächern, kann der Einsatz eines Nebelgenerators oder einer Infrarot-Kamera erforderlich sein.

Abb. 4-41 **Blower-Door-Messung in einem Hauseingang (Bauing und IMM Ingenierbüro Güven Bulut, Wuppertal)**

4.5 Thermografie

Da alle Körper, die eine Temperatur über dem absoluten Nullpunkt besitzen, Wärmestrahlung emittieren, lassen sich mithilfe von Wärmebildkameras Temperaturunterschiede von Körpern abbilden. Mit der Thermografie wird die Wärmestrahlung eines Körpers im Infrarotbereich erfasst, die für das menschliche Auge sonst nicht erkennbar wäre. Durch das Erfassen von unterschiedlichen Oberflächentemperaturen lassen sich auf diese Weise die Qualität von Gebäudehüllen kontrollieren oder Wärmebrücken und Leckagen erkennen.

Insbesondere in den Wintermonaten sind Leckagen in der Gebäudehülle gut zu erkennen. Durch den Druckausgleich strömt die warme Innenraumluft nach außen und zeichnet sich als wärmere Fläche in der Thermografie ab.

Untersuchungen an Gebäuden finden üblicherweise in einem Temperaturbereich, der zwischen −20 und +20 °C liegt, statt. Um die Thermografie im Baubereich anwenden zu können, müssen Kenntnisse zu dem Absorptionsvermögen und den Emissionsgraden der zu untersuchenden Bauteile vorliegen. Bei üblichen nichtmetallischen Baustoffen liegen die Emissionsgrade ε zwischen 0,80 und 0,95, was einem relativ hohen Absorptionsvermögen entspricht. Da der Emissionsgrad von 1, was einem schwarzen Strahler entspricht, von Baustoffen nicht erreicht wird, können die gängigen Materialien den grauen Strahlern zugeordnet werden. Zur Auswertung von Thermografien sind daher Kenntnisse der vorhandenen Emissionsgrade notwendig. Die betrachteten Oberflächen sollten möglichst einheitliche Emissionsgrade aufweisen. Da Gebäude jedoch aus unterschiedlichen Baustoffen zusammengesetzt sind, müssen mögliche Abweichungen bekannt sein. Im Verhältnis zu nichttransparenten Baustoffen haben Fenster oder metallische Oberflächen einen sehr geringen Emissionsgrad, und wirken wie Spiegel. Auftreffende Strahlung wird nahezu vollständig reflektiert. Bei dem Baustoff Glas ist zusätzlich die Eigenschaft bedeutend, dass langwellige Strahlung nicht durchgelassen wird und nur kurzwellige Strahlung transmittiert. In der Auswertung müssen daher thermografische Aufnahmen von gemischten Konstruktionen differenziert betrachtet werden.

Zusätzlich haben die Umweltbedingungen unter denen die Aufnahmen entstanden Einfluss auf das Ergebnis. Werden Flächen direkt von der Sonne beschienen, führen die zusätzlich auftreffenden Strahlen zu einer Erhöhung der Oberflächentemperatur, was zu einer Verfälschung der Ergebnisse führt. Ideale Bedingungen für die Thermografie sind daher bewölkte Tage, deren Temperaturen um die 0 °C liegen. Da dies jedoch nicht immer in der Bauwerksanalyse einzuhalten ist, können bereits Unterschiede von 15 K zwischen den Innenraumtemperaturen und den Außentemperaturen zu bewertbaren Ergebnissen führen.

Bei der Bewertung muss neben der direkten Sonnenbestrahlung beachtet werden, dass auch klare Nachthimmel, erhöhte Konvektion, Regen- und Tauwasser die Ergebnisse beeinflussen. Um die Witterungseinflüsse einzuschränken, können anstatt Außenaufnahmen auch Innenaufnahmen erstellt werden.

Tab. 4-11 Emissionsgrad ε üblicher Baustoffe ([2], Auszug Kap. 5.5)

Material	Emissionsgrad ε
Aluminium, poliert	0,08
Dachpappe, schwarz	0,91
Beton	0,90–0,95
Eisen, rauh	0,82
Farbe, zinkweiß	0,92
Farbe, schwarze Ölfarbe	0,92
Kupfer, poliert	0,03
Kupfer, oxidiert	0,45
Schiefer	0,91
Ziegel, rot	0,93

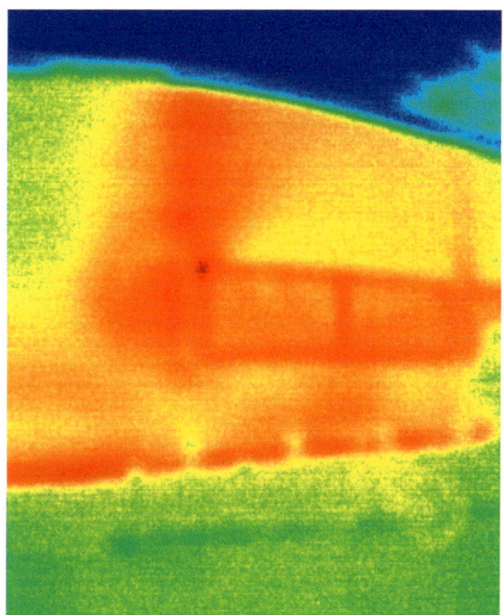

Abb. 4-42 Leckageortung an einem Hallenbad. Im Eckbereich oberhalb des Fensters zeigen die farblichen Veränderungen die Wärmeverluste.

Abb. 4-43 Hallenbad mit einer vorgehängten Sichtbetonfassade. Im Bereich des oberen Fensteranschlusses hat die Konvektion der warmen Hallenluft bereits zu einem Schaden an den Sichtbetonelementen geführt.

Abb. 4-44 Glasfassade eines Hallenbades. Der massive Sockel bildet die Außenseite des Rohrgangs. Bauzeittypisch wurde die Außenwand des Rohrgangs als ungedämmte Betonwand ausgeführt.

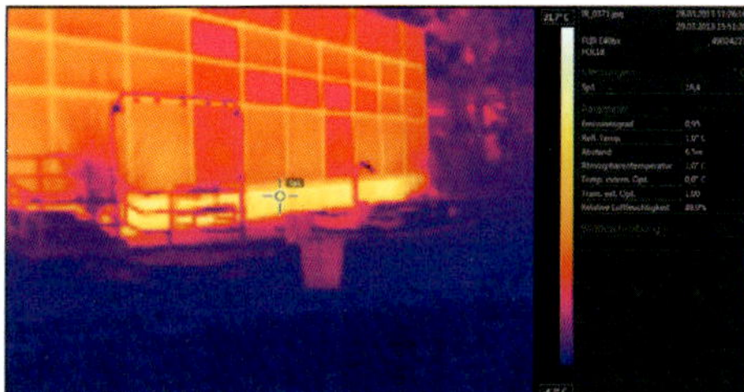

Abb. 4-45 Thermografie dieser Fassade zur Ermittlung von Wärmebrücken und zur Überprüfung der Dämmqualität von Bauteilen. Die Oberflächentemperatur außen beträgt am Messpunkt auf dem massiven Betonsockel 16,4 °C bei einer Außenlufttemperatur von ca. 0 °C. [10]

5 Rechenverfahren und Nachweise

Gibt ein Bauteil Wärmeenergie an seine Umgebung oder an ein anderes Bauteil ab, so erleidet es einen Wärmeverlust. Die dabei transportierte Wärmemenge Q wird in Wattstunden (Wh) oder Kilo-Joule (1 Wh 3,6 kJ) angegeben.

$$Q = c \cdot m \cdot \Delta T$$

Darin bedeuten:

c	spezifische Wärmekapazität in kJ/(kg·K)
m	Rohdichte in kg
ΔT	Temperaturdifferenz in Kelvin

Die Wärmeleitzahl λ, durch den griechischen Buchstaben λ (klein Lambda) gekennzeichnet, ist eine Stoffkonstante und abhängig von der Rohdichte, der Menge der eingeschlossenen Luftporen und dem Feuchteanteil in den Poren.

Tab. 5-1 Beispiele für λ-Werte (Quelle: DIN 4108-4)

Baustoffe	**Δ in [W/mK]**
Mineralische Faserdämmstoffe	0,03–0,04
Styropor	0,04–0,05
Dachpappe, Bitumen	0,15
Holz	0,12–0,18
Holzwollplatten	0,05
Gipsplatten	0,4
Putz	0,5–1,0
Bimsstein	0,48
Kalksandstein	0,9
Ziegelstein	0,9
Porenbeton	0,5
Beton	1,3–1,8
Glas	0,7

Für wärmetechnische Berechnungen ist auf die DIN V 4108-4:2007-06 zurückzugreifen in der die relevanten Wärmeleitzahlen aller üblichen Baustoffe aufgelistet sind. Die Wärmeleitzahlen neuer Baustoffe werden regelmäßig im Bundesgesetzblatt veröffentlicht und können dann ebenfalls für entsprechende Berechnungen herangezogen werden.

Der Wärmedurchlasswiderstand R stellt die Wärmeleitung im Verhältnis zur Schichtdicke dar. Sie gibt an, welche Wärmemenge (Wh) in einer Stunde (h) durch einen Quadratmeter Flächenanteil bei einer Schichtdicke s [m] hindurchgeht, wenn ein Temperaturunterschied von 1 K vorliegt.

$$R = \frac{s}{\lambda} \quad \left[\frac{W}{m^2 \cdot K}\right]$$

Daraus folgt: Je größer die Schichtdicke s und je kleiner die Wärmeleitzahl l, umso besser ist die Wärmedämmung des betreffenden Bauteils, da die durchgelassene Wärmemenge Q entsprechend abnimmt.

Besteht ein Bauteil aus unterschiedlichen Schichten, so gilt:

$$R = \frac{s_1}{\lambda_1} + \frac{s_2}{\lambda_2} + \ldots + \frac{s_n}{\lambda_n} \quad \left[\frac{m^2 \cdot K}{W}\right]$$

Neben dem Wärmedurchlasswiderstand des betreffenden Bauteils ist noch die jeweilige Temperatur auf der Oberfläche auf beiden Seiten von Bedeutung. Die Grenzschicht der Luft vor dem Bauteil wirkt ebenfalls wie ein Widerstand, der als Wärmeübergangswiderstand innen und außen in die Berechnung eingeht. Der Wert des Widerstands ist abhängig von der Lage des Bauteils. Bei senkrechten Außenwänden werden folgende Wärmeübergangswiderstände in der DIN 4108 und DIN 6946 als feste Größen angegeben:

Tab. 5-2 Vergleich der üblichen anzusetzenden Wärmeübergangswiderstände aus unterschiedlichen Normen

Einbausituation	R_{si} [$m^2 \cdot K/W$]	R_{se} [$m^2 \cdot K/W$]
an Erdreich angrenzend		
gemäß DIN EN ISO 6946 (für wärmeschutztechnische Berechnungen)		
bei aufwärts gerichtetem Wärmestrom	0,10	0,04
bei horizontal gerichtetem Wärmestrom	0,13	
bei abwärts gerichtetem Wärmestrom	0,17	
gemäß DIN 4108-3 (für Berechnungen zur Vermeidung vom Tauwasserausfall im Bauteilinneren), z. B. Glaser-Verfahren		
bei aufwärts gerichtetem Wärmestrom sowie für Dachschrägen	0,13	0,04 (0,08)[1]
bei abwärts gerichtetem Wärmestrom	0,17	
gemäß DIN 4108-2 (für Berechnungen zur Vermeidung vom Schimmelpilzbildung)		
beheizte Räume an ▪ Verglasungen und Rahmen ▪ Anderen raumseitigen Oberflächen	 0,13 0,25	0,04
unbeheizte Räume	0,17	

1) R_{se} = 0,08 $m^2 \cdot K/W$, wenn die Außenoberfläche an belüftete Luftschichten grenzt (z. B. hinterlüftete Außenbekleidungen, belüftete Dachräume, belüftete Luftschichten in belüfteten Dächern).
Bei zweischaligem Mauerwerk nach DIN 1053-1 ist R_{es} = 0,04 $m^2 \cdot K/W$ anzusetzen.

Die Summe des Wärmedurchlasswiderstands und der Wärmeübergangswiderstände ergibt den Wärmedurchgangswiderstand RT:

$$R_T = R_{se} + R + R_{si} \quad \left[\frac{m^2 \cdot K}{W}\right]$$

Der reziproke Wert des Wärmedurchgangswiderstands ist der Wärmedurchgangskoeffizient, der sogenannte U-Wert (früher k-Wert) in $W/m^2 \cdot K$. Je größer der U-Wert, umso größer ist der Wärmeverlust oder umgekehrt: Je kleiner der U-Wert, desto besser ist die Wärmedämmung.

Der U-Wert bezieht sich jedoch nur auf ein ganz bestimmtes Bauteil mit einem wiederum ganz bestimmten Aufbau. Gebäude bestehen jedoch aus vielen unterschiedlichen Bauteilen. Für jedes Bauteil muss daher der betreffende U-Wert in der zuvor beschriebenen Weise errechnet werden. Dabei werden Wände, Decken (oder Dächer) und erdberührte Bauteile unterschieden. Für diese Bereiche werden jeweils gemittelte U-Werte über deren Flächenanteile errechnet:

$$U_m = \frac{\left(\frac{U_1}{A_1} + \frac{U_2}{A_2} + \ldots + \frac{U_n}{A_n}\right)}{A_{ges}} \quad \left[\frac{W}{m^2 \cdot K}\right]$$

5.1 Beispiele zu U-Wert-Berechnungen

Beispiel 1: Außenwand

Tab. 5-3 Beispielhafte U-Wert Berechnung für eine Außenwand

Wandaufbau	Schichtdicke s [m]		Wärmeleitzahl λ [W/m · K]		Wärmedurchlasswiderstand s/λ [m² · K/W]
Gipsputz ohne Zuschlag	0,010	/	0,3500	=	0,029
Kalksandstein KS 1800	0,240	/	0,5000	=	0,177
Faserdämmstoff	0,100	/	0,0400	=	2,500
Vollklinker	0,115	/	0,9600	=	0,120
Wärmedurchlasswiderstand R-Wert [m² · K/W]					2,826
Wärmeübergangswiderstand innen R_{si} [m² · K/W]					0,130
Wärmeübergangswiderstand außen R_{se} [m² · K/W]					0,040
Wärmedurchgangswiderstand R_T-Wert [m² · K/W]					2,996
Wärmedurchgangskoeffizient U-Wert (= 1/R_T) [W/m² · K]					0,330

Beispiel 2: Steildach mit einem Sparrenanteil von 10 %

Überschlägig kann der U-Wert der inhomogenen Konstruktion aus Sparren- und Gefachbereich wie folgt berechnet werden:

Tab. 5-4 Beispielhafte U-Wert Berechnung für den Gefachbereich eines Steildachs

Gefachbereich	Schichtdicke s [m]		Wärmeleitzahl λ [W/m · K]		Wärmedurchlasswiderstand s/λ [m² · K/W]
Gipskartonplatte	0,013	/	0,2100	=	0,0620
Faserdämmstoff	0,160	/	0,0400	=	4,000
Wärmedurchlasswiderstand R-Wert [m² · K/W]					4,062
Wärmeübergangswiderstand innen R_{si} [m² · K/W]					0,130
Wärmeübergangswiderstand außen hinterlüftet R_{se} [m² · K/W]					0,080
Wärmedurchgangswiderstand R_T-Wert [m² · K/W]					4,272
Wärmedurchgangskoeffizient U-Wert (= 1/R_T) [W/m² · K]					0,230

Tab. 5-5 Beispielhafte U-Wert Berechnung für den Sparrenbereich eines Steildachs

Sparrenbereich	**Schichtdicke s [m]**		**Wärmeleitzahl λ [W/m · K]**		**Wärmedurchlasswiderstand s/λ [m² · K/W]**
Gipsputzkartonplatte	0,013	/	0,2100	=	0,062
Sparren Fi/Ta	0,160	/	0,1300	=	1,231
Wärmedurchlasswiderstand R-Wert [m² · K/W]					1,293
Wärmeübergangswiderstand innen R_{si} [m² · K/W]					0,130
Wärmeübergangswiderstand außen hinterlüftet R_{se} [m² · K/W]					0,080
Wärmedurchgangswiderstand R_T-Wert [m² · K/W]					1,503
Wärmedurchgangskoeffizient U-Wert (= 1/R_T) [W/m² · K]					0,660

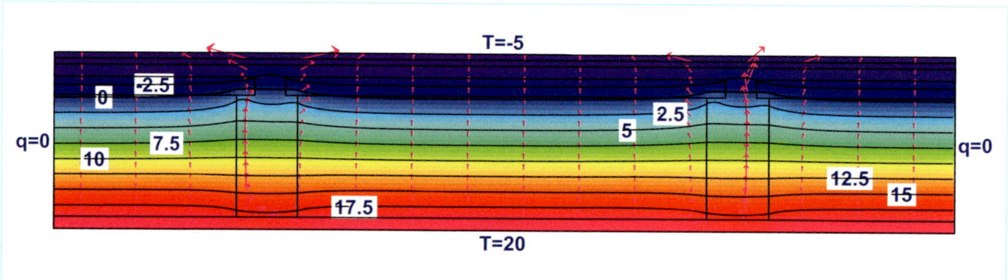

Abb. 5-1 Isothermenverlauf in einem Sparrendach mit wärmegedämmtem Gefachbereich und außenseitiger hinterlüfteter Rauspundschalung

Demnach ergibt sich ein gemittelter U-Wert wie folgt:

$$\begin{aligned} U_{mittel} &= U_{Gefach} \cdot 0{,}9 + U_{Sparren} \cdot 0{,}1 \\ &= 0{,}2340 \cdot 0{,}9 + 0{,}6650 \cdot 0{,}1 \\ &= 0{,}2771\ W/m^2 \end{aligned}$$

Diese vereinfachte Berechnung vernachlässigt jedoch die Querwärmeströme, die parallel zu den Grenzschichten der Bauteile verlaufen. Aufgrund der Auslenkung der Wärmeströme durch die unterschiedlichen Wärmeleitfähigkeiten der Baustoffe wird der effektive U-Wert geringfügig beeinflusst. Deutlich wird dies in der Abb. 5-1. In der Simulation wird der Einfluss der Holzkonstruktion, die besser leitend ist, in der Dämmebene sichtbar.

Die Berechnung nach DIN EN ISO 6946 verknüpft die abschnittsweise Bewertung von Gefach und Tragkonstruktion sowie deren unterschiedliche Wärmeleitfähigkeiten und Wärmeströme mit der Besonderheit der sich im Kontaktbereich von Gefach und Tragkonstruktion einstellenden Wärme-Querströme.

Für den einfachen Wärmedurchgangswiderstand wird das Gesamtbauteil berechnet mit:

$$R_T = \frac{R'_T + R''_T}{2}$$

R'_T ist der obere Grenzwert des Wärmedurchgangswiderstands eines eindimensionalen Wärmestroms senkrecht zu den Bauteiloberflächen.

R''_T ist der untere Grenzwert des Wärmedurchgangswiderstands mit der Annahme, dass alle Schichten parallel zu den Bauteiloberflächen liegen.

Dabei besteht die Formel aus einzelnen Berechnungen von Gefach F_A und Rahmen F_B:

$$\frac{1}{R'_T} = \frac{F_A}{R_{TA}} + \frac{F_B}{R_{TB}}$$

Für die Ermittlung des Querwärmestroms werden die vorhandene Anzahl der homogenen Schichten sowie die Wärmeübergangswiderstände erfasst und bewertet:

$$R''_T = R_{si} + R_n + R_{se}$$

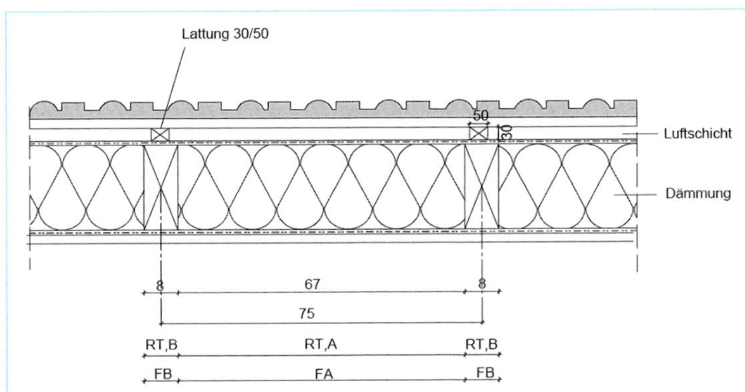

Abb. 5-2 Aufteilung eines Sparrendachs in Sparren- und Gefachbereich

Beispiel 3: Flachdach mit keilförmiger Gefälledämmung

Die Berechnung von Bauteilen mit keilförmigen Dämmlagen erfolgt auf der Grundlage der Vorgaben nach DIN EN ISO 6946 und betrifft hauptsächlich die Ausführung von Flachdächern. Diese Norm beschreibt unterschiedliche Anwendungsfälle, die für einseitig geneigte Flächen, oder unterschiedliche Dreiecksformen, wie sie bei Kehlen und Graten bei einem Dach vorkommen können.

Für eine einfach geneigte Dachfläche, mit einem durchlaufenden Hoch- und Tiefpunkt, erfolgt die Berechnung des U-Werts mit:

$$U = \frac{1}{R_2} \ln\left(1 + \frac{R_2}{R_0}\right)$$

Dabei ist:

R_2 maximaler Wärmedurchlasswiderstand einer keilförmigen Schicht in m^2K/W

R_0 Bemessungswert des Teils, der nicht keilförmig ist inkl. der Wärmeübergangswiderstände in m^2K/W

Für ein in der Dämmebene einseitig geneigtes Flachdach, das mit einer ebenen Grundlage der Dämmung von 10 cm ausgeführt wird, ergibt sich mit der vorgenannten Berechnungsformel ein Wärmedurchgangskoeffizient von 0,194 $W/(m^2K)$, wenn die Keilschicht eine maximale Höhe von 18 cm besitzt.

Tab. 5-6 Flachdach mit Gefälledämmung

Dämmlage	d [m]	λ [W/(mK)]	R_{si} [m²K/W]	R_{se} [m²K/W]	R [m²K/W]
Grundschicht R_0	min. 10 cm	WLG 0,035	0,10	0,04	2,997
Keil R_2	max. 18 cm	WLG 0,035			5,14

Neben der Berechnung des U-Werts einer geneigten Fläche muss zudem eine Bewertung des einzuhaltenden Mindestwärmeschutzes erfolgen. Es kann daher keine Dämmung zur Ausführung kommen, die an den Dacheinläufen auf null ausläuft. An den Stellen mit der geringsten Dämmung muss immer die Mindestdämmstärke eingehalten werden. Da diese Mindestdämmstärke aus energetischer Sicht nicht die optimale Lösung darstellt, empfiehlt es sich, die Grundschicht der Dämmung >80 mm auszuführen.

Neben diesem Anwendungsfall beschreibt die DIN 6946 noch drei weitere Gefällesituationen mit dreieckigen Dachflächen.

Beispiel 4: Befestigungen von Vorhangfassaden

Bei vorgehängten Fassaden haben die Befestigungsmittel, die die Dämmebene durchdringen, den Einfluss einer Wärmebrücke, die punktuell oder linear bewertet werden muss. Dies erfolgt auf der Grundlage der DIN 6946, Anlage D oder der DIN EN ISO 10211. Bei der Berechnung des U-Werts kann bei hinterlüfteten Fassaden der äußere Wärmeübergangswiderstand gleich dem Inneren angesetzt werden.

Nach DIN 6946 wird die Korrektur entweder als detaillierte Berechnung oder Näherungsverfahren geführt. Großen Einfluss hat das Material der tragenden Unterkonstruktion. Im Vergleich der λ-Werte bietet Edelstahl, aufgrund seines geringeren λ-Werts, Vorteile gegenüber Aluminium-Unterkonstruktionen. Die günstigsten Werte werden mit Holz erreicht:

- Aluminium 200 W/mK
- Stahl 60 W/mK
- Edelstahl 15 W/mK
- Holz 0,14 W/mK

Alternativ können hinterlüftete oder kerngedämmte Vorsatzschalen mit Glasfaser-Ankern befestigt werden. Diese Konstruktion ist nahezu frei von Wärmebrücken und erreicht die Vorgaben der EnEV ohne die Dämmstärken erhöhen zu müssen, um die Wärmebrückeneffekte zu kompensieren.

Aus der Anzahl und Art der Befestigungen können unter Umständen höhere Dämmstärken resultieren, wenn zum Beispiel gut leitendes Aluminium als Unterkonstruktion zum Einsatz kommt und sich damit Wärmebrückeneffekte verstärken. Eine Untersuchung der Bergischen Universität Wuppertal verdeutlichte diesen Zusammenhang. [46] Danach können Verschlechterungen des U-Werts zwischen 56 und 120 % liegen, wenn Aluminium als Unterkonstruktion gewählt wird. Kommt Holz als Unterkonstruktion zum Einsatz, liegt die Zunahme des U-Werts zwischen 12 und 14 %. Beide Werte sind jeweils in Abhängigkeit zur vorhandenen Dämmstoffdicke und Qualität zu sehen.

Grundsätzlich sind Durchdringungen zu einem massiven Bauteil mit Kunststoffunterlagen zu trennen. Diese Unterlagen reduzieren den Wärmestrom und können aus folgenden Stoffen bestehen:

- Polyäthylen 0,38 W/(mK),
- Polyamid 0,28 W/(mK),
- Polypropylen 0,20 W/(mK),
- PVC hart 0,17 W/(mK).

Die Bewertung von Befestigungsmitteln wird wie folgt ermittelt:

$$\Delta U_f = \alpha \frac{\lambda_f A_f n_f}{d_0} \left(\frac{R_1}{R_{T,h}} \right)^2$$

Dabei ist:

α 0,8, wenn das Befestigungsmittel vollständig die Dämmebene durchdringt
λ_f Wärmeleitfähigkeit des Befestigungsmittels in W/(mK)
n_f Anzahl der Befestigungsmittel pro m^2
A_f Querschnittsfläche eines Befestigungsmittels in m^2
d_0 Stärke der Dämmebene in m, in der das Befestigungsmittel liegt
R_1 Wärmedurchlasswiderstand der durchdrungenen Dämmschicht in m^2K/W
$R_{T,h}$ Wärmedurchgangswiderstand des Bauteils ohne Berücksichtigung der Wärmebrücken in m^2K/W

Beispiel 5: Sonderfall Vorsprünge

Bei Bauteilen mit nicht ebenen Oberflächen, wie Vorsprüngen und Pfeilern, darf nach DIN EN ISO 6946 die Ermittlung des Wärmedurchgangskoeffizienten vernachlässigt werden, wenn sie aus einem Material bestehen, dessen λ-Wert <2,5 W/(m · K) beträgt. In diesem Fall wird das Bauteil als eben angesehen und der Pfeiler übermessen.

Abb. 5-3 Beispiel einer Turnhalle mit einer »inhomogenen« Ziegel-Beton-Fassadenkonstruktion und freistehenden Pfeilern

Ist der vorhandene λ-Wert >2,5 W/(m · K), wird das Bauteil ebenfalls als eben angenommen. Allerdings muss für die Fläche des betroffenen Bauteils ein Korrekturfaktor ergänzt werden:

$$R_{sp} = R_s \cdot \frac{A_{sp}}{A}$$

Dabei wird der Korrekturfaktor R_{sp} des Wärmeübergangs ermittelt mit:

R_s Wärmeübergang des ebenen Bauteils
A Oberfläche der Abwicklung unter Berücksichtigung aller Flanken
A_p Projektionsfläche im ebenen Bauteil des Pfeilers und Vorlagen.

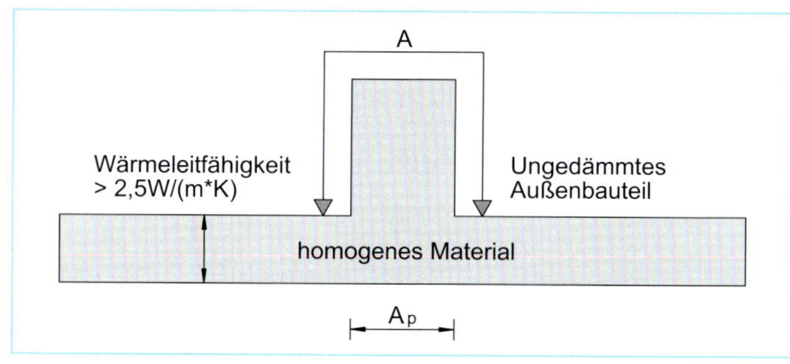

Abb. 5-4 **Bauteil mit nicht ebenen Oberflächen**

Beispiel 6: Wärmedurchgangskoeffizient von Fenstern

Da Fenster komplexe Konstruktionen sind, die sich aus völlig unterschiedlichen Bauteilen zusammensetzen, erfolgt die Ermittlung des Wärmedurchgangskoeffizienten U durch die Wichtung der unterschiedlichen Anteile und derer wärmetechnischen Qualität nach folgender Formel:

$$U_w = \frac{(U_{f_{1-n}} \cdot A_{f_{1-n}}) + (U_g \cdot A_g) \cdot (l_g \cdot \Psi_g)}{(A_{f_{1-n}} \cdot A_g)}$$

Dabei ist:

U_w Wärmedurchgangskoeffizient Fenster in $W/(m^2K)$
A Fläche in m^2
l Läge des Randverbunds in m
Ψ linearer Wärmebrückenkoeffizient in W/(mK)

Index:

f frame (Rahmen)
w window (Fenster)
g glazing (Verglasung)

6 Hygienischer Wärmeschutz

Die Grundlage zum hygienischen Wärmeschutz bilden die DIN 4108-2 zum Mindestwärmeschutz und die DIN 1946-6 für Lüftungsanlagen im Wohnungsbau.

Nach DIN 4108-2 zum Mindestwärmeschutz steht die Gesundheit der Bewohner, die aus einem hygienischen Raumklima resultiert, im Mittelpunkt der Betrachtungen. Danach müssen Konstruktionen so hergestellt werden, dass sie frei von Tauwasser und Schimmelpilz sind. ([70], S. 4)

Der Ausfall von Tauwasser ist dabei abhängig vom Grad der Sättigung der Luft mit gasförmig vorhandenem Wasser. Kühlt die Luft bis zur Taupunkttemperatur ab, setzt sie das gasförmig gebundene Wasser frei. Dies geschieht durch den Kontakt der Grenzschicht der Luft an kalten Oberflächen. Liegt die Temperatur der Oberfläche unterhalb der Lufttemperatur, kommt es zum Phasenwechsel vom gasförmigen zum flüssigen Zustand der Luft. Dieser natürliche Vorgang ist der Auslöser für die normative Bewertung nach DIN 4108-2.

6.1 Schimmelpilz und Bakterien im Innenraum

Sporen von Schimmelpilzen und Bakterien sind ein natürlicher Anteil der Umwelt und sind in der uns umgebenden Atmosphäre ubiquitär. Lediglich klimabedingte und jahreszeitliche Schwankungen führen zu quantitativen Differenzen. In den vergangenen Jahren gelangte das Thema Schimmelpilze im Wohnungsbau immer deutlicher in das allgemeine Bewusstsein. Dies geschah im Zusammenhang mit dem Ziel, luftdichter zu bauen, um den Wärmeverlust durch Leckagen in der Gebäudehülle zu reduzieren.

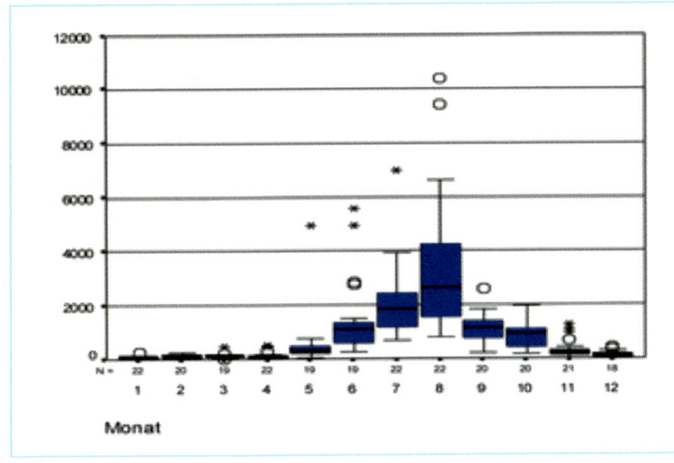

Abb. 6-1 Schimmelpilzkonzentration in der Außenluft im Jahresgang nach Koch et al. ([27], S. 176–180)

Zum Erreichen der energetischen Ziele zur Einsparung von Energie wurden seit den 1970er-Jahren hauptsächlich zwei Strategien verfolgt. Dämmen und Dichten standen als bauliche Maßnahmen im Vordergrund. Damit sollten ungewünschte Wärmeverluste aus Konvektion durch

Bauteilfugen und Transmission über die Bauteilflächen reduziert werden. Mit den technischen Möglichkeiten dichter zu bauen, veränderte sich das Innenraumklima, was dazu führte, dass bauphysikalisch sensible Konstruktionen schneller ihre Schwächen zeigten. Typische Schwachstellen, wie Einscheiben-Verglasungen mit Holzrahmen, wurden durch Mehrkammerprofile mit Isolierverglasungen und Dichtlippen ersetzt. Diese Profile waren nicht nur durch ihre Profilierung im Rahmenbereich deutlich dichter, sondern mit dem Einbau von Mehrscheiben-Isolierverglasungen wurde die Oberflächentemperatur der Verglasung angehoben. Dadurch wurde eine Funktion, die alte Fenster besaßen, außer Kraft gesetzt, da Fenster mit Einscheiben-Verglasung immer die kälteste Fläche im Raum bildeten. Dadurch trat an kalten Fenstern zuerst Kondensat aus. Fenster waren damit der Kondensatfang, der die Raumluft entfeuchtet.

Abb. 6-2 Fenster aus den 1950er-Jahren mit Einscheibenverglasung

Abb. 6-3 Modernes Fenster mit hochwertiger Wärmeschutzverglasung

Abb. 6-4 Fenster mit Einscheibenverglasung, Kondensatauffangrinne und Abflussröhrchen

Abb. 6-5 Über das Abflussröhrchen erfolgt die Entwässerung auf die Außenfensterbank

Abb. 6-6 Heute werden Fenster und …

Abb. 6-7 … Haustüren rundum mit Dichtbändern luftdicht an den Baukörper angeschlossen und eingeputzt.

Durch die Veränderung der Randbedingungen im Raum verschoben sich die bauphysikalischen Vorgänge. Durch die Verbesserung der Wärmedurchlasswiderstände von Fenstern rückten nun andere Wärmebrücken in den Vordergrund, da sich Tauwasser nun zuerst an anderen kalten Bauteilen bildete. War es bei Fenstern noch relativ problemlos, wenn sich Tauwasser auf dem Glas niederschlug, so führten die verbesserten Fensterkonstruktionen dazu, dass sich der kälteste Punkt im Raum nun z. B. auf geometrische Wärmebrücken, also den dreidimensionalen Wärmebrücken, wie Raumecken verlagerte. Diese Wärmebrücken, wie die Raumecke, unterschieden sich jedoch in einem wesentlichen Punkt von Fenstern. Da Glas kein Wasser aufnehmen kann, lief das Kondensat ab. In den Raumecken verhielt es sich anders. Die konstruktionsbedingt eingesetzten mineralischen Baustoffe konnten, aufgrund ihrer sorptiven Eigenschaften, freies Wasser binden bzw. einlagern. Dadurch stieg der Ausgleichsfeuchtegehalt des Baustoffs an. Durch die kapillare Struktur von mineralischen Baustoffen gelangte Wasser auch in tiefere Schichten.

Abb. 6-8 System der Raumluftentfeuchtung durch undichte Bauteilanschlüsse, Fensterkonstruktionen und offene Kamine

Nahezu zeitgleich veränderten sich nicht nur die Fensterkonstruktionen, sondern auch die Art der Beheizung. Mit der Einführung der Zentralheizungen erfolgte ein Wechsel weg von dezentralen und raumbezogenen Einzelheizkörpern. Mit dem Verschwinden von dezentralen Holz- und Kohleöfen verschwand ein weiterer Baustein der aktiven Raumentfeuchtung, da die raumbezogenen Holz- und Kohleöfen nicht nur die Luft erwärmten, sondern zugleich für eine Entfeuchtung der Luft über den Kamin sorgten. Mit dem Entfall der Entfeuchtung über die Brennstelle im Kamin entstand die Notwendigkeit des aktiven Lüftens, um die Feuchtelast abzuführen.

6.1.1 Grundlagen zur Bewertung

Eine Grundlage im Umgang mit Schimmelpilz und zur Bewertung der Risiken bilden die Veröffentlichungen des Landesgesundheitsamts Baden-Württemberg und des Umweltbundesamts (infolge UBA). Laut UBA sollen Bauwerke:

- den Mindestwärmeschutz nach DIN 4108-2 erfüllen,
- vor Schlagregen geschützt werden,
- gegen aufsteigende Bodenfeuchte abgedichtet sein,
- mit Dachkonstruktionen regelkonform ausgeführt sein,
- so gebaut werden, dass Installationen wasserdicht sind ([54], S. 16),
- so gebaut werden, dass keine erhöhten Wärmeübergangswiderstände vorliegen,
- wärmebrückenfrei sein,
- keine Baurestfeuchte enthalten.

Damit gibt das UBA wichtige Parameter zur Planung vor. Zusätzlich ist auch das individuelle Nutzerverhalten einer der wichtigsten Punkte im Zusammenspiel von Wärme und Feuchte im Raum. Der Erfolg einer Planung ist tatsächlich nur dann gesichert, wenn die baulichen Maßnahmen durch ein richtiges Heiz- und Lüftungsverhalten in den Wohnräumen unterstützt werden.

Ergänzend zu den normativen Regelungen wurden 2001 vom Landesgesundheitsamt Baden-Württemberg erstmals die Schriften Schimmelpilze in Innenräumen – Nachweis, Bewertung, Qualitätsmanagement und Handlungsempfehlungen für die Sanierung von mit Schimmelpilzen befallenen Innenräumen veröffentlicht. Damit bildeten die Veröffentlichungen des LGA Baden-Württemberg die allgemeine Grundlage zum Umgang mit Schimmelpilz, mit deutschlandweiter Gültigkeit, für alle Gesundheitsämter.

Neben den Unterlagen des Umweltbundesamts und des Landesgesundheitsamts Baden-Württemberg müssen die Technische Regeln für Biologische Arbeitsstoffe beachtet werden.

Zudem gilt die Biostoffverordnung (BioStoffV), die den Umgang mit schimmelpilzhaltigem Material für Arbeitnehmer regelt.

Zur Bewertung der hygienischen Situation kann neben der DIN EN 13098 von 2001 Arbeitsplatzatmosphäre – Leitlinien für die Messung von Mikroorganismen und Endotoxine in der Luft die VDI 4300-Blatt 10:2008 zur Messung, von Innenluftverunreinigungen, Messstrategien zum Nachweis von Schimmelpilzen in Innenräumen herangezogen werden.

Mitgeltende Regelungen zum Arbeitsschutz

TRBA 400	Handlungsanleitung zur Gefährdungsbeurteilung und für die Unterrichtung der Beschäftigten bei Tätigkeiten mit biologischen Arbeitsstoffen, April 2006/Neufassung 2017
TRBA 460	Einstufung von Pilzen in Risikogruppen, BArbBl. 10/2002/Neufassung 2016
TRBA 466	Einstufung von Prokaryonten (Bacteria und Archaea) in Risikogruppen, Dezember 2010/Neufassung 2017
TRBA 500	Grundlegende Maßnahmen bei Tätigkeiten mit biologischen Arbeitsstoffen, April 2012
TRGS 524	Schutzmaßnahmen für Tätigkeiten in kontaminierten Bereichen, Februar 2010/Ergänzung 2011
TRGS 406	Sensibilisierende Stoffe für die Atemwege, Juni 2008
TRGS 907	Verzeichnis sensibilisierender Stoffe und von Tätigkeiten mit sensibilisierenden Stoffen, November 2011

6.1.2 Grenzwerte von Oberflächentemperaturen

Das Wachstum von Schimmelpilzen beginnt bei Temperaturen ab 0 °C und endet bei ca. 50 °C ([52], S. 168). Ideale Bedingungen liegen für Schimmelpilze in einem Bereich von 10 bis ca. 35 °C. Setzt man diese besondere Eigenschaft von Schimmelpilzen in Bezug zu den konstruktionsbedingten Wärmebrückeneffekten, wird der Zusammenhang zwischen Oberflächentemperatur und freiem Wasser deutlicher. Für den hygienischen Wärmeschutz liegt die einzuhaltende Mindestoberflächentemperatur eines Bauteils für einen Wohnraum mit üblicher Nutzung bei 12,6 °C ([70], S. 18). Dieser Grenzwert gilt bei einer normalen Raumnutzung mit einer Beheizung auf 20 °C und einer relativen Luftfeuchte von 50 %. Diese Mindestoberflächentemperatur von 12,6 °C muss in allen Bereichen der Konstruktion, auch in den kritischen Raumecken und bei Wärmebrücken, eingehalten werden. Ist dies nicht gegeben, besteht ein erhöhtes Risiko zur Schimmelpilzbildung, so die DIN 4108-2, Abschnitt 6.1. Diese Bedingungen sind relevant, weil sich die relative Luftfeuchte unter den vorstehenden Normbedingungen für das Raumklima auf einer Bauteiloberfläche mit einer Temperatur von 12,6 °C auf 80 % erhöht. Ab dieser relativen Luftfeuchte keimen Schimmelpilzsporen aus.

6.1.3 Vermeidung von Schimmelwachstum

Mit dem 2010 erschienenen Fachbericht zur Vermeidung von Schimmelpilzwachstum in Wohngebäuden wurde innerhalb der Normenreihe DIN 4108 zum Wärmeschutz eine Information veröffentlicht, die über die bereits im Teil 2 der Norm enthaltenen rechnerischen Bewertung zum potenziellen Schimmelpilzrisiko deutlich hinausgeht. Neben den Berechnungen zu den notwendigen Oberflächentemperaturen enthält der Fachbericht u. a. Hinweise zu den Themen:

- baukonstruktive Einflüsse,
- Wärmeübergangswiderstände,
- Schimmelpilzwachstum,
- pH-Werte,

- Lüftungs- und Heizverhalten,
- Lüftungs- und Heizempfehlungen,
- Feuchtefreisetzung und Baufeuchte,
- Begutachtung und Messung.

Mit diesem Fachbericht werden allgemeine Informationen zu den konstruktiven Hintergründen von Schimmelpilzwachstum in Wohnungen erläutert. Zusätzlich wird informativ eine mögliche Struktur für ein Gutachten zu einem Schimmelpilzbefall vorgegeben.

6.1.4 Sporengehalt, Indikatoren und gesundheitliche Risiken

Da Schimmelpilzsporen in der Atmosphäre immer vorhanden sind, müssen diese als natürliche Hintergrundbelastung in unserer Umwelt angesehen werden. Mittlerweile sind über 100 000 unterschiedliche Arten von Schimmelpilz bekannt. Schimmelpilze befallen organische Stoffe, um sie zu zersetzen und umzuwandeln. Damit bilden Schimmelpilze einen wichtigen Baustein im Ökosystem. Im Normalfall lässt sich ein Befall mit Schimmelpilz an seinem modrigen Geruch erkennen. Der modrige Geruch resultiert aus den abgegebenen Stoffwechselprodukten der Schimmelpilze, den MVOC (Microbial Volatile Organic Compounds). Üblicherweise finden sich in Innenräumen eher niedrige Konzentrationen von MVOC. Bei hohen Konzentrationen muss von einer toxischen Wirkung ausgegangen werden. Begleitet wird der modrige Geruch in der Regel durch Feuchteflecken oder dunkle, schwärzliche bis grünblaue Verfärbungen des Untergrunds mit Rasenbildung.

Obwohl der Mensch im Normalfall gut auf das Vorhandensein von Schimmelpilzen angepasst ist, können sich Schimmelpilze unter besonderen Umständen gesundheitlich auf den Menschen auswirken. Das LGA schreibt in seinem Bericht zu Schimmelpilzen in Innenräumen, dass alle Schimmelpilze grundsätzlich geeignet sind Allergien auszulösen. ([33], S. 16)

Die Wirkungsweisen werden unterschieden nach allergenen, toxischen oder infektiösen Erscheinungsformen. Allergische Reizungen können für den Menschen sowohl durch lebende als auch abgestorbene und vertrocknete Schimmelpilze erfolgen.

Allergien werden unterteilt nach den Typen I bis IV. Der Allergietyp I steht für eine Sofortreaktion des Körpers. Durch den Kontakt von Schimmelpilz-Allergenen mit dem menschlichen Körper werden unmittelbar Antikörper gebildet. Dies kann zu Beschwerden führen, wie ein allergischer Schnupfen, Neurodermitis oder eine allergische Konjunktivitis (Bindehautrötung). Als stärker gefährdete Gruppe bei Schimmelpilzexposition gelten Menschen, die unter Asthma oder Heuschnupfen leiden. Allergien der Typen III und IV sind seltener. ([33], S. 18)

Nach Einschätzung des LGA Baden-Württemberg liegt die Bewertung von toxischen Effekten noch in einer wissenschaftlichen Grauzone. Allerdings geht das LGA grundsätzlich davon aus, dass Schimmelpilze in der Lage sind, Krankheitsbilder auszulösen. Untersuchungen haben jedoch auch gezeigt, dass man im Augenblick noch nicht in der Lage ist, einen Bezug zwischen der Konzentration von Schimmelpilz, der Exposition des Nutzers einer Wohnung und den daraus resultierenden Erkrankungshäufigkeiten abzuleiten. ([54], S. 10)

Trotzdem dürfen nach LGA Baden-Württemberg in der Raumluft nur geringe Mengen von Schimmelpilzsporen, wie z. B. Stachybotrys chartarum oder die Aspergillus-Arten fumigatus, flavus, parasiticus oder nomius toleriert werden.

Tab. 6-1 Übersicht typischer Schimmelpilzarten und Ursachen in Wohnungen

Vorkommen	Vermeidung von Schimmelwachstum in Wohngebäuden	DIN Fachbericht 4108-8:2010; Pkt. 4.1
	Typische Schimmelpilzarten im Innenraum	
	Ursache	**Schimmelpilzart**
baulich bedingt	cellulosehaltige Materialien; leicht feucht	Aspergillus penicillioides
		Aspergillus restrictus
		Wallemia sebi
		Eurotium spp.
	cellulosehaltige Baumaterialien; sehr feucht	Stachybotrys chartarum
		Chaetomium spp.
		Acremonium spp.
	feuchter Putz mit organischen Bestandteilen	Phialophora spp.
		Engyodontium album
		Scopulariopsis spp.
allgemein bedingt	Vegetation	Cladosporium herbarum
		Alternaria alternata
		Botrytis cinerea
	Kompostierung/Verrottung von Pflanzen	Aspergillus fumigatus
	Bioabfälle/Abfälle/verderbende Lebensmittel	diverse Penicillum-Arten
	feuchtes Leder/Tierhaltung	Eurotium spp.
	Käfigtierhaltung mit Einstreu	Wallemia sebi
		Eurotium spp.

6.1.5 Bewertung des Befalls

Zur Bewertung eines Pilzbefalls wurden vier Risikogruppen eingeführt:

Risikogruppe 1

Der Risikogruppe 1 werden Pilze zugeordnet, bei denen es eher unwahrscheinlich ist, dass eine Krankheit verursacht wird.

Dieser Risikogruppe wird nach BioStoffVo zum Beispiel der Aspergillus versicolor zugeordnet, der u. a. in feuchten Ecken, auf Baumwolle und Polstermöbeln, Früchten und Gemüse oder Holz und Tapete zu finden ist.

Risikogruppe 2

Der Risikogruppe 2 werden Pilze zugeordnet, die eine Krankheit hervorrufen können und eine Gefahr für Beschäftigte darstellen. Hier wird nur ein geringes Risiko zur Verbreitung in der Bevölkerung gesehen.

Dieser Risikogruppe wird nach BioStoffVo zum Beispiel der Aspergillus fumigatus und Aspergillus flavus zugeordnet. Aspergillus-Arten wachsen u. a. in feuchten Ecken, auf Baumwolle und Polstermöbeln und sind in Früchten, Gemüse oder Holz und Tapeten zu finden. Zusätzlich ist der Aspergillus fumigatus häufig in Blumenerde und Kompost vorhanden.

Risikogruppe 3

Der Risikogruppe 3 werden Pilze zugeordnet, die eine schwere Krankheit hervorrufen können und eine ernste Gefahr für Beschäftigte darstellen. Bei dieser Risikogruppe besteht die Gefahr der Verbreitung in der Bevölkerung.

Risikogruppe 4

Der Risikogruppe 4 werden Pilze zugeordnet, die eine schwere Krankheit hervorrufen können und eine ernste Gefahr für Beschäftigte darstellen. Bei dieser Risikogruppe ist die Gefahr der Verbreitung groß.

Um einen Befall zu bewerten, schlägt das LGA Baden-Württemberg und das Umweltbundesamt drei Kategorien vor, bei denen die Fläche des Befalls maßgebend ist:

Kategorie 1	keine bzw. sehr geringe Biomasse	<20 cm^2 Oberflächenschaden
Kategorie 2	mittlere Biomasse, tiefere Schichten sind nur lokal und begrenzt betroffen	<0,5 m^2 oberflächliche Ausdehnung
Kategorie 3	große Biomasse, auch tiefere Schichten können betroffen sei	>0,5 m^2 große flächige Ausdehnung

Geht der Pilzbewuchs tief in das befallene Material, muss eine Zuordnung in die nächsthöhere Kategorie erfolgen. Liegt ein aktiver Befall vor, rät das LGA einen Sachverständigen hinzuzuziehen, da sich ein aktiver Befall schnell verändern und es zu einer unerwarteten Vermehrung krankheitserregender Schimmelpilzarten kommen kann. Ebenso soll eine Hochstufung in die nächsthöhere Kategorie auch bei kleinen Flächen erfolgen, wenn Arten mit bekannten gesundheitlichen Risiken hauptsächlich vorhanden sind.

6.1.6 Ablauf der Untersuchungen

Liegt eine Belastung in einem Gebäude aus einem Schimmelpilzbefall vor, kann eine Untersuchung und Sanierung auf der Grundlage der schematischen Vorgabe des Schimmelpilz-Leitfadens des Umweltbundesamts erfolgen.

Nachweisführungen bei einem sichtbaren Befall können auf unterschiedliche Weise erfolgen, durch

- die Kultivierung und Bestimmung einer Abklatschprobe
- die Kultivierung einer suspendierten Materialprobe
- die mikroskopische Betrachtung eines Klebefilmabriss-Präparats
- eine Materialprobe des befallenen Materials.

Die Bestimmung erfolgt nach dem dritten Tag über Wachstumskontrollen der Kolonie bildenden Einheiten (infolge KBE). Insgesamt werden die Proben bis zu zehn Tage lang bebrütet. Kam es zu einem Befall mit Schimmelpilz in einem Gebäude, muss nach der Sanierung eine Freimessung erfolgen. Die Freigabe zur Nutzung eines befallenen Bereichs darf erst dann erfolgen, wenn die Sporenanteile in der Raumluft unter den kritischen Werten liegen.

Ziel jeder Sanierungsmaßnahme muss die komplette Entfernung von Schimmelpilzen sein. Auch das reine Abtöten von Schimmelpilzen ist nicht ausreichend. Eine Reinigung von porösen Materialien wie Putzen, Gipskartonplatten oder Tapeten ist nicht möglich. Diese Baustoffe müssen fachgerecht entfernt und entsorgt werden. Sollten glatte Oberflächen, z. B. Glas, Metalle oder Keramik, befallen sein, können diese mit Wasser und handelsüblichen Haushaltsreinigern abgewaschen werden. Glatte Möbelstücke, wie Stühle oder Schränke, lassen sich nach einem Befall mit 80 %igen Alkohol reinigen. Dagegen ist eine Reinigung von textilen Möbelstücken nahezu ausgeschlossen. Bei Gardinen, Teppichen, Sesseln und Matratzen ist nur die Entsorgung zu empfehlen. Alle Reinigungs-, und Sanierungsarbeiten sind mit äußerster Sorgfalt, unter Beachtung der TRGS und TRBA durchzuführen. Bei diesen Sanierungsarbeiten kann ein hoher Sporenanteil freigesetzt werden. Daher müssen Schutzmaßnahmen für das Personal vorher abgestimmt und durchgesetzt werden. Gemäß einer notwendigen Gefährdungsbeurteilung nach TRBA 500 (Technische Regeln für Biologische Arbeitsstoffe) werden Infektionen im Normalfall erst durch biologische Arbeitsstoffe der Risikogruppe 2 ausgelöst. Bei Menschen mit verminderter Immunabwehr können jedoch Infektionen bereits bei Tätigkeiten im Kontakt zu einem Befall der Risikogruppe 1 auftreten.

Eine Reinigung der befallenen Flächen mit Essigreiniger sollte grundsätzlich nicht zur Anwendung kommen. Auch wenn bei einer 25 %igen Essigessenz die Schimmelsporen abgetötet werden, muss berücksichtigt werden, dass der **saure** Essigreiniger den pH-Wert eines basischen Putzes erniedrigt. Damit wird dann nur die Grundlage für einen stärkeren Schimmelpilzbefall gelegt. Alternativ kann eine Reinigung mit einer 10 %igen Wasserstoffperoxid-Lösung erfolgen.

6.1.7 Einfluss des pH-Werts auf das Schimmelpilzwachstum

Nicht nur durch Feuchtigkeit wird das Wachstum von Schimmelpilz begünstigt. Auch der pH-Wert des Untergrunds hat großen Einfluss. Baustoffe mit einem hohen pH-Wert, wie Beton oder Zementputze, sind ungünstig für das Schimmelpilzwachstum. Der ideale Bereich für das Wachstum von Schimmelpilzen liegt bei einem pH-Wert zwischen 5 und 7. ([53], S. 5) In diesem leicht sauren Milieu finden die Pilzsporen gute Bedingungen zum Auskeimen.

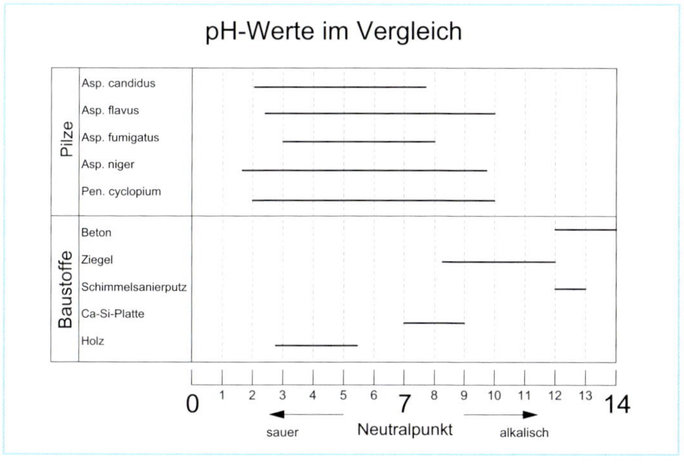

Abb. 6-9 **pH-Werte unterschiedlicher Baustoffe und Aktivitätsbereich von Schimmelpilz unter idealen Bedingungen**

Obwohl basische Untergründe, wie eben Beton oder Zementputz, eigentlich nicht optimal für den Befall von Schimmelpilz sind, kommt es trotzdem häufig zu einem Befall, da verputzte Wände mit Tapeten oder Anstrichen versehen werden. Dadurch verändern sich die Lebensbedingungen auf der Oberfläche der Wand zugunsten eines potenziellen Pilzbefalls. Befindet sich dann auf der Bauteiloberfläche zusätzlich ein **Biofilm** aus Staub, Pollen und sonstigen Schwebestoffen aus der Luft, ist eine ausreichende Nahrungsgrundlage für Schimmelpilz vorhanden.

Kritisch ist der Einsatz von säurehaltigen Reinigungsmitteln zu sehen. Wird zur Entfernung eines Pilzbefalls auf einem alkalischen Untergrund ein Essigreiniger genutzt, so reduziert das säurehaltige Reinigungsmittel den pH-Wert des Untergrunds. Ein weiterer Pilzbefall wird somit gefördert.

6.1.8 Sanierungsmaßnahmen

Neben den mikrobakteriellen Untersuchungen muss mit der Sanierung immer eine Kontrolle und Analyse der Ursache im Gebäude hinsichtlich konstruktiver Schäden erfolgen. Mögliche Leckagen in der Konstruktion, die eine partielle Abkühlung und Tauwasserausfall zur Folge haben, können mit einem Blower-Door-Test aufgefunden werden. Zusätzlich kann in Kombination mit einem Blower-Door-Test eine Infrarot-Thermografie auch Kaltluftströme durch Undichtigkeiten offenlegen.

Schimmelpilzsporen benötigen zum Auskeimen Flüssigkeit, sind jedoch auch in der Lage, eine längere Phase von Trockenheit zu überstehen, um dann wiederholt auszukeimen, sobald wieder ein Feuchteangebot vorliegt. Daher muss zwingend vor einer Sanierung eine Beurteilung der Konstruktion auf Bauschäden vorgenommen werden.

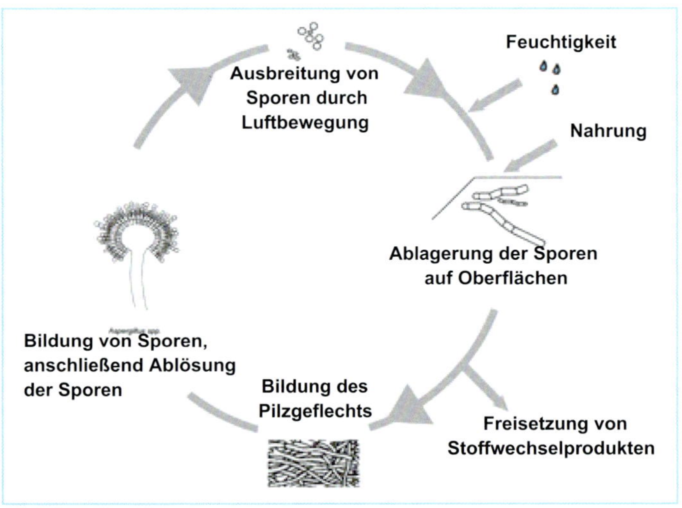

Abb. 6-10 Lebenszyklus von Schimmelpilzen (Quelle: Energieagentur NRW)

Ist der Schaden das Ergebnis kritischer bauphysikalischer Konstruktionen und liegen die Oberflächentemperaturen raumseitig unterhalb der normativen Grenzwerte von <12,6 °C bzw. f_{Rsi} <0,7, müssen konstruktive Verbesserungsmaßnahmen umgesetzt werden. Zur Vermeidung eines neuerlichen Tauwasserfalls kann nur eine nachträgliche Dämmung des Bauteils helfen.

Vor dem Einbau einer Dämmung müssen alle weiteren möglichen Ursachen ausgeschlossen sein, aus denen ein Feuchteaustritt resultieren kann, wie z. B. Rohrbruch, mangelhafter Regenschutz oder kapillar aufsteigende Feuchtigkeit.

Sind Wärmebrücken Mitverursacher für den Schimmelpilzbefall müssen bauliche Verbesserungen von befallenen Flächen unter Berücksichtigung des Beiblatts 2 der DIN 4108, WÄRMEBRÜCKEN – PLANUNGS- UND AUSFÜHRUNGSBEISPIELE, erfolgen.

Zusätzlich steht dem Planer bei kritischen Konstruktionen, wie denkmalgeschützten Fachwerkhäusern, auch die unmittelbare Beheizung von Wandflächen als Sanierungsvariante zur Verfügung. Vorteilhaft ist hierbei, dass die beheizte Wandkonstruktion trocken bleibt und somit die Wärmeleitfähigkeit durch hygroskopische Prozesse nicht verschlechtert wird. Wärmebrücken, wie in die Außenwand einbindende Deckenbalken, können punktuell besonders beheizt und damit geschützt werden.

6.1.9 Rechnerische Nachweise nach DIN 4108-2

Das Verfahren zur Berechnung der kritischen Oberflächentemperatur bzw. des f_{Rsi}-Wertes wird in der DIN 4108-2 beschrieben. Für diese Berechnung enthält die Norm Randbedingungen, die einen kritischeren Zustand bei den Wärmeübergangswiderständen darstellen und daher zu geringeren Oberflächentemperaturen führen. Abweichend von der üblichen Berechnung zum U-Wert einer Konstruktion wird im Nachweis zum hygienischen Wärmeschutz und der Oberflächentemperatur der innere Wärmeübergangswiderstand auf R_{si} 0,25 ($m^2 \cdot K$)/W erhöht.

Ist die raumseitige Oberflächentemperatur bekannt, kann die Berechnung von f_{Rsi} nach folgender Gleichung gemäß DIN 4108-2 erfolgen:

$$f_{R_{si}} = \frac{\Theta_{si} - \Theta_e}{\Theta_i - \Theta_e}$$

Dabei ist:

Θ_i die Lufttemperatur innen in °C

Θ_e die Lufttemperatur außen in °C

Θ_{si} die Temperatur der Innenoberfläche in °C.

Der einzuhaltende Grenzwert des einheitslosen Temperaturfaktors f_{Rsi} muss $\geq 0{,}7$ sein. Je höher der errechnete f_{Rsi}-Wert ist, desto sicherer ist die Konstruktion gegen einen Befall mit Schimmelpilz.

Bei den Berechnungen zum hygienischen Wärmeschutz bleibt der äußere Wärmeübergangswiderstand unverändert mit R_{se} 0,04 ($m^2 \cdot K$)/W, wie in der Berechnung zum U-Wert.

Alternativ kann die Oberflächentemperatur nach folgender Formel ermittelt werden, die jedoch so nicht in der Norm steht:

$$\Theta_{si} = \Theta_i - U \cdot R_{si} \cdot (\Theta_i - \Theta_e)$$

Dabei ist:

R_{si} Wärmeübergangswiderstand innen in ($m^2 \cdot K$)/W

U Wärmedurchgangskoeffizient in W/($m^2 \cdot K$)

Tab. 6-2 Sättigungsmenge von Feuchtigkeit in der Luft bei unterschiedlichen Temperaturen

Relative Luftfeuchte							**Wärmeschutz und Energie-Einsparung**
Sättigungsmenge (100 %) von Feuchtigkeit in der Luft in Abhängigkeit zur Lufttemperatur							
Temperatur [°C]	**Sättigungs-menge [g/m³]**	**Temperatur [°C]**	**Sättigungs-menge [g/m³]**	**Temperatur [°C]**	**Sättigungs-menge [g/m³]**	**Temperatur [°C]**	**Sättigungs-menge [g/m³]**
30	30,3	20	17,3	10	9,4	0	4,84
29	28,7	19	16,3	9	8,8	–1	4,47
28	27,2	18	15,4	8	8,3	–2	4,13
27	25,8	17	14,5	7	7,8	–3	3,81
26	24,4	16	13,6	6	7,3	–4	3,51
25	23,0	15	12,8	5	6,8	–5	3,24
24	21,8	14	12,1	4	6,4	–6	2,99
23	20,6	13	11,4	3	6,0	–7	2,76
22	19,4	12	10,7	2	5,6	–8	2,54
21	18,3	11	10,0	1	5,2	–9	2,33

Abb. 6-11 Innenecke als Wärmebrücke zum unbeheizten Keller mit Schimmelpilzbefall

Abb. 6-12 Innenecke als Wärmebrücke zum unbeheizten Dachraum mit Schimmelpilzbefall

Ist bekannt, dass Schränke vor den Wänden stehen, kommt das einer inneren Wärmedämmung gleich, da die warme Raumluft nicht mehr bis an die kalte Konstruktionsebene gelangt. In diesem Fall sollte der Wärmeübergangswiderstand situationsbedingt erhöht werden auf:

- Außenwand hinter Einbauschränken $R_{si,äq}$ 1,00 $m^2 \cdot K/W$
- Außenwand hinter freistehenden Schränken $R_{si,äq}$ 0,50 $m^2 \cdot K/W$.

Können Außenwände nicht nachträglich gedämmt werden, dürfen Schränke nicht unmittelbar vor Wänden stehen. Durch das Abrücken der Möbel von mindestens 5 cm kann einem Schimmelbefall vorbeugt werden, da zwischen den Möbeln und der ungedämmten Außenwand eine Luftzirkulation entsteht, die zur Trocknung der Wand beiträgt, falls Kondensat ausfällt.

6.1.10 Sorptionsfähigkeit von Baustoffen – Die Ausgleichsfeuchte

Eine der wichtigsten Voraussetzungen für eine Besiedlung mit Schimmelpilz ist eine erhöhte Feuchtigkeit im Baustoff. Die sorptiven Eigenschaften von hygroskopisch aktiven Baustoffen bilden dabei eine wesentliche Grundlage in diesen Prozessen der Ansammlung von Wasser. Bei hygroskopisch aktiven Baustoffen, auf mineralischer Basis oder Hölzern, stellt sich immer der Ausgleichsfeuchtegehalt ein, der in Bezug zur relativen Luftfeuchte steht. Dabei muss es nicht erst zum Ausfall von Tauwasser kommen. Die hygroskopischen Effekte beginnen wesentlich früher und sorgen dafür, dass Feuchtigkeit aus der Luft im Baustoff eingelagert wird.

Kritische Bedingungen stellen sich ein, wenn innerhalb von fünf Tagen über mehr als zwölf Stunden pro Tag eine relative Luftfeuchte über 80 % an der Bauteiloberfläche herrscht. ([92], S. 8) Dann liegen Zustände vor, die ideale Voraussetzungen für einen Befall mit Schimmelpilz bieten.

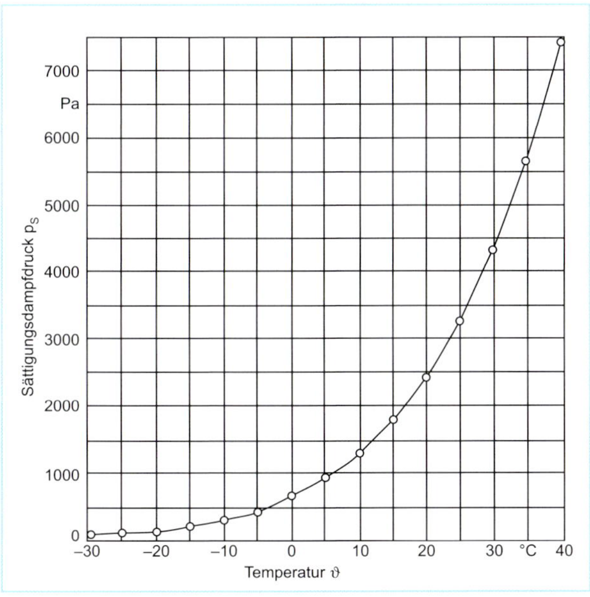

Abb. 6-13 Sättigungsdrücke von Wasserdampf in Abhängigkeit von der Lufttemperatur

6.1.11 Nutzerverhalten und Raumluftfeuchte

Die klimatischen Bedingungen in Innenräumen werden maßgeblich vom Nutzerverhalten mitbestimmt. Neben den wärmetechnischen Eigenschaften der Konstruktionen und der relativen Luftfeuchte haben die Lebensgewohnheiten der Bewohner deutlichen Einfluss, da das Lüftungs- und Heizverhalten der Nutzer die Qualität der Raumluft bestimmt. Aber auch die Art der Möblierung kann die Bedingungen in einem Raum beeinflussen, wenn durch das Zustellen kritischer Wandbereiche mit Möbeln oder Vorhängen die freie Konvektion der Raumluft vor Wänden unterbunden wird.

Die nachfolgende Übersicht aus dem Fachbericht der DIN 4108 zur Vermeidung von Schimmelpilzwachstum in Wohngebäuden zeigt, wie hoch die mittlere zusätzliche Feuchtelast in Wohnungen sein kann.

Wird die Feuchtelast in der Raumluft nicht ständig abgeführt, besteht die Gefahr eines Schimmelpilzbefalls besonders in den Wintermonaten, wenn raumseitig die Oberflächentemperaturen der Innenwände sinken. Im Zentrum der Betrachtungen stehen daher die Lüftungs- und Heizgewohnheiten der Nutzer, die sowohl die Raumluftqualität als auch den Heizwärmeverbrauch bestimmen.

Tab. 6-3 Feuchtequellen in Wohnungen nach DIN-Fachbericht 4108-8:2010-09 Vermeidung von Schimmelwachstum in Wohngebäuden

Vermeidung von Schimmelwachstum in Wohngebäuden		**DIN Fachbericht 4108-8: 2010; Tabelle 1**	
Typische Feuchtequellen in Wohnungen			
		Feuchteabgabe	
Feuchtequelle		**Stunde**	**Tag**
Mensch	je Person nicht aktive o. leichte Tätigkeit	50 g	1 200 g
Haustier	Aquarium (90 % abgedeckt, 26 °C)	6 g/m²	150 g/m²
	Katze	10 g	250 g
	Hund (mittelgroß, 20 kg)	40 g	950 g
Pflanzen	Mix von verschiedenen Zimmerpflanzen	2 g/St.	50 g/St.
Küche	Kochen	700–1 000 g	
	Geschirrspüler (abgekühltes Geschirr)	100 g je Spülvorgang	
	Spülen mit fließendem Wasser (50 °C)	300 g	
	Spülen im Spülbecken (50 °C)	140 g	
Bad	Wannenbad; ca. 20 Minuten	700 g	ca. 300 g je Bad
	Duschen; ca. 5 Minuten	2 600 g	ca. 300 g je Dusche
	Abtrocknen	70 g je Vorgang	
Wäschetrocknen	5 kg geschleudert, frei im Raum trocknend	2 500 g pro Waschmaschine	

Grundsätzlich sollte das Trocknen von Wäsche in Wohnräumen ausgeschlossen sein, da dadurch die Feuchtelast in der Luft deutlich erhöht wird. Sollte trotzdem in Wohnräumen Wäsche getrocknet werden, muss die Feuchtigkeit aus den Wohnräumen direkt ins Freie gelüftet werden. Am besten und effektivsten geschieht das mit Stoßlüftungen, bei denen es zu einem kompletten Luftwechsel kommt.

Weiterhin dürfen Räume mit hohen Feuchtelasten, wie Bäder und Küchen, nicht über einen offenen Raumverbund in kühlere Wohnbereiche, wie Schlafzimmer, gelüftet werden. Die in der Luft gebundene Feuchtigkeit wird dann durch die Abkühlung der Luft freigesetzt und fällt als Kondensat auf den kalten Bauteilen aus. Ein typischer Schadensfall, der aus diesem fehlerhaften Nutzerverhalten resultiert, ist häufig in Schlafzimmern zu finden, die tagsüber geschlossen und nicht oder nur gering beheizt werden. Öffnet man abends die Zimmertür zu diesen gering beheizten Räumen, um die Wärme der Wohnung noch zu nutzen, trifft die warme und feuchte Luft der Wohnbereiche auf die kalte Gebäudekonstruktion des Schlafzimmers. Die Luft kühlt ab und muss auf den Wänden und Decken ihre Feuchtelast freigeben. Besonders kritisch sind unter diesen Umständen Wandbereiche, die mit Schränken verstellt sind und durch die eine Luftzirkulation und Erwärmung der Wand behindert wird. In diesen Räumen kommt es durch die geringeren Temperaturen häufiger zu einem Befall mit Schimmelpilz.

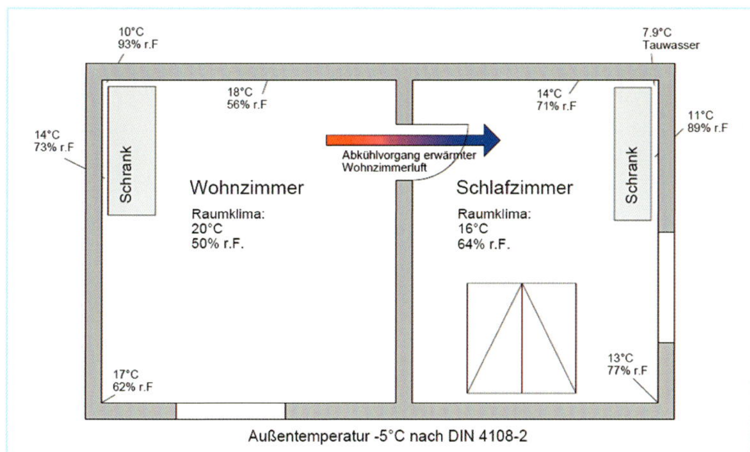

Abb. 6-14 Oberflächentemperaturen von Wohn- und Schlafräumen unter üblichen Wohnbedingungen bei normativen Randbedingungen

Exkurs: Nutzerverhalten

Bezüglich des zumutbaren Nutzerverhaltens gab es in den vergangenen Jahren diverse Gerichtsurteile. 2001 entschied das OLG Frankfurt, dass drei Stoßlüftungen pro Tag für einen Mieter zumutbar sind. Unter AZ: 19 U 7/99. 2002 kam der VII. Zivilsenat BGH zu dem Schluss, dass bei einem neu errichteten Gebäude von einem Mieter nicht einmal zwei Stoßlüftungen erwartet werden können. In einem weiteren BGH Urteil vom 18.04.2007, VIII ZR 182/06 urteilte das Gericht, dass »*bei lebensnaher Betrachtung es durchaus zumutbar ist, eine etwa 30 m^2 große Wohnung von zwei Personen während des Tages insgesamt vier Mal durch Kippen der Fenster für etwa drei bis acht Minuten zu lüften*«. ([23], S. 340)

Das LG Gießen entschied unter dem Aktenzeichen 1 S 63/00, dass es Sache des Vermieters ist, nach dem Einbau neuer Fenster den Mieter präzise auf die veränderten raumklimatischen Bedingungen hinzuweisen, um einem Schimmelpilzbefall vorzubeugen.

Die beiden Diagramme Abb. 6-15 und Abb. 6-16 zeigen Messungen der Raumlufttemperatur und der relativen Luftfeuchte bei zwei Mietern mit völlig unterschiedlichen Heiz- und Lüftungsverhalten. Beide Messungen stellen den Zusammenhang zum Lüftungsverhalten der Mieter klar.

Im ersten Fall ist die Grundbeheizung der Wohnung unzureichend und durchgehend unter 20 °C. Die Raumlufttemperatur liegt nur zu zwei Zeitpunkten bei knapp 19,2 °C. Zusätzlich zeigt das Diagramm, dass ebenfalls nicht genügend gelüftet wird und die relative Luftfeuchte immer um 70 % liegt. Der eingetretene Befall mit Schimmelpilz war somit absehbar.
Der zweite Fall zeigt das Verhaltens eines Mieters, der seine Wohnung im Winter tagsüber auf 25 °C beheizt und am Abend die Heizungsanlage über die zentrale Steuerung auf 12 °C herunterfährt. In diesem Fall klagte der Mieter über zu hohe Energiekosten und den Befall mit Schimmelpilz auf den Außenwänden eines 60er Jahre Gebäudes. Auch dieser Pilzbefall wäre vorhersehbar gewesen, da durch die starke nächtliche Abkühlung der Raumluft, die Luft zwangsläufig die gebunden Feuchte abgeben musste.

Beide Fälle zeigen aber auch, wie unterschiedlich das Nutzerverhalten sein kann und wie hoch die mieterseitigen Erwartungen sind, dass Konstruktionen alles mangelfrei mitmachen.

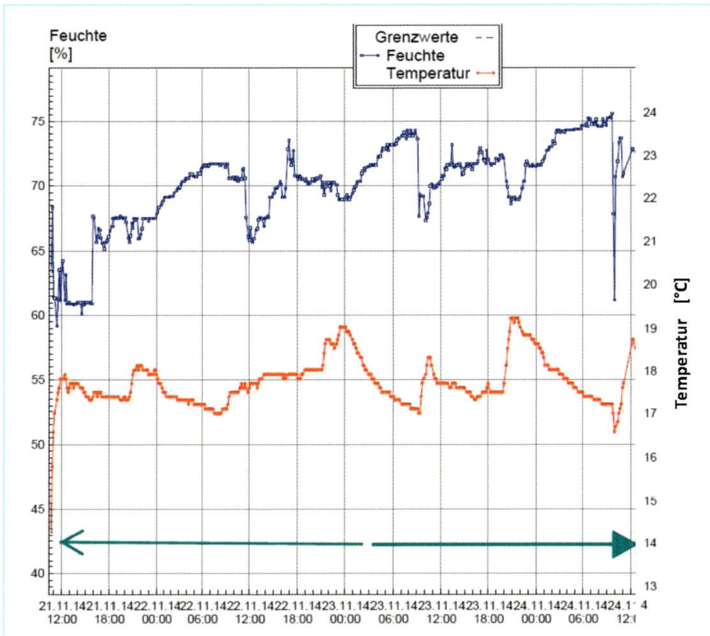

Abb. 6-15 Korrelation von relativer Luftfeuchte, Raumlufttemperatur und Lüftungsverhalten in einem Wohnraum, der über drei Tage aufgezeichnet wurde

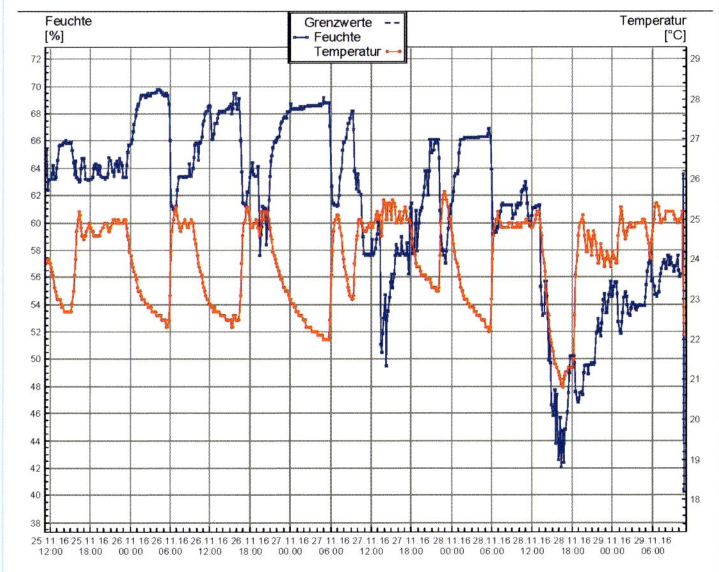

Abb. 6-16 Korrelation von relativer Luftfeuchte, Raumlufttemperatur und Lüftungsverhalten in einem Wohnraum, der über mehrere Tage aufgezeichnet wurde

6.1.12 Lüftungskonzepte nach DIN 1946-6

Nach Energieeinsparverordnung und DIN 4108-7 wird die luftdichte Konstruktion der Gebäudehülle als Planungsziel definiert. Um die hygienischen Bedingungen zur Raumluft gewährleisten zu können, verknüpft die EnEV im § 6 den Anspruch der Dichtheit des Gebäudes und des Mindestluftwechsels. Diese beiden Forderungen gelten damit als vom Planer geschuldet. Damit ist er angehalten, ein Bauwerk zu konzipieren, das den Mindestluftwechsel *»zum Zwecke der Gesundheit und Beheizung«* sicherstellt. ([63], S. 3951) Diese Forderung der EnEV muss auch bei einem kritischen Nutzerverhalten sichergestellt sein.

Als eine Folge der in der EnEV beschriebenen Forderung nach luftdichter Konstruktion und einem notwendigen Mindestluftwechsel muss die DIN 1946-6:2009-05 zur RAUMLUFTTECHNIK, LÜFTUNG VON WOHNUNGEN – ALLGEMEINE ANFORDERUNGEN, ANFORDERUNGEN ZUR BEMESSUNG, AUSFÜHRUNG UND KENNZEICHNUNG, ÜBERGABE/ÜBERNAHME UND INSTANDHALTUNG, gesehen werden.

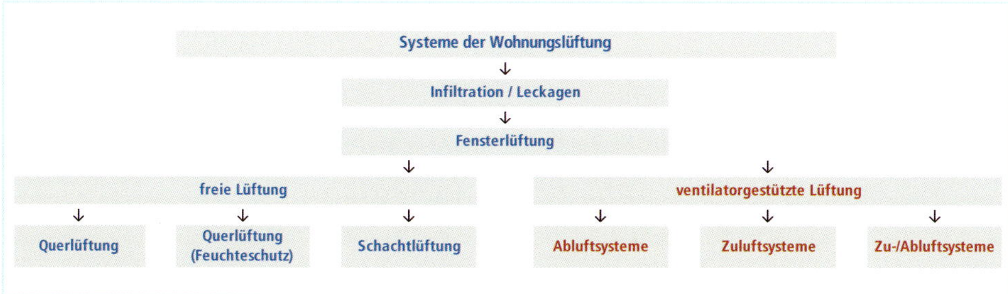

Abb. 6-17 Übersicht der möglichen Systeme zur Wohnungslüftung nach DIN 1946-6

Da der Planer diese beiden Forderungen aus der EnEV erfüllen muss, wird der Nutzer, als unbekannte Größe, nicht im Lüftungskonzept berücksichtigt werden. Die Folge ist, dass für Neubauten und für Gebäude, die modernisiert werden, ein Lüftungskonzept erstellt werden muss. Diese Lüftungskonzepte können auf einer maschinellen Lüftung basieren, da so der erforderliche Mindestluftwechsel nutzerunabhängig und durch den Planer gewährleistet werden kann. Eine einfache Möglichkeit zur Sicherstellung der Ziele kann ebenso eine ventilatorgestützte Fortluftanlage sein, die in einem der Ablufträume installiert wird. Die Frischluftzufuhr erfolgt in diesem Fall über einen Fensterfalzlüfter, der in einem Fensterflügelrahmen eingebaut wird. Bestehen hohe Anforderungen an den Schallschutz gegen Außenlärm, kann anstatt eines Fensterlüfters auch ein wandmontierter Außenluftdurchlass eingebaut werden. Grundsätzlich besteht aber auch weiterhin die Möglichkeit ein freies Lüftungssystem zu konzipieren, welches nutzerunterstützt mittels Querlüftung den Feuchteschutz sicherstellt. Dabei muss für alle Räume der betroffenen Nutzungseinheit sichergestellt sein, dass ein ausreichender Luftwechsel durch Infiltration (Leckagen) vorhanden ist. Ist dies nicht gegeben, müssen ALD (Außen-Luftdurchlässe) eingeplant und ausgeführt werden.

In den Lüftungskonzepten unterscheidet die DIN 1946-6 nach ALD (Außen-Luftdurchlass), ÜLD (Überström-Luftdurchlass) und AbLD (Abluftdurchlass). Jedem dieser unterschiedlichen Typen des Luftdurchlasses werden Räume zugewiesen. Danach kommen ALD in Zulufträumen zum Einsatz. Zu diesen Räumen zählen u. a. Wohn-, Schlaf-, Arbeits- und Kinderzimmer. Abluftdurchlässe müssen in der Küche, dem Badezimmer, sowie in WC-, Dusch-, Hausarbeitsräumen und Saunen vorgesehen werden. Befinden sich zwischen den Ab- und Zulufträumen weitere abgeschlossene Räume, werden diese als Überströmraum definiert. Um den Luftwechsel auch über diese Räume gewährleisten zu können ÜLD z. B. als Lüftungsgitter in Türblättern eingebaut werden. Ebenso ist ein erhöhter Türunterschnitt möglich.

Abb. 6-18 Vormontierter Außenluftdurchlass (ALD) für erhöhte Anforderungen an den Schallschutz gegen Außenlärm im Wohnungsbau

Abb. 6-19 Fensterfalzlüfter als Öffnung zum Nachführen von frischer Luft in eine Küche

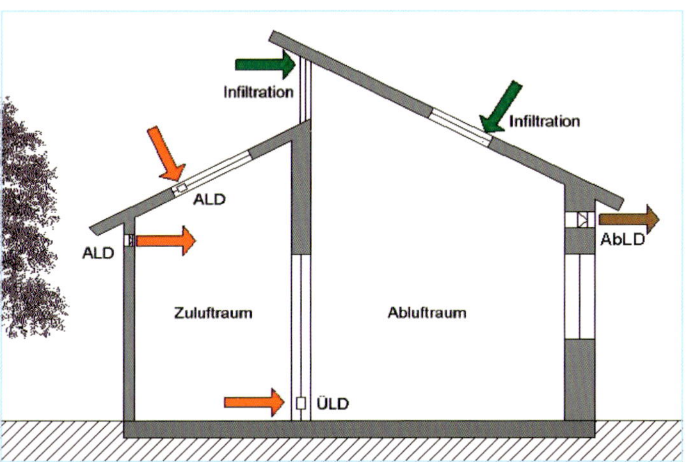

Abb. 6-20 Beispiel eines möglichen Lüftungskonzepts auf der Grundlage der DIN 1946-6. Eine einfache freie Lüftung mit ALD und ÜLD zur Querlüftung in einem Wohnhaus. Bauliche Leckagen finden als Infiltration Berücksichtigung

Der Modernisierungsfall eines Gebäudes, bei dem die Anforderungen nach DIN 1946-6 gelten, tritt relativ schnell ein. Ein Lüftungskonzept wird notwendig, sobald in einem Mehrfamilienhaus oder Einfamilienhaus mehr als ein Drittel aller Fenster ausgetauscht werden oder bei einem Einfamilienhaus ein Drittel der Dachfläche neu abgedichtet wird.

In Bezug auf die Anforderung der DIN 4108-2 ist ein ausreichender durchschnittlicher Luftwechsel vorhanden, wenn während der Heizperiode der volumenbezogene Luftwechsel bei 0,5 h^{-1} liegt. Für den geforderten Mindestluftwechsel heißt das, dass die Luft eines Raumes innerhalb einer Stunde zur Hälfte ausgetauscht werden muss.

In Räumen ohne Lüftungsanlage ist die Stoßlüftung die optimale und zu bevorzugende Form des Lüftens. Beim Stoßlüften werden die Fenster über einige Minuten vollständig geöffnet, sodass es zu einem kompletten Luftwechsel kommt. Dabei kühlt die raumbildende Konstruktion nicht aus, wenn sie hohe Rohdichte und hohe Wärmespeicherkapazität hat. Die in den Raum nachgeströmte Luft erwärmt sich, aufgrund ihrer geringen Masse binnen weniger Minuten. Während des Lüftungsvorgangs ist es dabei wenig sinnvoll, die Heizkörper während des kurzen Lüftungsintervalls herunterzudrehen, da diese nicht so schnell reagieren können.

Andererseits sollte nicht dauerhaft kippgelüftet werden, da hieraus hohe Verluste an Heizwärme resultieren und angrenzende Bauteile, wie Fensterstürze, stark auskühlen. Durch das Abkühlen der Bauteiloberflächen steigt zudem das Risiko für einen Schimmelpilzbefall, da dann an den kalten Oberflächen in den Fensterstürzen die Luftfeuchtigkeit schnell über 80 % ansteigt und Tauwasser aus der ausströmenden warmen Innenluft ausfällt.

Abb. 6-21 Mikrobakterieller Befall im ersten und dritten Obergeschoss durch dauerhaftes Kipplüften auf der wärmegedämmten Außenseite einer Fassade

Abb. 6-22 Stark entwickelter Schimmelpilzbefall im Fensterbereich, hervorgerufen durch ständiges Kipplüften

6.1.13 Sommerkondensat

Der Ausfall von Sommerkondensat ist ein jahreszeitlich bedingter Sonderfall des Tauwasserausfalls. Unter sommerlichen Bedingungen kann es besonders in Kellerräumen oder Räumen mit kühlenden Klimaanlagen zu dieser Erscheinung kommen. Dies geschieht hauptsächlich dann, wenn Nutzer im Sommer ihre Räume lüften und warme Luft auf die kühlere Konstruktion gelangt. Da sich die massive Konstruktion der Kellerwärme nur langsam erwärmt, liegt das Niveau der Oberflächentemperatur deutlich unter dem der eingeströmten warmen Luft. Durch den Abkühlungsvorgang mit der kalten Kellerwand muss die warme Luft das gasförmig gebunden Wasser freisetzen. Dabei entsteht Tauwasser. Die Lüftung von Kellerräumen in Sommermonaten führt daher nicht zu einer Trocknung der Räume, sondern zu einer Erhöhung der Feuchtigkeit in den Konstruktionen durch Tauwasser.

Damit herrschen gerade in Kellerräumen ideale Bedingungen für einen Pilzbefall, der durch den üblichen muffigen Kellergeruch leicht feststellbar ist. Aus diesem Grunde empfiehlt es sich, wenn die Außenluft deutlich wärmer ist als die Oberflächentemperatur von raumbildenden Bauteilen, diese Räumlichkeiten nur in den frühen Morgenstunden zu lüften und ansonsten die Fenster geschlossen zu halten. Bereits bei einer Temperaturdifferenz von 5 °K sollte unter sommerlichen Bedingungen nur kontrolliert und nicht dauerhaft gelüftet werden. Somit ist es auch nicht ausreichend, Fensteröffnungen in Kellerräumen nur mit einem Mäuseschutzgitter zu versehen. Hier müssen verschließbare Fenster eingebaut werden.

Abb. 6-23 Dieses Kellerfenster wurde nur mit einem Mäuseschutzgitter versehen

Abb. 6-24 Aufgrund dadurch verursachter Sommerkondensation wurde der Boden durch ausfallendes Tauwasser überflutet

6.2 Behaglichkeit

Komfort und Wohlbefinden sind grundlegende Ansprüche des Menschen. Die bauphysikalischen Eigenschaften haben dabei ebenso Einfluss auf die Aufenthaltsqualität und das Wohlbefinden.

Mit den Veränderungen der Lebensgewohnheiten und den modernen Nutzerbedürfnissen setzten sich höhere Ansprüche an die Behaglichkeit durch. Diesbezüglich veröffentlichten Bonk und Anders in SCHÄDEN DURCH MANGELHAFTE WÄRMEDÄMMUNG [4], wie sich die winterlichen Raumlufttemperaturen in Wohnungen veränderten. Lag um 1700 die mittlere winterliche Raumlufttemperatur noch zwischen ca. 9 und 12 °C, stieg sie um 1900 bereits auf ca. 13 bis 16 °C, um dann zum Ende des 20. Jahrhunderts ihre Höchststände zwischen 19 und 22 °C zu erreichen.

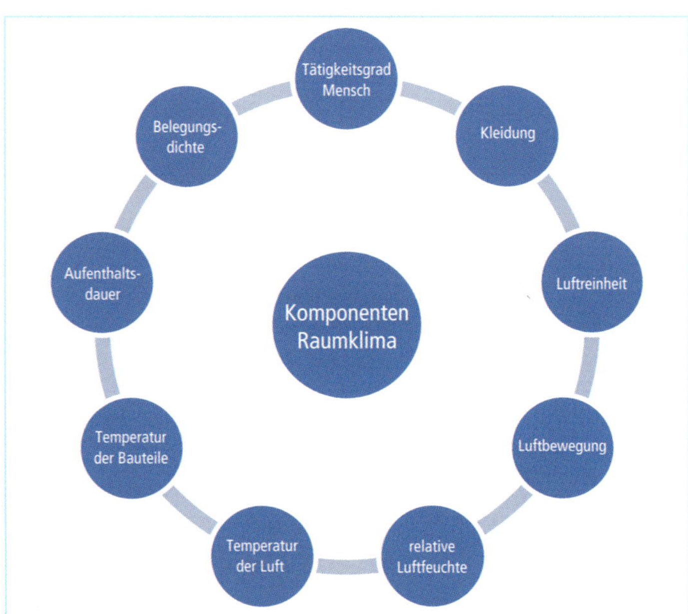

Abb. 6-25 **Komponenten der Behaglichkeit**

Dies resultierte u. a. aus den veränderten heizungstechnischen Möglichkeiten. Waren bis in die 1960er-Jahre noch viele Wohnungen nur raumweise mit einzelnen Kohleöfen und nur zeitweise intensiv beheizt, so veränderten sich die Gewohnheiten mit den neuen Heizungsanlagen. Durch die einfache Bedienung und Regulierung dehnte sich ein hoher Anspruch an Wärme und Behaglichkeit auf die gesamte Wohnung aus.

Heizen war durch die Zentralheizung für den Nutzer nicht mehr arbeitsintensiv. Mussten Kohleöfen noch mühselig befeuert, gepflegt und gereinigt werden, ließen sich moderne Heizungen einfach per Thermostat-Regelung einstellen. Damit wurden höhere Innenraumtemperaturen üblicher. Anstatt jahreszeitlich seine Bekleidung anzupassen, nutzte man die Möglichkeiten der Heizungstechnik, um behagliche Innenraumverhältnisse herzustellen.

Abb. 6-26 Konvektor vor einer Glasfassade

Abb. 6-27 Gussradiator – Wärmeübertragung mit einem höheren Anteil an langwelliger Strahlungswärme

Mit den neuen Heizungssystemen veränderten sich aber nicht nur die Nutzergewohnheiten. Dadurch kam es zu einer anderen Art der Erwärmung und Wärmeverteilung. Produzierten Kohleöfen, ähnlich wie bei einem Lagerfeuer, hauptsächlich langwellige Wärmestrahlen, die auch in der Lage waren, Wände stärker zu erwärmen, wurde mit den Konvektoren hauptsächlich die Luft erwärmt. Daraus folgte nun eine Bauteilerwärmung, die oberflächlicher geschah.

Der Bezug zur Temperatur und besonders zu Temperaturdifferenzen ist beim Menschen von allen Wahrnehmungen am deutlichsten ausgeprägt. Obwohl Menschen grundsätzlich in der Lage sind, sich zu akklimatisieren, gibt es ein sehr eingeschränktes Temperaturfeld, das als behaglich gilt.

Das Empfinden von Behaglichkeit hängt von unterschiedlichen Faktoren ab, wie der Raumlufttemperatur, der relativen Luftfeuchte, der Frische der Luft und eventuellen Luftbewegungen oder Zugerscheinungen. Zusätzlich steigt das Wohlempfinden, wenn der Nutzer die Möglichkeit besitzt, selbst die Zustände im Raum zu regulieren. [65]

Weiterhin haben auch die Raumakustik und das Licht einen deutlichen Einfluss auf das Wohlbefinden des Nutzers. Zustände werden unmittelbar wahrgenommen, wenn sie im direkten Kontakt mit dem Menschen stehen. Zu diesen unmittelbaren Kontakten zählen die Wärmestrahlungen von Oberflächen, die Wärmeleitung bei der Berührung von Kontaktflächen, aber auch Zugerscheinung der Luft, die durch kalte Oberflächen entstehen können.

Um eine Beurteilung vornehmen zu können, muss man die allgemeinen Besonderheiten des Menschen betrachten. Die Grundtemperatur des Menschen liegt im gesunden Zustand um 37 °C. Schon eine leichte Veränderung der Grundtemperatur um 1,5 °K kann den Stoffwechsel des Körpers um ca. 20 % verändern. Demzufolge ist der Körper ständig bemüht, eine ausgeglichene Grundtemperatur herzustellen. Zur Oberfläche der Haut hin reduziert sich die Temperatur auf ca. 26 °C.

Die Wärmeabgabe des Menschen wird beeinflusst von der Art seiner Tätigkeit, der Kleidung und den Umgebungstemperaturen. Zur differenzierten Beurteilung der Behaglichkeit muss in jedem Fall ein Abgleich zur Tätigkeit, bzw. dem Grad der Aktivität, erfolgen. Bei starker körperlicher Arbeit führt der Körper seine eigene Wärmeregulierung durch, indem er seine Wärme absenkt und dies mit der Feuchteabgabe als Schweiß koppelt. Über die Verdunstung stellen sich angenehmere Zustände für den Körper ein. Das thermische Gleichgewicht wird erreicht, wenn sich an der Oberfläche des Körpers die gleiche Temperatur wie in der Umgebung einstellt.

Die Umgebungstemperatur steht in Abhängigkeit zum Heizsystem und der Raumgeometrie. Hieraus resultieren unterschiedliche Temperaturschichtungen im Raum, die die Behaglichkeit unmittelbar beeinflussen. Als optimal gelten für sitzend arbeitende Menschen Raumlufttemperaturen von ca. 22 °C im Winter. Räume, in denen sich Kinder und alte Menschen aufhalten, sollten 23 bis 24 °C haben und für unbekleidete Menschen, z. B. in einem Schwimmbad, gelten 28 °C als optimal. [18] Dieser Wert korrespondiert mit der reduzierten Grundtemperatur eines Körpers zur Haut.

Ein Qualitätskriterium für die Nutzung von Räumen sind also relativ ausgeglichene Temperaturdifferenzen und geringe Luftturbulenzen. Bei den Temperaturen können Unterschiede zwischen Oberfläche und Raumluft noch als akzeptabel gelten, wenn sie zwischen Wand und Raumluft ca. 4 °K, zwischen Fuß- und Kopfhöhe ca. 3 °K und bei verschiedenen Wandoberflächen, wie Fenster zu Decke, eine Differenz von 5 °K betragen.

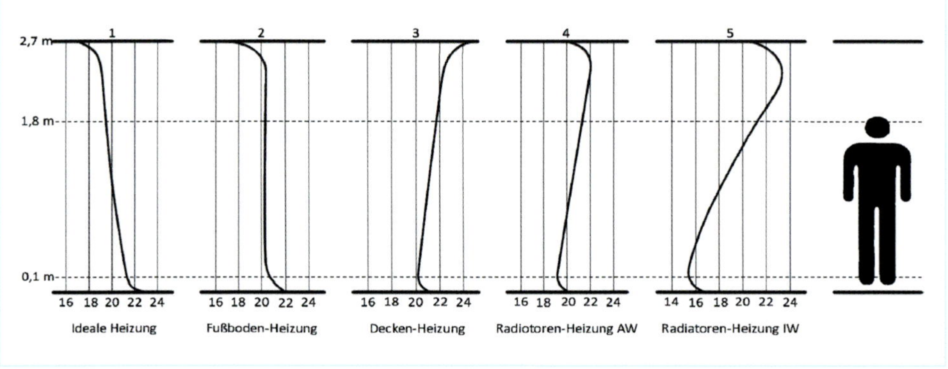

Abb. 6-28 Temperaturschichtungen im Wohnraum durch unterschiedliche Heizsysteme nach Dr. Kollmar ([43], S. 18)

6.2.1 Luftfeuchtigkeit und Behaglichkeit

Im Zusammenhang zur Lufttemperatur steht die relative Luftfeuchtigkeit. Unter normalen Bedingungen ist der Mensch gut akklimatisiert und die Verdunstung findet über die Haut in einem normalen Rahmen statt. Kritisch sind für Menschen jedoch schwül-warme Tage im Sommer und kalte Wintertage. An diesen Tagen bestimmt entweder eine hohe Luftfeuchtigkeit oder warme und zu trockene Heizungsluft das Behaglichkeitsempfinden des Menschen.

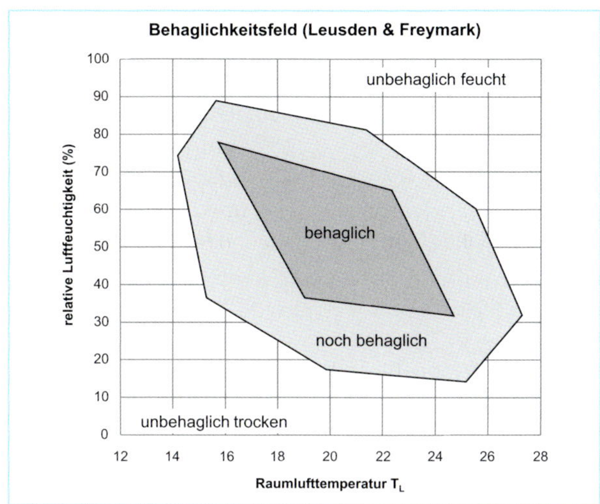

Abb. 6-29 Behaglichkeitsfeld nach Leusden und Freymark [35]

Während der Heizperiode werden relative Luftfeuchten um 50 % als angenehm empfunden. Aus bauphysikalischer Sicht und unter hygienischen Gesichtspunkten sollten sie nicht >50 % liegen. Stellen sich in den Wintermonaten relative Luftfeuchten unter 30 % ein, kommt es zu einer erhöhten Staubbildung durch die Austrocknung von Baumaterialien und Möbeln. Liegt die konstante Luftfeuchte zwischen 15 % und 20 %, beginnt bei den Bewohnern die Trocknung der Schleimhäute der oberen Luftwege und Reizungen der Augen ([80], S. 15). Anstatt künstlich die Raumluftfeuchtigkeit zu erhöhen, was die Gefahr des Tauwasserausfalls erhöht, ist es ratsamer, unter diesen Bedingungen den Staub auf Heizkörpern und Möbeln zu entfernen ([3], S. 66).

In den Sommermonaten liegen die kritischen Temperaturen jahreszeitbedingt höher, und sind ebenso mit der vorhandenen Luftfeuchte gekoppelt. Dadurch, dass warme Luft mehr Wasser an sich binden kann als kalte Luft, bedeutet das, dass bei einer gleichen relativen Luftfeuchte mehr absolute Feuchte in der sommerlichen Luft enthalten ist. Durch den größeren Feuchteanteil der Luft stellt sich die Verdunstung bei der Wärmeabgabe des Körpers schneller ein. Der Mensch beginnt dann zu schwitzen und reguliert so seinen Wärmehaushalt.

6.2.2 Wärmeableitung über den Fußboden

Die Wärmeableitung an Fußböden erfolgt über den direkten Kontakt. Damit bekommt die Auslegung von Konstruktionen hinsichtlich der zu erwartenden Oberflächentemperaturen eine unmittelbare gesundheitliche Bedeutung, da es durch Fußkälte zu Gefäßzusammenschnürung kommen kann, was langfristig negativen Einfluss auf die Organbereiche, wie Niere oder Hals, nimmt ([22], S. 158).

In Veröffentlichungen zur Bauphysik wird der notwendige Wärmeeindringwiderstand auch in Bezug zur Fußbodentemperatur definiert.

Entscheidend für das Empfinden der Kontakttemperatur ist dabei die Wärmeableitung durch das Material des Fußbodens. Dabei wird eine konstante Oberflächentemperatur von min. 28 °C aus medizinischer Sicht empfohlen ([22], S. 162). Solche Oberflächentemperaturen sind jedoch nur unter hohem Aufwand herstellbar und für eine normale Wohnnutzung sicherlich fraglich, da sich zugleich die Raumlufttemperatur erhöht.

Ganz anders sieht es dagegen bei Nutzungen aus, bei denen der unmittelbare Kontakt des Fußes oder des Körpers zum Boden ein wesentlicher Bestandteil der Aufenthaltsqualität ist. Dies gilt z. B. bei den Barfußbereichen in Schwimmbädern oder den Spielräumen in Kindergärten ([19], S. 199). Bei diesen Nutzungen müssen hohe Kontakttemperaturen vorhanden sein, um den Ansprüchen an die Aufenthaltsqualität und somit auch der Behaglichkeit gerecht zu werden.

Folgt man den Vorgaben der DIN EN ISO 7730 zur lokalen thermischen Unbehaglichkeit bei warmen oder kalten Fußböden, ist der zu erwartende Prozentsatz von ca. 7 % der Unzufriedenen bei 24 °C Bodentemperatur am geringsten. Höhere oder niedrigere Temperaturen des Fußbodens führen zu einer Steigerung des Prozentsatzes der Unzufriedenen.

Tab. 6-4 Übersicht zur Wärmeableitung von Fußböden nach DIN 52614

DIN 52614					**Norm zurückgezogen**
	Wärmeverlust		**optimale Bodentemperatur**		**empfohlene Bodentemperaturintervalle**
Wärmeableitung von Fußböden	**1 Min [kJ/m2]**	**10 Min. [kJ/m2]**	**1 Min. [°C]**	**10 Min. [°C]**	**unter 15 % Unzufriedene [°C]**
Holzboden im Versuch	38,0	134,0	26,5	25,5	23,0–28,0
Betonboden im Versuch	50,0	293,0	28,5	27,0	26,0–28,5
Betonboden gestrichen	77,0	487,0	30,0	28,5	27,5–29,0
Textilbelag	17,0	75,0	19,0	24,0	20,0–28,0
Sisalteppich	24,0	123,0	23,0	25,0	22,5–28,0
Kiefernholz	29,0	124,0	25,0	25,0	22,5–28,0
PVC, 2 mm	60,0	365,0	29,0	27,5	26,5–28,5
Marmor	75,0	511,0	30,0	29,0	28,0–29,5

6.2.3 Asymmetrische Strahlungstemperatur

Der Mensch empfindet kalte und warme Oberflächen in unmittelbarer oder angrenzender Nähe als unbehaglich. Diese bauliche Situation tritt z. B. bei einem Materialwechsel von einem massiven Boden zu einer angrenzenden Glasfassade auf. Ebenso führen inhomogene und zusammengesetzte Bauteile zu punktuellen Strahlungsasymmetrien.

Die maximale Differenz der Oberflächentemperaturen von aneinandergrenzenden Flächen sollte 5 °K nicht überschreiten. Somit müssen im Zuge der Planung die Schichtaufbauten unterschiedlicher Bauteile aufeinander abgestimmt werden.

6.2.4 Zugerscheinung an Wänden

Zugluft ist die häufigste Ursache von Unbehaglichkeit in Räumen. Was im Freien an Luftbewegung noch akzeptabel und gewünscht ist, liegt in geschlossenen Räumen in relativ engen Grenzen und kann aufgrund der leichteren Bekleidung im Innenraum zu gesundheitlichen Problemen führen. Besonders bei Menschen mit leichten sitzenden Tätigkeiten wird Zugluft als besonders störend empfunden. Zur Bewertung von Konstruktionen und räumlichen Situationen führt die DIN EN ISO 7730 den sogenannten PPD (predicted percentage of dissatisfied), bzw. Prozentsatz der Unzufriedenen ein.

Die DIN EN ISO 7730 unterscheidet in den Anforderungen zwischen den Zuständen während der Kühlperiode im Sommer und der Heizperiode im Winter. Hinsichtlich der maximalen mittleren Luftgeschwindigkeit benennt sie Randbedingungen für die Planung. Während im Sommer Luftgeschwindigkeiten von 0,11 m/s in einem Kindergarten oder 0,12 m/s in einem Einzelbüro der Kategorie A (PPD) noch akzeptabel sind, fallen die maximalen mittleren Luftgeschwindigkeiten im Winter geringer aus. Die Luftgeschwindigkeiten stehen damit im Zusammenhang zu den Jahreszeiten, was auch vom Grad der Bekleidung abhängig ist.

Die häufigste Zugerscheinung im Hochbau ist die sogenannte Kaltluftwalze im Bereich von Fenstern. Da Fenster im Normalfall die Bauteile mit der höchsten Wärmeleitfähigkeit sind, gibt es in diesem Bereich die stärkste Abkühlung der Raumluft. Daraus resultiert ein Abfallen der dichteren kalten Luft vor den Fenstern und damit das Entstehen der Kaltluftwalze im Raum. Um diesen Effekt aufzuheben, werden unter den Fenstern Heizkörper aufgestellt, die die Luft vor dem Fenster erwärmen. Die Kaltluftwalze wird so in eine Warmluftwalze umgekehrt, die den Raum ausgewogen erwärmt.

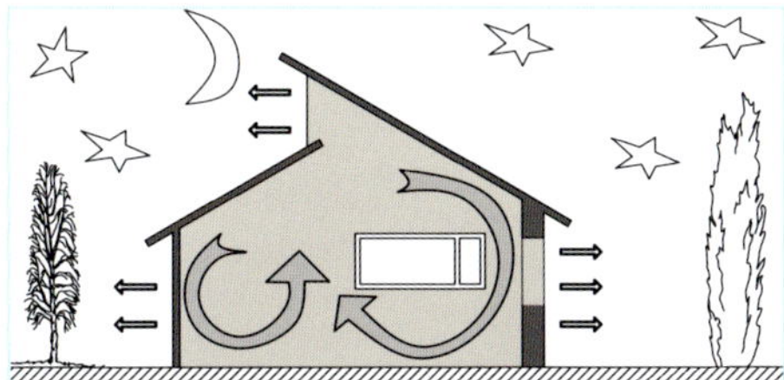

Abb. 6-30 **Kaltluftwalze unter Fenstern in Räumen**

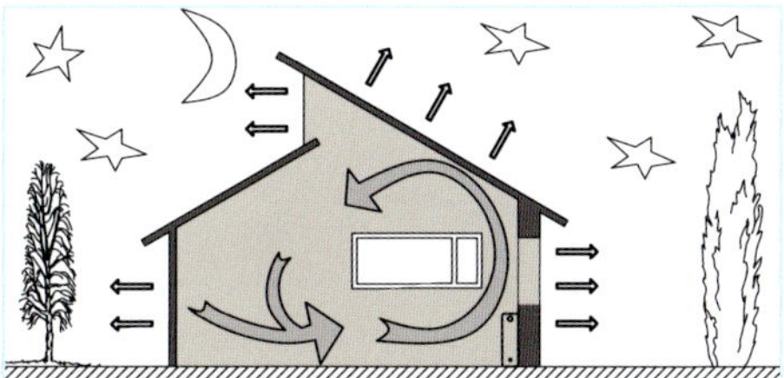

Abb. 6-31 **Warmluftwalze durch Heizkörper in Räumen**

6.2.5 Der Prozentsatz der Unzufriedenen (PPD)

Weil die Behaglichkeit ein Zustand ist, der von subjektiven Bedürfnissen geprägt wird, lässt sich nicht einwandfrei eine Situation in der Verwendung von Gebäuden herbeiführen, die jedem Nutzer gerecht wird. Diese besondere Situation würdigt die in der DIN EN ISO 7730 eingeführte Bewertung von Konstruktionen und Zuständen zur Ergonomie der thermischen Umgebung. Unter dem Begriff PPD (predicted percentage of dissatisfied) wird der **vorausgesagte Prozentsatz der Unzufriedenen** ermittelt. Dabei wird unter Zuhilfenahme eines Indexes versucht eine Bewertung zu einer möglichen Gruppe der Unzufriedenen mit einem Raumklima vorzunehmen, bzw. zu relativieren.

Mit dem PMV wird in der DIN EN ISO 7730 ein Rechenmodell zur Verfügung gestellt, das eine Vorhersage über die durchschnittliche Beurteilung des Umgebungsklimas einer großen Gruppe von Personen geben soll. Mit PMV und PPD wird ein warmes oder kaltes Unbehaglichkeitsgefühl für den Körper als Einheit definiert.

Umgebungsklima

Die DIN EN ISO 7730 teilt die Anforderungen an die thermische Behaglichkeit in drei Umgebungskategorien auf, die auf den PPDs, dem Prozentsatz der Unzufriedenen, basieren. Für die Kategorie A werden <6 % PPD, Kategorie B <10 % und Kategorie C <15 % angenommen. Für diese Gruppen werden Randbedingungen an die Umgebung formuliert, bei denen zusätzlich eine Anpassung der optimalen operativen Temperatur unter Berücksichtigung der Kleidung möglich ist:

- Vertikaler Lufttemperaturunterschied zwischen Kopf und Fußgelenken ([85], S. 20 ff):
  - Kat. A <2 °C
  - Kat. B <3 °C
  - Kat. C <4 °C
- Oberflächentemperaturbereich des Fußbodens:
  - Kat. A 19 bis 29 °C
  - Kat. B 19 bis 29 °C
  - Kat. C 17 bis 31 °C

Großen Einfluss auf die subjektive Unzufriedenheit hat die mögliche Einflussnahme auf die Umgebungsbedingungen durch den Nutzer. Untersuchungen, wie das proKlimA-Projekt, zeigten, dass die Unzufriedenheit mit den Verhältnissen am Arbeitsplatz geringer ist, wenn über die Fenster gelüftet werden darf.

Tab. 6-5 Beispielhafte Darstellung der Isolationswerte einiger Bekleidungsstücke nach DIN EN ISO 7730

DIN EN ISO 7730			**Thermische Behaglichkeit**
Thermischer Isolationswert von Bekleidungsstücken und Änderungen der optimalen operativen Temperatur			
Abschätzung des Isolationswertes von Bekleidungskombinationen (Tabelle C.1)			
Bekleidungsstück (auszugsweise Beispiele)	**I_{clu}**		**Änderung der optimalen operativen Temperatur [°C]**
	clo	**m^2K/W**	
T-Shirt	0,03	0,01	0,2
Slip und Büstenhalter	0,03	0,01	0,2
Flanellhemd, lange Ärmel	0,30	0,05	1,9
Hose, normal	0,25	0,039	1,6
schwerer Winterrock	0,25	0,039	1,6
dünner Pullover	0,20	0,031	1,3
Jacke	0,35	0,054	2,2
Mantel	0,60	0,093	3,7
Socken	0,02	0,003	0,1

7 Entscheidungskriterien bei der Beurteilung von Schimmelpilzschäden

Schimmelpilzschäden sind sehr häufig Gegenstand von Streitigkeiten zwischen Vermieter und Mietern von Mietwohnungen. Das Szenario ist stets gleich:

- Der Mieter stellt Schimmelpilzbefall in seiner Wohnung fest und reklamiert diesen bei seinem Vermieter und verlangt Beseitigung und Abstellen der für den Befall verantwortlichen baulichen Defizite (Mängel oder Schäden).
- Der Vermieter bestreitet Mängel oder Schäden an der Mietwohnung und hält dem Mieter vor, er heize und lüfte nicht richtig, was folglich schadensursächlich sei.
- Der Mieter kürzt nunmehr die Miete um Druck auf den Vermieter auszuüben.
- Der Vermieter wendet sich an einen Rechtsanwalt und strengt nunmehr ein Selbständiges Beweissicherungsverfahren bei Gericht an. Die Beweisanträge landen in aller Regel bei einem Amtsgericht.

Das Gericht verfasst nunmehr einen entsprechenden Beweisbeschluss, in dem regelmäßig folgende Fragen an den Sachverständigen gerichtet werden:

1. Liegt in der Wohnung des Antragsgegners in der Hauptstraße 1 in 12345 Nirgendwo, Wohnung 3 im 1. OG links, im Schlafzimmer in der Außenecke und in den Fensterlaibungen Schimmelpilzbefall vor?
2. Wenn ja, was ist die Ursache für den Schimmelpilzbefall? Beruhen die Schimmelpilzschäden auf baulichen Mängeln? Oder liegt die Ursache im Verantwortungsbereich des Mieters?
3. Wie sind die Schimmelpilzschäden dauerhaft zu beseitigen und welche Kosten werden dabei anfallen?
4. Sollten bauliche Mängel und gleichzeitig Umstände, die der Mieter zu verantworten hat, schadensursächlich sein, so soll der Sachverständige hier eine entsprechende Quotelung vornehmen.

Selbstverständlich kommt es auch in Wohnungen und Häusern, die vom jeweiligen Eigentümer bewohnt werden, zu Schimmelpilzbefall. Diese Fälle werden aber nicht gerichtlich geklärt. Aber auch hier gelten die gleichen Kriterien bei der Schadensbeurteilung. Die Kardinalfrage ist also immer: Liegt die Verantwortung beim Vermieter oder Mieter, bzw. ist die Ursache für den Schimmelpilzbefall in der Bausubstanz oder im Wohnverhalten begründet? Der Sachverständige muss sich mit der Frage befassen, welche Kriterien bei der Klärung dieser Frage ausschlaggebend sind.

In gerichtlichen Verfahren ist die Frage nach der Verantwortung irgendeines Umstandes zunächst erst einmal juristischer Natur. Der Sachverständige hat dabei ausschließlich die rein technischen Aspekte dieses Fragenkomplexes zu untersuchen und zu beantworten. Darauf aufbauend ist es Sache der Juristen zu einem abschließenden Gesamturteil der aufgeworfenen Fragen zu kommen. Das Sachverständigengutachten dient also regelmäßig nur als Grundlage juristischer Entscheidungen.

Maßgebliches Regelwerk

Das maßgebliche Regelwerk für die technische Beurteilung der Frage nach der Verantwortlichkeit für den Schimmelpilzbefall ist die DIN 4108 Teil 2 MINDESTANFORDERUNGEN AN DEN WÄRMESCHUTZ (UNTER HYGIENISCHEN ASPEKTEN). Energetische Aspekte des Wärmeschutzes werden heute in der Energiesparverordnung geregelt, was hier aber nicht die Frage ist.

Anwendungsbereich

Die DIN 4108 Teil 2 betrifft Aufenthaltsräume, die auf übliche Innentemperaturen ≥19 °C beheizt werden. Nach dieser Norm soll sichergestellt werden, dass die Räume bei ausreichender Beheizung und ausreichender Belüftung frei von Schimmelpilz bleiben.

Normative Randbedingungen

Folgende Ansätze sind hier gemäß DIN 4108-2 vorzunehmen:

- Temperatur der Raumluft θ_i 20,0 °C
- Temperatur der Außenluft θ_i –5,0 °C
- relative Luftfeuchtigkeit innen 50 %.

Diese Randbedingen werden als stationär vorausgesetzt – es wird also fiktiv unterstellt, diese Bedingungen lägen dauerhaft vor (was in Wirklichkeit natürlich nicht der Fall ist).

Wärmeübergangswiderstände

Auf den Einfluss und die Bedeutung der Wärmeübergangswiderstände wurde in den vorstehenden Kapiteln bereits detailliert eingegangen. Bei rein energetischen Berechnungen des Wärmeschutzes von Wandkonstruktionen wird der innere Wärmeübergangswiderstand R_{si} mit 0,13 m^2K/W und der äußere Wärmeübergangswiderstand R_{se} mit 0,04 m^2K/W in Ansatz gebracht. Die DIN 4108 Teil 2 sieht für eine Außenwand in beheizten Räumen einen inneren Wärmeübergangswiderstand R_{si} von nunmehr 0,25 m^2K/W vor und belässt den äußeren Wärmeübergangswiderstand R_{se} bei 0,04 m^2K/W.

Der erhöhte Wert des inneren Wärmeübergangswiderstands berücksichtigt den Umstand, dass Wände mit Vorhängen zugehangen oder mit Bildern versehen werden. Diese wirken wie eine innen liegende Wärmedämmung und senken die Oberflächentemperatur auf der Innenseite der Außenwände ab. Werden Außenwände mit Möbeln zugestellt, so wird dieser Effekt aber noch verstärkt, was die DIN 4108 Teil 2 aber so nicht berücksichtigt. Für Berechnungen außerhalb der Norm wären hier folgende innere Wärmeübergangswiderstände R_{si} anzusetzen:

- Vorgestellte Schränke, Bettkopfteile etc. $R_{si} = 0{,}50\ m^2 \cdot K/W$
- Einbauschränke (mit Wäsche) $R_{si} = 1{,}00\ m^2 \cdot K/W$.

Der erhöhte Ansatz des inneren Wärmeübergangswiderstandes führt somit zu einer (rechnerisch) niedrigeren Oberflächentemperatur auf der Innenseite der Außenwand. Diese darf **12,6 °C** nicht unterschreiten. Warum das so ist, wird nachstehend erläutert. Zunächst soll aber auf Schimmelpilze selber eingegangen werden.

Wissenswertes über Schimmelpilze

Hier soll zunächst darauf hingewiesen werden, dass Schimmelpilze ein ganz wesentlicher Bestandteil der Natur sind. Sie sind, wie alle Pilzgattungen, weder Pflanzen noch Tiere. Sie stellen eine gänzlich eigenständige Lebensform in der Natur dar. Ihre Aufgabe in der Natur ist es, sämtliche organische Substanzen wieder in ihre molekulare Grundform zurückzuversetzen. Nur so ist neues Entstehen biologischer Organismen möglich.

Abb. 7-1: Wohnraum mit großer Biomasse »Schimmelpilz« unter den Tapeten

Abb. 7-2: Deutlich sichtbare Ringbildung der Ausbreitung eines Schimmelpilzes

Abb. 7-1 und Abb. 7-2 zeigen einen ungewöhnlich stark ausgebildeten Schimmelpilzbefall. Da die Gussheizkörper bei Frost geplatzt waren, konnte sich der Befall in dem über Jahre ungenutzten Verwaltungsgebäude entwickeln.

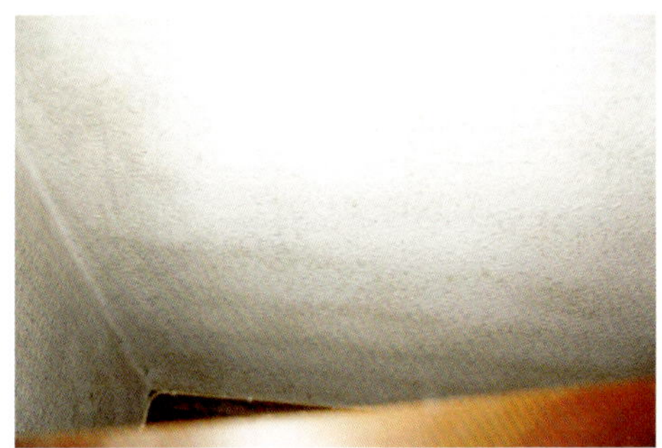

Abb. 7-3: Schimmelpilzbefall in einer Raumecke, begünstigt durch eine geometrische Wärmebrücke

Abb. 7-4: Dichte Gardinen und Vorhänge begünstigen einen Befall mit Schimmelpilz

Meist zeigt sich Schimmelpilzbefall, wie an Abb. 7-3 und Abb. 7-4 zu sehen, im Bereich von Raumecken. Schimmelpilze sind in der Natur allgegenwärtig, genauso wie Bakterien und Viren. Es handelt sich hierbei um Mikroorganismen, die für das menschliche Auge nicht sichtbar sind. Der menschliche Körper ist Mikroorganismen, die es übrigens schon immer gab, ständig ausgesetzt. Das ist völlig normal. Die Haut und selbst der Verdauungstrakt des Menschen und aller tierischen Lebewesen sind nahezu vollflächig mit Mikroorganismen besiedelt, die dort eine Reihe lebenswichtiger Funktionen erfüllen. Sie verhindern so z. B. das Eindringen von Krankheitserregern und durch sie ausgelöste Krankheiten (Infektionen etc.). Schimmelpilze brauchen zum Leben alles was der Mensch auch braucht:

- Luft bzw. Sauerstoff
- Nahrung (Kohlenwasserstoffe jeder Art)
- Wasser, dabei reicht ihm schon eine relative Luftfeuchtigkeit von 80 % auf der Bauteiloberfläche.

Schimmelpilze bilden ein nur unter dem Mikroskop sichtbares Geflecht (Myzel) aus verzweigten Zellfäden (Hyphen). Im Laufe ihrer Entwicklung bilden sie Fruchtkörper (Konidienträger), die dann für das menschliche Auge sichtbar sind, über die mikroskopisch kleinen Sporen gebildet und an die Umgebungsluft abgegeben werden. Die Sporen verbreiten sich über die Luft. Sie sind extrem schwebefähig und widerstandsfähig gegenüber Umgebungseinflüssen, wie Hitze, Kälte, UV-Licht etc. Gelangen die Sporen auf einen biologischen Untergrund, so beginnen sie bei ausreichend vorhandener Feuchte zu keimen und bilden neue Schimmelpilzgeflechte.

Schimmelpilzkriterium

Weist die Raumluft eine Temperatur von 20 °C und eine relative Luftfeuchte von 50 % auf, so stellt sich auf der Wandoberfläche mit einer Temperatur von 12,5 °C eine relative Luftfeuchte von 80 % ein. Dieser Feuchtegrad reicht bei den meisten in unseren Breiten vorkommenden Schimmelpilzarten zur Keimung und zur weiteren Entwicklung der Hyphen und Myzele aus. **Es besteht Schimmelpilzgefahr.**

Der Sachverständige hat im Rahmen seiner Untersuchungen zur Klärung der vorstehenden Fragen des Beweisbeschlusses zunächst den Aufbau und die Schichtdicken der von Schimmelpilz befallenen Außenwand zu untersuchen. Anhand eines Beispiels sollen nunmehr die einzelnen Schritte der Untersuchungen und Berechnungen dargelegt werden. Der Sachverständige findet bei seiner Ortsbesichtigung folgenden Wandaufbau vor und stellt darauf basieren nachstehende Berechnung an:

Tab. 7-1: Ermittlung des Wärmedurchlasswiderstands im Vergleich zu den unterschiedlichen normativen Vorgaben zu den Wärmeübergangswiderständen einer ungedämmten Außenwand

Wandaufbau	Schichtdicke s [m]		Wärmeleitzahl λ [W/m · K]		Wärmedurchlasswiderstand s/λ [m² · K/W]	
Gipsputz	0,015	/	0,5100	=	0,0294	
Bims VBl	0,240	/	0,5000	=	0,4800	
Außenputz	0,015	/	1,0000	=	0,0150	
Wärmedurchlasswiderstand R-Wert [m² · K/W]					0,5244	
R = 0,5244 < 1,20 also der Mindestwärmeschutz ist nach heutigen Maßstäben nicht erfüllt!						
					U-Wert nach DIN EN ISO 6946	Nachweis DIN 4108, Teil 2
Wärmeübergangswiderstand innen R_{si} [m² · K/W]					0,1300	0,2500
Wärmeübergangswiderstand außen R_{se} [m² · K/W]					0,0400	0,0400
Wärmedurchgangswiderstand R_T-Wert [m² · K/W]					0,6944	0,8144
Wärmedurchgangskoeffizient U-Wert (= 1/R) [W/m² · K]					1,4401	

Es stellt sich nun die Frage, welche Oberflächentemperatur stellt sich bei dieser Wandkonstruktion, bei den in der DIN 4108 Teil 2 genannten Randbedingungen (Innentemperatur 20 °C und Außentemperatur –5 °C) ein? Über den in vorstehender Berechnung ermittelten Wärmedurchgangswiderstand R_T kann die sich normalerweise in der ungestörten Wandfläche ohne Wärmebrücken einstellende Oberflächentemperatur θ_{si} ermittelt werden. Diese errechnet sich nach folgender Formel:

$$\Theta_{si} = \Theta_i \frac{\Theta_i - \Theta_e}{R_T} \cdot R_{si}$$

Hinweis: Diese Formel ist so nicht explizit in der DIN 4108-2 bzw. DIN 4108-3 aufgeführt. Sie stellt eine Ableitung der in der DIN 4108-3 aufgeführten Formel A.2 zur Temperatur auf der Bauteil-Innenoberfläche dar, die wie folgt lautet:

$$\Theta_{si} = \Theta_{si} - R_{si} \cdot q$$

Folgende Ansätze sind hier gemäß DIN 4108-2 vorzunehmen:
Temperatur der Raumluft θ_i 20,0 °C
Temperatur der Außenluft θ_e –5,0 °C.

Wonach sich Folgendes ergibt:

$$\Theta_{si} = 20 - \frac{20-(-5)}{0,8144} \cdot 0,25 = 12,3\,°C$$

Also schon auf der **ungestörten** Wand stellt sich eine Temperatur unter 12,6 °C und somit eine relative Lufttemperatur von über 80 % ein. **Schimmelpilz kann entstehen.**

Unter ungestörter Wand versteht man eine Außenwand im mittleren Bereich ohne Vorliegen von Wärmebrücken. Auf Wärmebrücken und ihre Wirkungen wurde in den vorstehenden Kapiteln bereits eingehend eingegangen.

Die Oberflächentemperaturen im Bereich von Wärmebrücken lassen sich nur mittels relativ aufwendiger Verfahren berechnen. Mit einiger Erfahrung kann man den Einfluss von Wärmebrücken auf die Oberflächentemperatur aber auch grob abschätzen. Über den Daumen gerechnet kann man davon ausgehen, dass in Raumecken oder in den Ecken von Wand zu Boden oder Decke die Temperatur auf der Oberfläche ca. 3 °C unter der auf der ungestörten Wandfläche liegt.

Im vorstehenden Beispiel wird die Oberflächentemperatur im Bereich der Wärmebrücken also bei etwa 9,3 °C liegen.

Fazit: Die Bausubstanz erfüllt die Mindestanforderungen der DIN 4108 Teil 2 nicht. Es besteht auch bei ordnungsgemäßer Beheizung und Lüftung der Wohnung die Gefahr, dass es zu Schimmelpilzbildung kommt. In diesem Fall wäre die Frage 2 des Beweisbeschlusses dahingehend zu beantworten, dass bauliche Mängel vorliegen und der Mieter für den Schimmelpilzbefall nicht verantwortlich ist.

Es sind also bauliche Maßnahmen erforderlich, um die Wohnung in einen Zustand zu versetzen, dass bei ordnungsgemäßem Wohnverhalten die Wohnung dauerhaft frei von Schimmelpilzbefall bleibt.

Es sind also **bauliche Verbesserungen** vorzunehmen, aber welche? Die Wärmedämmung der Außenwände muss verbessert werden. Dabei gibt es prinzipiell zwei Möglichkeiten:

- von außen: das ist immer gut
- von innen: das ist immer problematisch.

Als mögliche Maßnahmen zu Verbesserung der Wärmedämmung der Außenwände kommen z. B. in Betracht:

- von außen: Wärmedämmverbundsystem
- von innen: Kalziumsilikatplatten oder Schimmelpilzsanierputze, wobei diese Maßnahmen die Wohnfläche verringern und weniger die Wärmedämmung verbessern; ihre hauptsächliche Funktion liegt in der Verbesserung ihrer hygroskopischen Eigenschaften.

In unserem Beispielfall entscheidet man sich zur Verbesserung der Wärmedämmung des Gebäudes für ein Wärmedämmverbundsystem. Danach stellt sich die Situation folgendermaßen dar:

Tab. 7-2: Ermittlung des Wärmedurchlasswiderstands im Vergleich zu den unterschiedlichen normativen Vorgaben zu den Wärmeübergangswiderständen einer gedämmten Außenwand

Wandaufbau	**Schichtdicke s [m]**		**Wärmeleitzahl λ [W/m · K]**		**Wärmedurchlasswiderstand s/λ [m² · K/W]**	
Gipsputz	0,015	/	0,5100	=	0,0294	
Bims VBl	0,240	/	0,5000	=	0,4800	
Polystyroldämmung	0,080	/	0,040	=	2,0000	
Außenputz	0,015	/	1,0000	=	0,0150	
Wärmedurchlasswiderstand R-Wert [m² · K/W]					2,5244	
R = 2,5244 > 1,20, damit ist der Mindestwärmeschutz nach DIN 4108-2 erfüllt						
					U-Wert nach DIN EN ISO 6946	Nachweis DIN 4108, Teil 2
Wärmeübergangswiderstand innen R_{si} [m² · K/W]					0,1300	0,2500
Wärmeübergangswiderstand außen R_{se} [m² · K/W]					0,0400	0,0400
Wärmedurchgangswiderstand R_T-Wert [m² · K/W]					2,6944	2,8144
Wärmedurchgangskoeffizient U-Wert (= 1/R) [W/m² · K]					0,3711	

Hinsichtlich der sich auf der ungestörten Wand einstellenden Oberflächentemperatur ergibt sich nunmehr:

$$\Theta_{si} = 20 - \frac{20-(-5)}{2,8144} \cdot 0,25 = 17,8\,°C$$

Da sich im Bereich von Wärmebrücken die Temperatur auf der Bauteiloberfläche gegenüber der ungestörten Wand um ca. 3 °C absenkt, wird sich hier eine Temperatur von etwa 14,8 °C einstellen. Es ist hier also auszuschließen, dass sich im Bereich der Wärmebrücken eine Temperatur von unter 12,6 °C einstellen wird. **Schimmelpilz wird nicht entstehen.**

Die Baukonstruktion muss also gemäß vorstehendem Berechnungsverfahren sicherstellen, dass auf den Bauteiloberflächen an keiner Stelle eine Temperatur von 12,6 °C unterschritten wird. Das heißt letztlich, auf der ungestörten Wand darf die Temperatur nicht unter 15,6 °C fallen.

Und es gibt doch Schimmel, aber weshalb?

Dann kann die Ursache nur falsches Wohnverhalten bedeuten. Darunter versteht man, dass der Mieter bzw. der Bewohner der Wohnung Folgendes dauerhaft sicherstellt:

- Wohnung auf 20 °C heizen
- Wohnung so lüften, dass sich auf Dauer keine relative Luftfeuchte über 80 % auf allen Oberflächen der Außenbauteile einstellt.

Wie kann der Sachverständige feststellen, dass der Mieter bzw. Bewohner ein solches Wohnverhalten hatte?

Mittels eines Laserthermometers können Oberflächentemperaturen an den Außen- und Innenbauteilen gemessen werden. Oberflächentemperaturen massiver Innenwände geben die mittlere Raumlufttemperatur der letzten 10 Tage wieder, da massive Wände nur sehr träge auf Temperaturschwankungen reagieren.

Und wie kann die durchschnittliche Luftfeuchte innerhalb der Wohnung festgestellt werden?

Hier hilft Holz weiter. Es ist einfach an Möbeln ein unbehandeltes Holzbauteil zu suchen. Dessen Holzfeuchte kann man mit Messgeräten sehr leicht präzise feststellen.

Die normale Holzfeuchte bei einem Raumklima von 20 °C und 50 % relativer Luftfeuchte stellt sich regelmäßig eine Holzfeuchte von etwa 9 % ein. Wird eine höhere Holzfeuchte gemessen, so war an den letzten zehn Tagen die Luftfeuchte zu hoch.

Wie hoch war die Innenraumtemperatur?

Es wurde in einem Gerichtsverfahren eine Innenwandtemperatur von 18,2 °C und eine Holzfeuchte von 14 % festgestellt. Die Innenraumtemperatur der letzten Tage lag somit bei rund 18 °C, also um 2 °C unter dem Soll.

Welche Luftfeuchte lag vor?

Die relative Luftfeuchte kann nunmehr mittels folgendem Diagramm für europäische Holzarten mittlerer Dichte nach Loughborough und Keylwerth ermittelt werden:

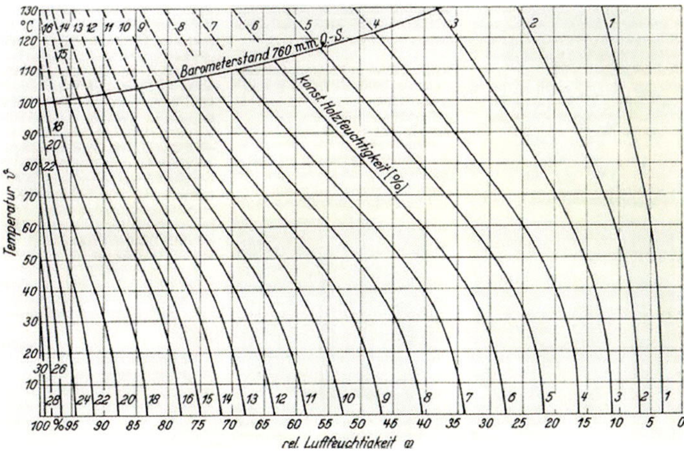

Abb. 7-5: Keylwerth-Diagramm zur Ausgleichsfeuchte von Holz in Abhängigkeit zu Umgebungstemperatur und relativer Luftfeuchte

Exkurs zur sich einstellenden Ausgleichsfeuchte:

In Holz, genau wie in allen sorptiven Baustoffen (Mauerwerk, Beton, Putze, Mörtel, Estriche etc.), stellt sich in Abhängigkeit von der relativen Luftfeuchte eine baustoffspezifische Ausgleichsfeuchte ein. In der Praxis hat sich gezeigt, dass sich folgende Feuchtegehalte der Holzbauteile einstellen (DIN 1052-1 Abschnitt 4.2.1):

- Parkett (bei Fußbodenheizung) ca. 8 %
- Innenausbau in beheizten Räumen ca. 9 %
- Fenster und unbeheizte Innenräume ca. 12 %
- überdachte offene Bauteile (Dachstühle unbeheizt) ca. 15 %
- frei bewitterte Holzbauteile ca. 18 %.

In der Regel liegt die Holzfeuchte jeweils in einer Bandbreite von ±3,0 % in Innenräumen und im frei bewitterten Bereich in einer Bandbreite von ±6,0 %.

Legt man nunmehr in dem Diagramm bei 18 °C eine waagerechte und bei einer Holzfeuchte von 14 % eine senkrechte Gerade an, so ergibt sich im Schnittpunkt dieser beiden Geraden eine relative Luftfeuchte (in Raummitte) von 73 %.

Da der Feuchtegehalt von Holzbauteilen nur sehr träge auf sich veränderndes Raumklima reagiert, zeigt das Ergebnis dieser Untersuchungen somit, dass in den letzten zehn Tage vor der Durchführung des Ortstermins die mittlere Raumtemperatur bei 18 °C und die relative Luftfeuchte bei rund 73 % lagen. Dies stellt kein ordnungsgemäßes Wohnverhalten dar. Die Ursache für den Schimmelpilzbefall liegt hier im Wohnverhalten des Mieters bzw. des Bewohners der Wohnung.

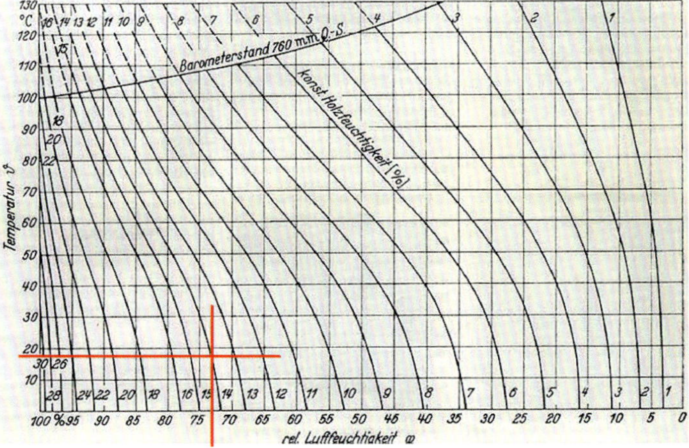

Abb. 7-6: Ermittlung der vorhandenen Holzfeuchtigkeit in Relation zur relativen Luftfeuchtigkeit und der Temperatur

8 Feuchteschutz

Bauwerke sind den unterschiedlichsten Einflüssen durch Feuchtigkeit ausgesetzt. Die Wasseraufnahme erfolgt dabei nicht nur durch wetterbedingte äußere Einwirkungen wie Regen, sondern auch durch Grundwasser oder Bodenfeuchte. Ebenso löst die Nutzung im Inneren der Gebäude bauphysikalische Prozesse aus, die auf die Konstruktion wirken und Bauschäden und Nutzungseinschränkungen auslösen können. Diese Vorgänge sind häufig komplex und nicht immer auf nur eine Ursache zurückzuführen. Ein typisches Beispiel ist der Ausfall von Kondensat auf Innenflächen. Dies kann sowohl durch Wärmebrücken, schlechte Dämmeigenschaften der Konstruktion als auch durch das Nutzerverhalten ausgelöst werden. Wasser ist auf viele unterschiedliche Weisen an Vorgängen beteiligt, die zu Bauschäden führen.

Die Berichte zu Bauschäden, als Unterrichtung der Bundesregierung, stellen diesen Bezug her. So erfasst der 3. Bauschadensbericht von 1996 die mangelhafte Luftdichtheit von Gebäuden und die daraus resultierende Bauschäden, weil Kondensat in der Konstruktionsebene ausfällt, als Schwerpunktthema. [93]

Zur Bewertung der Tauwasserfreiheit stehen dem Planer zwei unterschiedliche normative Verfahren zur Verfügung:

- DIN 4108-3 Wärmeschutz und Energie-Einsparung in Gebäuden – Teil 3: Klimabedingter Feuchteschutz – Anforderungen, Berechnungsverfahren und Hinweise für die Planung und Ausführung,
- DIN EN ISO 13788 Wärme- und feuchtetechnisches Verhalten von Baustoffen und Bauprodukten – Raumseitige Oberflächentemperatur zur Vermeidung kritischer Oberflächenfeuchte und Tauwasserbildung im Bauteilinnern – Berechnungsverfahren.

Die Musterliste der Technischen Baubestimmungen des Deutschen Instituts für Bautechnik enthält eine Übersicht aller bauaufsichtlich eingeführten technischen Regeln. Ist eine Norm in dieser Musterliste aufgeführt gilt die Umsetzung als verpflichtend für den Planer. Zu diesen bauaufsichtlich eingeführten technischen Regeln gehört Teil 3 der DIN 4108 zum Wärmeschutz und klimabedingten Feuchteschutz, Anforderungen, Berechnungsverfahren und Hinweise für die Planung und Ausführung. Damit sind die Inhalte dieser Norm eine Grundsatzanforderung, die zur Umsetzung des Bauordnungsrechts unerlässlich ist und von der Bauaufsicht eingefordert wird.

Im Rahmen eines Bauantragsverfahrens werden damit nicht nur die energetischen Nachweise für ein geplantes Gebäude gefordert, sondern zusätzlich müssen Nachweise zur Zulässigkeit der Konstruktionen hinsichtlich eines möglichen Tauwasserausfalls erbracht werden. Dies erfolgt mit den in dieser Norm beschriebenen Berechnungen zur Tauwasserfreiheit nach dem Glaser-Verfahren.

Hinsichtlich der Bewertung zum Tauwasserausfall an Bauteiloberflächen muss ebenso der Teil 2 der DIN 4108 beachtet werden. Obwohl dieser Teil 2 eigentlich den Mindestwärmeschutz behandelt, werden hier zusätzliche Ausführungen zu kritischen Oberflächentemperaturen von Bauteilen, der Wärmeleitung und Oberflächentemperatur, gemacht. Damit verknüpfen diese beiden Normenteile die Betrachtungen zu einem möglichen Ausfall von Kondensat und den hygienischen Konsequenzen durch Schimmelpilzbefall.

Ergänzend zu den Festlegungen zum Feuchteschutz müssen die DIN 18195 zu Bauwerksabdichtungen und ebenso die DIN 4095 zur Dränage von Bauwerken beachtet werden, die erst im Zusammenhang eine funktionierende Sicherheit zum Feuchteschutz gewährleisten können. Zusätzlich wurde 2017 die neue Normenreihe zu Abdichtungen von Gebäuden veröffentlicht, die die Inhalte der vorhandenen DIN 18195 ergänzt. Damit gelten nun zusätzlich hinsichtlich des Feuchteschutzes die Normen:

- DIN 18531 Abdichtung von genutzten und nicht genutzten Dächern,
- DIN 18532 Abdichtung von befahrbaren Flächen aus Beton,
- DIN 18533 Abdichtung von erdberührten Bauteilen,
- DIN 18534 Abdichtung in Innenräumen,
- DIN 18535 Abdichtung von Behältern und Becken.

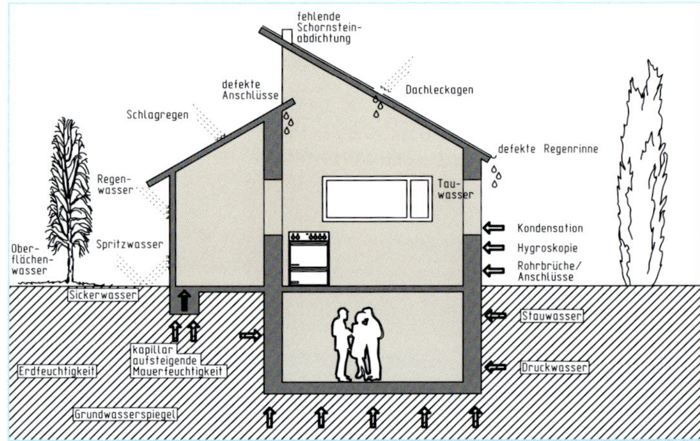

Abb. 8-1 Mögliche Einwirkungen von Feuchtigkeit auf Gebäude

8.1 Feuchteschutz nach DIN 4108-3

Die Planung des Feuchteschutzes von Gebäuden bildet einen zentralen Aspekt des mangelfreien Bauens. Feuchtigkeit an Gebäuden kann unterschiedlichen Ursprungs sein und beeinflusst die Haltbarkeit von Konstruktionen. Dabei muss man neben den Risiken, wie Frostschäden und Korrosion, sehen, dass auch die wärmedämmtechnischen Eigenschaften der Gebäudehülle durch Wasser verschlechtert werden.

Tab. 8-1 Stoffeigenschaften von Luft und Wasser

DIN EN 10456 : 2010-05			**Baustoffe und Bauprodukte**
Wärme- und feuchtetechnische Eigenschaften			**tabellierte Bemessungswerte**
Gegenüberstellung von trockener Luft und Wasser bei 10 °C			
Material	**Rohdichte ρ [kg/m³]**	**Wärmeleitfähigkeit λ [W/(mK)]**	**spez. Wärmekapazität c_p [J/(kgK)]**
trockene Luft	1,23	0,025	1 008,00
Wasser bei 10 °C	1 000	0,60	4 190,00

Innerhalb der DIN 4108 zum Wärmeschutz und der Energieeinsparung in Gebäuden werden im Teil 3 der Norm die unterschiedlichen Aufgaben zum klimabedingten Feuchteschutz geregelt. Die DIN macht zu folgenden Themen Vorgaben für die Planung:

- Schutz von Wänden gegen Schlagregen
- Bewertung zum Schutz vor Tauwasser auf den Bauteilen
- Bewertung zum Schutz vor Tauwasser in Konstruktionen
- Berechnung der Diffusion zur Ermittlung von Tauwasser- und Verdunstungsmassen
- Hinweise zur Luftdichtheit von Wänden und Dächern
- Grundlagen für die Nachweisfreiheit zum Tauwasserschutz
- Berechnungen zur Dampfdruckverteilung.

Mit ihren unterschiedlichen Zielen zum Feuchteschutz verknüpft dieser Normenteil den Erhalt der dämmtechnischen Qualität der Konstruktion mit dem Schutz der Konstruktion vor Bauschäden, die aus Tauwasserausfall, oder aus Schlagregenexpositionen stammen. Das Kernstück der Betrachtungen zum Feuchteschutz bzw. Tauwasserfreiheit bildet das nach Helmut Glaser benannte **Glaser-Verfahren.**

Die DIN 4108-3 zählt zu den nach der Musterliste der Technischen Baubestimmungen bauaufsichtlich eingeführten technischen Regeln. Die Anwendung dieser Norm ist damit zwingend. 2018 wurde eine überarbeitete Fassung veröffentlicht. Mit der Novellierung ergaben sich weitere Änderungen. So wurden in dieser Norm einige Gebäude und Konstruktionsweisen grundsätzlich vom Glaser-Nachweis ausgenommen:

- Schwimmbäder
- unbeheizte Räume
- gekühlte Räume
- erdberührte Bauteile
- Gründächer
- Innendämmungen mit $R > 1{,}00\ m^2K/W$ auf einschaligen Außenwänden und mit kapillaren Eigenschaften, wie z. B. Kalzium-Silikat-Platten
- gedämmte und nicht belüftete Holzdächer mit Metalleindeckung
- gedämmte und nicht belüftete Holzdächer mit Abdichtung auf der Schalung.

Für diese Nutzungen sollen grundsätzlich nur noch Simulationen nach Anhang D durchgeführt werden.

Ferner werden erstmals Vorgaben für verschattete oder sehr helle Dachflächen, mit einem Absorptionsgrad <0,6, gemacht. Diese Konstruktionen sollen zukünftig im stationären Glaserverfahren mit den Klimarandbedingungen von Wänden gerechnet werden.

Die aktualisierte Norm beschreibt nunmehr ein 3-phasiges Herangehen bei der Nachweisführung:

1. Nutzung nachweisfreier Bauteile,
2. Nachweis mittels Berechnung im Periodenbilanzverfahren,
3. Nachweis durch hygro-thermische Simulation.

8.2 Feuchteschutz nach DIN EN ISO 13788

Alternativ zum Glaser-Nachweis kann eine Feuchtebilanzierung auf der Grundlage der Vorgaben der DIN EN ISO 13788 erfolgen. Mit diesem Verfahren wird ebenfalls eine Beurteilung zum Tauwasserausfall innerhalb der Konstruktion vorgenommen, schließt aber auch zugleich Sondersituationen aus, die zum Beispiel aus einem nicht zu kalkulierenden Nutzerverhalten resultieren können. Auch bei diesem Verfahren geht es um eine Abschätzung akkumulierter Feuchte im Bauteil. Der wesentliche Unterschied zum Glaser-Nachweis liegt in der auf den Monat bezogenen Bilanzierung. Damit ist der Nachweis realitätsnäher als die starren Klimabedingungen zu den winterlichen und sommerlichen Zuständen des Glaser-Nachweises. Tatsächlich bleibt der Nachweis auch hinter einer wirklich vollständigen Abbildung der Realität zurück, da auch hier Vereinfachungen und Annahmen eingebaut sind. So werden solare Einflüsse durch Erwärmung der Oberflächen nur bei Dächern berücksichtigt, Monatsmittelwert der äußeren Bedingungen genutzt oder Vereinfachungen bei den μ-Werten eingeführt, wenn die Baustoffe dampfdicht sind (μ = unendlich). Dann muss μ mit 100 000 eingesetzt werden, um die Berechnung zu führen, woraus dann wiederum ggf. ein rechnerischer Tauwasserausfall möglich wird.

8.3 Grundlagen zum Glaser-Nachweis

Mit dem 1959 erstmals in der Zeitschrift KÄLTETECHNIK veröffentlichten Nachweis zur Tauwasserfreiheit und den Diffusionsvorgängen in Konstruktionen, verknüpfte Helmut Glaser die bekannte Berechnung zur Temperaturverteilung nach Fourier mit den Wasserdampfdiffusionswiderständen von Baustoffen. Zu diesen beiden Grundbedingungen, die auf Materialeigenschaften basieren, stellte er in der modellhaften Berechnung den Sättigungs- und Partialdruck der Luft gegenüber.

Für das Berechnungsverfahren wählte Glaser Randbedingungen zu der Innen- und Außentemperatur, der relativen Luftfeuchtigkeit sowie einer zeitlichen Komponente in Stunden, für welchen Zeitraum die winterlichen bzw. sommerlichen Bedingungen gelten. Mit der Festlegung zu den Innen- und Außentemperaturen und den damit verbundenen inneren und äußeren relativen Luftfeuchten wurde die Berechnung mit relativ hohen Sicherheiten ausgestattet.

Allerdings bildet diese Berechnung, durch die starre Festlegung der blockhaften klimatischen Bedingungen, nicht die tatsächlichen Gegebenheiten ab. Somit hat das Berechnungsverfahren modellhaften Charakter. Weiterhin erfolgt die Berechnung grundsätzlich unter stationären Bedingungen. Dynamische klimatische Veränderungen, wie Tages- und Nachtschwankungen, werden ebenfalls nicht berücksichtigt. Zusätzlich bleiben einige baustellen- und baustofftypische Erscheinungen, wie die Baurestfeuchte oder Ausgleichsfeuchte ausgeklammert, und solare Einwirkungen werden ebenfalls nicht berücksichtigt.

Trotzdem führen die Randbedingungen des Glaser-Verfahrens dazu, dass die Berechnungen zur Dampfdruckverleitung Sicherheiten beinhalten. Zum Verständnis muss man die gewählten Zeiträume für die Tau- und Verdunstungsperiode betrachten. Für den Nachweis erfolgt eine Bezugnahme des Luftdrucks mit der relativen Luftfeuchtigkeit und der Temperatur. Dafür nutzt das Verfahren den sogenannten Sättigungsdruck p_S, bei 100 % relative Luftfeuchte, und den Partialdruck, der das modellhafte Nutzungsprofil berücksichtigt. Der anzusetzende Sättigungsdampfdruck resultiert aus der Lufttemperatur, wobei zu sehen ist, dass unter normalen atmosphärischen Umgebungsbedingungen dieser Zustand nahezu nie erreicht wird.

Tab. 8-2 Auszug der Gegenüberstellung des Bezugs von Sättigungsdampfdruck und Temperatur ([50], S. 153 ff)

Dampfdruck im Sättigungszustand p_s in Bezug zur Temperatur										
t	°C	–10	–5	0	5	10	15	20	25	30
p_s	Pa	259	402	611	872	1 227	1 704	2 338	3 166	4 242

8.3.1 Randbedingungen Winter und Sommer

Mit der Einführung der aktualisierten DIN 4108-3 wurden die Randbedingungen im Rechenverfahren hinsichtlich der anzusetzenden Außentemperaturen modifiziert. Für die winterliche Tauperiode über 2160 Stunden bzw. 90 Tage geht man von einer konstanten Außentemperatur von –5 °C bei einer relativen Luftfeuchte von 80 % aus. Demgegenüber wird der beheizte Innenraum konstant mit 20 °C und einer relativen Luftfeuchtigkeit von 50 % gerechnet. Diese Randbedingungen werden mit dem Wasserdampfsättigungsdruck und dem Wasserdampfpartialdruck verknüpft.

Sättigungsdruck

Außen –5 °C und 100 % rel. Luftfeuchtigkeit = 402 Pa
Innen 20 °C und 100 % rel. Luftfeuchtigkeit = 2 338 Pa

Partialdruck

Außen –5 °C und 80 % rel. Luftfeuchtigkeit = 321 Pa
Innen 20 °C und 50 % rel. Luftfeuchtigkeit = 1 168 Pa

Zur Bewertung der Trocknung eines Bauteils wird die Verdunstungsperiode von Juni bis August mit 2 160 Stunden bzw. 90 Tage nach Norm festgelegt. Die Nachweisführung unterscheidet die Bauteile Wand und Dach. Bei einem Dach weichen die Randbedingungen geringfügig ab, da man von einer stärkeren Oberflächenerwärmung der Dachhaut ausgeht.

Partialdruck

Innen und Außenklima 1 200 Pa

Der Sättigungsdampfdruck im Tauwasserbereich, bei Wänden von Aufenthaltsräumen und Decken unter nicht ausgebauten Dachräumen beträgt 1 700 Pa. Für Dächer, die Aufenthaltsräume gegen die Außenluft abschließen muss 2 000 Pa genutzt werden.
Die relative Feuchte φ wird ermittelt aus:

$$\varphi = \frac{\text{Partialdruck}}{\text{Sättigungsdruck bei t}} = \frac{p}{p_s}$$

8.3.2 Beispiele

Die Berechnung der Grenztemperaturen erfolgt schichtenweise von der warmen Innenseite nach außen und basiert auf den errechneten Widerständen der jeweiligen Schichten, den Wärmeübergangswiderständen aus den Grenzschichten der Luft innen und außen, der Wärmestromdichte q und den Temperaturdifferenzen.

Die Wärmestromdichte q in W/m² wird aus dem U-Wert und der Differenz von Innenlufttemperatur mit θ_i 20 °C, zur Außenlufttemperatur mit θ_e −5 °C ermittelt:

$$q = U(\Theta_i - \Theta_e)$$

q Wärmestromdichte W/m²
U Wärmedurchgangskoeffizient W/m²·K
Θ_i Temperatur der Luft innen °C
Θ_e Temperatur der Luft außen °C.

Das folgende Beispiel zeigt die tabellarische Darstellung der Berechnung des s_d-Werts in Bezug zum Wärmedurchlasswiderstands zur Berechnung des Temperaturgefälles innerhalb der Konstruktion und an den jeweiligen Schichtgrenzen. Durch den Übertrag in eine Zeichnung und mit der Gegenüberstellung zum Verlauf des Sättigungsdrucks p_s wird der Ausfall von Tauwasser sichtbar. Für die hier gewählte gedämmte Warmdachkonstruktion kann so der Ausfall von Tauwasser unterhalb der Dachabdichtung prognostiziert werden.

Tab. 8-3 Beispiel einer Zusammenstellung aller erforderlichen Größen zur Diffusionsberechnung nach dem Glaser-Verfahren für ein Flachdach als Warmdachkonstruktion

Nr.	Schicht	s [cm]	μ [–]	s_d [m]	λ [W/(m·K)]	R [m²·K/W]	θ [°C]	p_s [Pa]
							20,0	2 338
	Wärmeübergang innen	–	–	–	–	0,25		
							18,8	2 168
1	Putzmörtel Gips	1,5	10	0,15	0,70	0,02		
							18,7	2 154
2	Beton nach EN 12524	18,0	130	23,40	2,50	0,07		
							18,3	2 107
3	Dampfsperre Bitumendachbahn	0,03	10 000	30,00	0,170	0,02		
							18,2	2 096
4	Dämmung EPS 032 DAA	15,00	100	15,00	0,032	4,69		
							−4,6	417
5	Dachabdichtung Bitumen, 2-lagig	0,8	80 000	640,00	0,170	0,05		
							−4,8	409
	Wärmeübergang außen	–	–	–	–	0,04		
							−5,0	402
			Σs_d =	708,55	ΣR =	5,14		

Kommt es im Nachweis während der Tauperiode zu einer Überschneidung der Linien des Wasserdampf-Partialdrucks mit dem Wasserdampf-Sättigungsdruck, muss von einem Ausfall von Tauwasser ausgegangen werden. Für diesen Fall muss dann der Nachweis erbracht werden, an welcher Grenzschicht das Tauwasser ausfällt, welche Menge vorliegt und ob das Tauwasser in der Verdunstungsperiode wieder abgeführt wird.

Beispiel 1:

Flachdachkonstruktion mit Dampfsperre und Dämmung aus EPS auf einer Betondecke. Die gestrichelte Linie des Sättigungsdampfdrucks schneidet die rote Linie des Partialdrucks. Damit kann ein Tauwasserausfall im Nachweisverfahren an der Grenzschicht von Dämmung zur bituminösen Dachabdichtung prognostiziert werden.

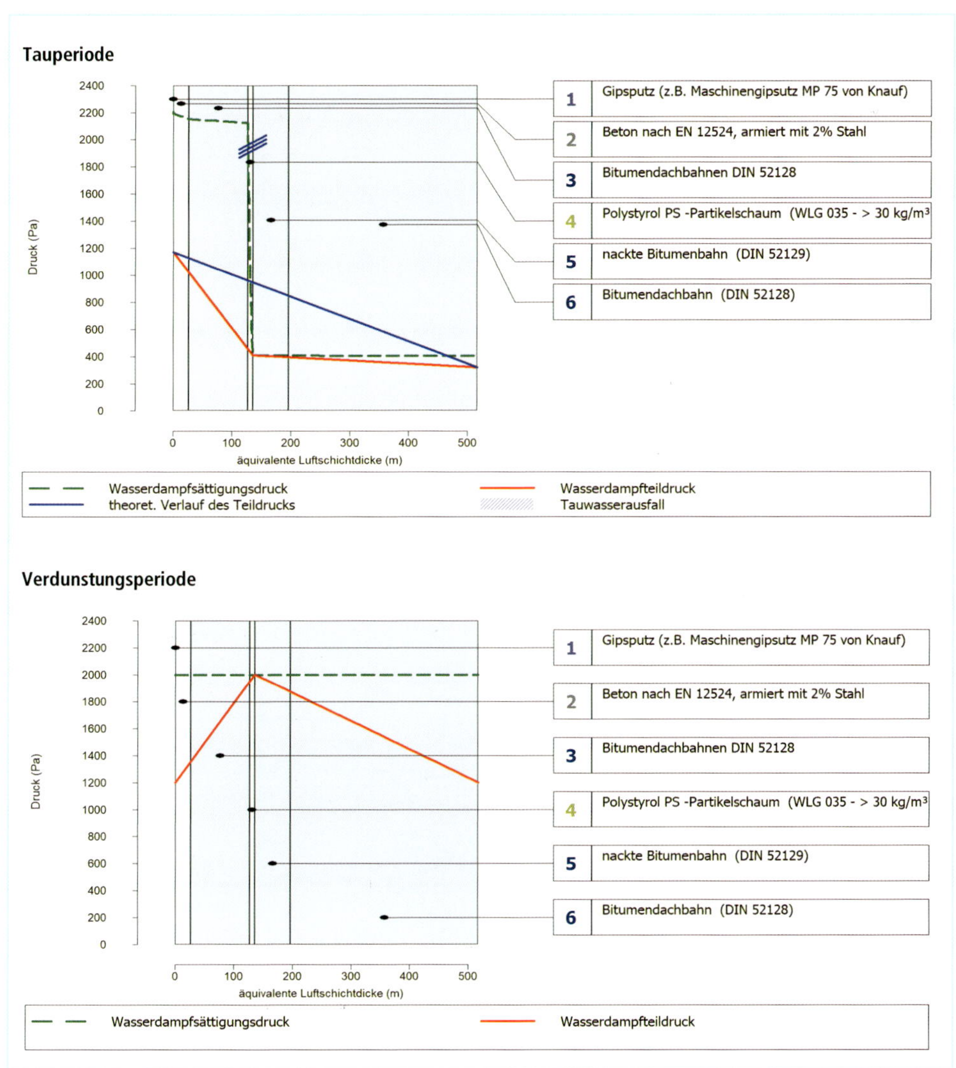

Abb. 8-2 Glaser-Diagramm für die Tau- und die Verdunstungsperiode für ein Flachdach mit Mineralwolle-Dämmung und bituminöser Dachabdichtung

Beispiel 2:

Außenwand mit Wärmedämmung aus Mineralwolle und Kalkzementputz. Die gestrichelte Linie des Sättigungsdampfdrucks schneidet die rote Linie des Partialdrucks. Die Konstruktion ist nicht frei von Tauwasser. Allerdings zeigt die Berechnung der Mengen, dass weniger Tauwasser im Winter anfällt, als im Sommer abtrocknen kann. Damit ist die Trocknungsbilanz positiv.

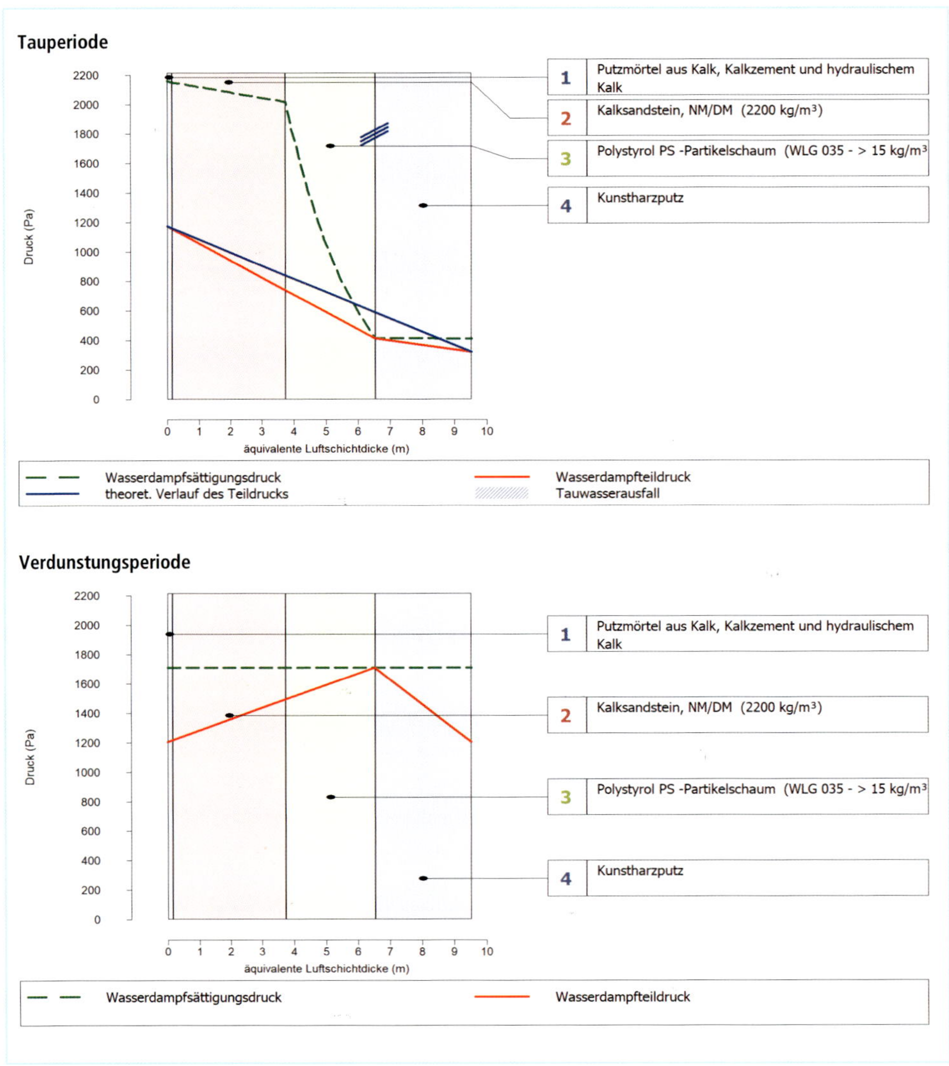

Abb. 8-3 Glaser-Diagramm für die Tau- und die Verdunstungsperiode für eine hinterlüftete Außenwandkonstruktion

8.3.3 Feuchteschutz und Tauwasser

Grundsätzlich gilt, dass beim Ausfall von Tauwasser unter winterlichen Bedingungen, es innerhalb der Verdunstungsperiode wieder abgeführt werden muss.

Dieser Grundsatz ist an unterschiedliche zulässige Höchstgrenzen gebunden:

In Dach- und Wandkonstruktionen ist ein maximaler Wert von 1,0 kg/m^2 an Tauwasser zulässig.

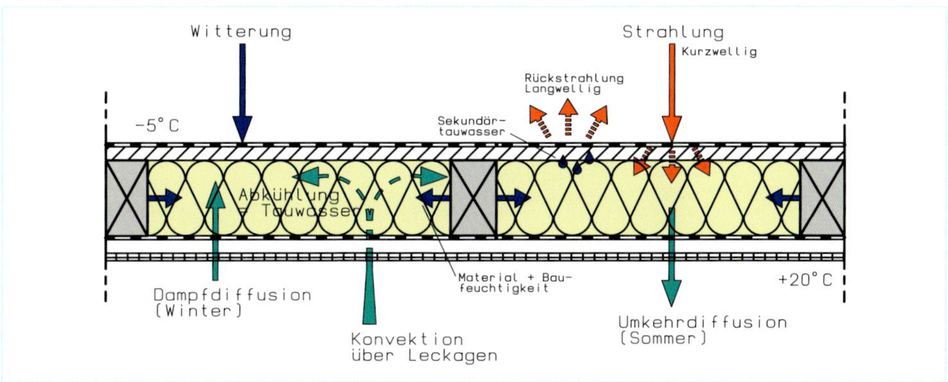

Abb. 8-4 **Einwirkungen und Prozesse auf wärmegedämmte Sparrendachkonstruktionen**

Fällt das Tauwasser an Schichten aus, die nicht in der Lage sind, Feuchtigkeit kapillar aufzunehmen, ist die flächenbezogene Tauwassermasse auf 0,5 kg/m^2 beschränkt. Dies kann an Kunststoffen, diffusionsdichten Dämmungen, Glas und Metall der Fall sein.

Zusätzlich muss beachtet werden, dass bei einem Tauwasserausfall an Holzbauteilen die Bewertung auf der Grundlage der DIN 68800 zum Holzschutz erfolgen muss. Ist der zulässige massebezogene Feuchtegehalt an Holzwerkstoffen, wie Spanplatten oder Holzwolle-Leichtbauplatten um 3 % und bei Holz um 5 % überschritten, sind die Konstruktionen unzulässig. Daher ist der Schutz der Dämmebene vor einem konvektionsbedingten Tauwasserausfall durch Undichtigkeiten unbedingt sicherzustellen. Bei der Auswahl der Dampfsperre bzw. Dampfbremse muss jedoch darauf geachtet werden, dass sich im Zusammenspiel mit den üblichen Dachabdichtungsbahnen nicht ein Dicht-Dicht-System durch die hohen s_d-Werte ergibt, durch die eingeschlossene Feuchtigkeit nicht mehr entweichen kann.

Nach WTA-Merkblatt 6-8 Feuchtetechnische Bewertung von Holzbauteilen – Vereinfachte Nachweise und Simulation sind die Eigenschaften von diffusionsäquivalenten Luftschichten zu unterscheiden:

1. diffusionsoffen $s_d \leq$ 0,5 m
2. moderat dampfbremsend 2 m < $s_d \leq$ 5 m
3. stark dampfbremsend 10 m < s_d 100 m
4. dampfsperrend 100 m $\leq s_d$ < 400 m
5. dampfdicht $s_d \geq$ 500 m

Mit dieser Einteilung ist das WTA-Merkblatt wesentlich detaillierter als die Einteilung der DIN 4108-3, die nur drei Klassen unterscheidet.

Nach Borsch-Laaks und Kehl [5] muss bezogen auf den s_d-Wert von folgenden Wasserdampfdurchgängen bei einem Normwinter nach DIN 4108-3, und auf den Monat bezogen, ausgegangen werden,

diffusionsoffene Schicht	>800 g/m²,
dampfbremsende Schicht	ca. 200 bis ca. 80 g/m²,
stark dampfbremsende Schicht	ca. 40 bis 4 g/m²,
dampfbremsende Schicht	4 bis 1 g/m².

Abb. 8-5 Durchfeuchtete EPS-Dämmung auf einem Flachdach

8.3.4 Trocknungsverhalten

Nach DIN 4108 Teil 3 sind Konstruktionen zugelassen,wenn im Nachweis die anfallende Tauwassermenge unter dem vorgegebenen Schwellenwert bleibt. Grundvoraussetzung ist jedoch, dass Tauwasser im Sommer wieder verdunsten kann und sich so eine positive Verdunstungsbilanz ergibt.

Für Holzkonstruktionen besteht die Empfehlung, immer auf den Verdunstungsüberschuss zu achten. Künzel vom Fraunhofer IBP Holzkirchen forderte bereits 1999, dass Holzkonstruktionen entweder eine Trocknungsreserve oder einen Verdunstungsüberschuss von 250 g/m² haben müssen. In der aktuellen DIN 68800 zum Holzschutz findet sich dieser Hinweis, der in der DIN 4108 nicht zu finden ist. Im Teil 2 der DIN 68800 wird unter Punkt 6.2 gefordert, dass für *»allseitig geschlossene Bauteile eine zusätzliche rechnerische Trocknungsreserve von ≥250 g/m² nachzuweisen«* ist. [75] Hierdurch wird deutlich, wie wesentlich die Feuchtebilanzierung gerade für Holzkonstruktionen ist, da Bauschäden an Holzbauteilen häufig aus dem Vorhandensein von Wasser resultieren. Allerdings sind regelmäßig nicht die rechnerischen Grundlagen, sondern handwerkliche Fehler, Wartungsmängel oder zu hohe Einbaufeuchten die treibende Kraft. Bezieht man die Anforderung auf das Bewertungsverfahren nach Glaser, fällt auf, dass der rechnerische Nachweis immer funktionierende Schichten im Konstruktionsaufbau zur Grundlage hat. Tatsächlich wäre es jedoch sinnvoll, einen Sicherheitsbeiwert für Leckagen etc. einzuführen, so wie man es in der Tragwerksplanung oder bei den schalltechnischen Bemessungen bereits macht.

Auch werden die Gefahren für die Konstruktionen aus Sommerkondensation und Feuchteeintrag durch eingeschlossene Baufeuchte nicht bewertet. Um diese Risiken für die Konstruktionen im Dachbereich zu reduzieren, sind in den vergangenen Jahren feuchteadaptiven Dampfbremsen eingeführt worden. Diese Folien verfügen über einen variablen s_d-Wert und ermöglichen der Konstruktion eine stärkere Rücktrocknung. Allerdings sind die feuchteadaptiven Dampfbremsen wiederum vom rechnerischen Nachweisverfahren ausgeschlossen.

Anhand eines weiteren Beispiels wird leicht deutlich, wie realitätsfern die normativen Rechenansätze sind. Für Flachdächer sehen die normierten Bedingungen im Glaser-Verfahren in der sommerlichen Verdunstungsperiode eine Erhöhung der Oberflächentemperatur auf 20 °C vor. Diese Erhöhung ist grundsätzlich nachvollziehbar, da sich Bauteile durch die solare Einstrahlung schneller und stärker erwärmen als die Umgebungsluft. Tatsächlich erreichen Oberflächen von Flachdachabdichtung jedoch Temperaturen bis 76 °C, wie es Untersuchungen der Holzforschung Austria zeigten.

Handelt es sich jedoch bei der betrachteten Dachfläche um nordorientierte Dächer oder um ein von Bäumen verschattetes Flachdach, liegen die Oberflächentemperaturen deutlich niedriger, weil keine solare Erwärmung vorliegt, die eine schnellere Trocknung eines Dachaufbaus ermöglicht.

Abb. 8-6 Zerstörte Schalung durch eingeschlossene Feuchtigkeit unterhalb einer Kunststoffbahn eines Flachdachs

8.4 Schutz der Konstruktion

Zur Sicherstellung des Feuchteschutzes für Konstruktionen können unterschiedliche Maßnahmen gewählt werden. Um die Konstruktionen vor Tauwasserausfall zu schützen, sind Maßnahmen zu ergreifen, die das Eindringen warmer Innenraumluft in die Konstruktionen verhindern. In diesem Zusammenhang sind ebenfalls die Vorgaben der DIN 4108-7 zum luftdichten Bauen zu sehen. Mit der Erfüllung dieser Planungsvorgaben werden nicht nur energetische Ziele verfolgt, sondern zugleich auch Schutz für die Konstruktionen geboten. Dem Planer stellt die Norm eine Vielzahl von detaillierten Vorschlägen zur Verfügung.

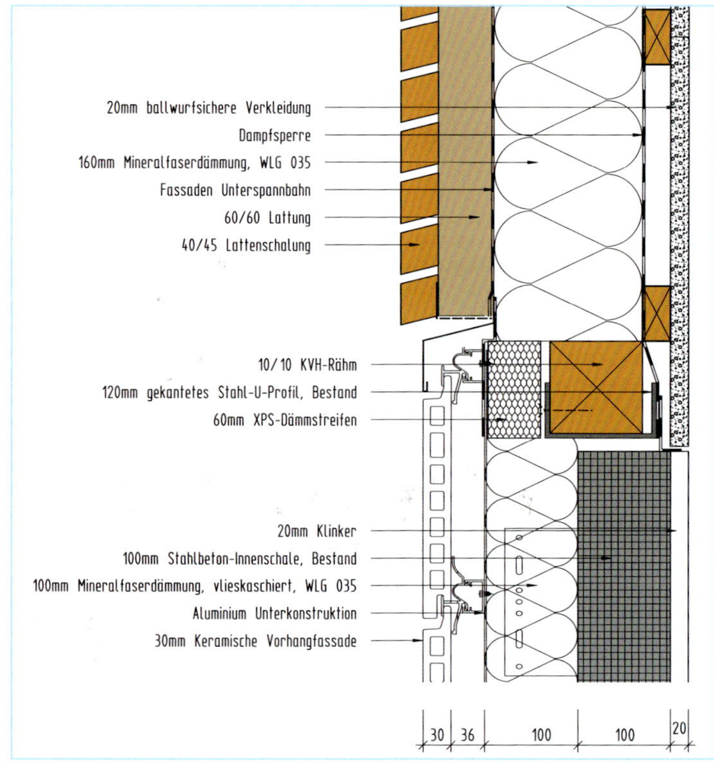

Abb. 8-7 Detailschnitt einer Wandsanierung mit einer raumseitigen Dampfbremse zum Schutz der Dämmung aus Mineralwolle vor Tauwasserausfall. Architekt: Frieder J. Heinz, Solingen

Allerdings enthält die DIN 4108-7 auch Beispiele, die unter Baustellenbedingungen nicht umsetzbar sind. Die nachfolgende Grafik zeigt das Detail 13 der Norm. Hier wird dem Planer empfohlen, zum Zeitpunkt der Aufrichtung eines Dachstuhls, eine Luftdichtheitsschicht auf der Pfette und unterhalb des Sparrens einzubauen, was baupraktisch nahezu nicht umzusetzen ist. Folglich wird man auf einen Anschluss ausweichen und die Luftdichtheitsebene an den beiden zugänglichen Flanken der Pfette befestigen und hoffen, dass die Pfetten mit der einsetzenden Trocknung nicht zu sehr reißen.

Diesbezüglich weißt die Norm darauf hin, dass große Holzquerschnitte häufig durch nachträgliche Trocknung zur Rissbildung neigen und deswegen auf einen Anschluss der Folien der

Luftdichtheitsebene an diese Holzquerschnitte verzichtet werden sollte. Eine Ausführung sollte durch die oberseitige Umfahrung des Balkens oder Sparrens mit einer Folie erfolgen, was, wie schon erläutert, jedoch eine sehr praxisferne Ausführung ist. [72]

Grundsätzlich gilt, dass die Luftdichtheitsebene zur warmen Innenraumseite hin verlegt wird und Fugen und Anschlüsse mit besonderer Sorgfalt abgedichtet werden müssen.

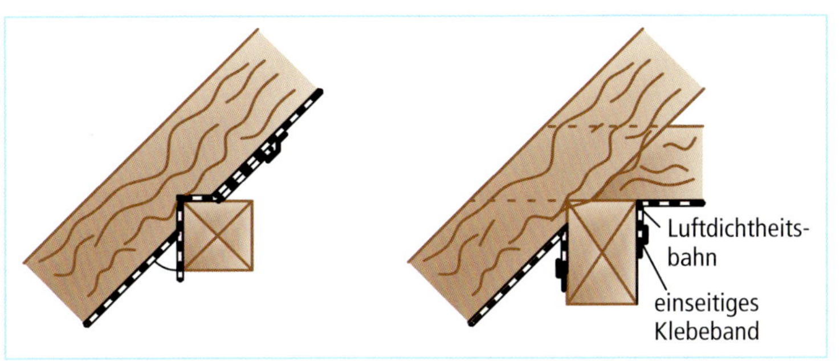

Abb. 8-8 Beispiel rechts eines praxisuntauglichen Details der DIN 4108-7 zur Ausführung von Luftdichtheitsebenen

8.4.1 Die Wasserdampfdiffusionswiderstandszahl μ

Zur Bewertung der feuchtetechnischen Sicherheiten einer Konstruktion, bzw. zur Vorhersage eines möglichen Tauwasserausfalls in einer Konstruktion, ist neben den wärmedämmenden Fähigkeiten eines Materials der μ-Wert von Bedeutung.

Der μ-Wert ist eine Stoffeigenschaft, die den Wasserdampfdiffusionswiderstand beschreibt. Der einheitslose μ-Wert gibt Auskunft, um wie viel der Wasserdampfdiffusionswiderstand eines Baustoffes höher ist gegenüber dem von Luft. In den Normen zum Wärme- und Feuchteschutz werden häufig zwei μ-Werte für übliche Baustoffe angegeben.

Mit diesen beiden Zahlen wird der feuchte oder trockene Zustand eines Baustoffs gekennzeichnet. Der höhere μ-Wert steht für den trockenen Zustand und damit den größeren Wasserdampfdiffusionswiderstand. Der kleinere μ-Wert bildet den feuchten Zustand ab, der durch die Feuchtigkeit einen geringeren Widerstand besitzt.

Tab. 8-4 Richtwerte von Wasserdampf-Diffusionswiderstandszahlen einiger Baustoffe

DIN 4108-4 – Februar 2013		**Wärmeschutz und Energie-Einsparung**	
Wärme- und feuchtschutztechnische Bemessungswerte			
Auszugsweiser Vergleich der Richtwerte der Wasserdampf-Diffusionswiderstandszahl			
Stoff (Beispiele)	**tabellierte Wasserdampf-Diffusionswiderstandszahl μ**	**Feucht μ**	**Trocken μ**
Putzmörtel aus Kalk	15/35	15	35
Zementestrich	15/35	15	35
Porenbeton	5/10	5	10
Gipskartonplatten	8/25	8	25
Vollklinker	50/100	50	100
Bitumendachbahn nach DIN 52128	10 000/80 000	10 000	80 000

Am Beispiel von Mineralwolle ist anhand des geringen μ-Wert von 1 ersichtlich, dass dieses Material sehr offen ist und zu einem hohen Anteil aus Luft besteht. Dadurch, dass keine geschlossenzellige Struktur vorliegt, entspricht die Wasserdampf-Diffusionswiderstandszahl dem von Luft. Damit ist die Mineralwolle absolut diffusionsoffen. Vergleicht man den Dämmstoff Mineralwolle mit anderen Dämmmaterialien, wird deutlich, wie die Stoffeigenschaft der Wasserdampfdiffusion-Widerstandszahl den Schichtenaufbau beeinflusst, um bauschadensfrei zu bauen:

Tab. 8-5 Richtwerte von Wasserdampf-Diffusionswiderstandszahlen von Dämmstoffen

DIN 4108-4 – Februar 2013		**Wärmeschutz und Energie-Einsparung**	
Wärme- und feuchtschutztechnische Bemessungswerte			
Auszugsweiser Vergleich der Richtwerte der Wasserdampf-Diffusionswiderstandszahl			
Stoff (Beispiele)	**tabellierte Wasserdampf-Diffusionswiderstandszahl μ**	**Feucht μ**	**Trocken μ**
PU – Hartschaum	40/200	40	200
XPS – extrudiertes Polystyrol	80/250	80	250
EPS – expandiertes Polystyrol	20/100	20	100
Mineralwolle	1	1	1
Schaumglas	∞	∞	∞
Holzfaserdämmstoff	3/5	3	5

In diesem Vergleich wird sichtbar, dass Schaumglas durch seine geschlossene Zellstruktur einen μ-Wert gegen unendlich hat und damit ein dampfdichter Dämmstoff ist. Diese Stoffeigenschaft bietet Vorteile und größere Sicherheiten in den Schichtaufbauten. Offene Dämmstoffe dagegen, wie Mineralwollen oder Holzfaserdämmstoffe, müssen zusätzlich mit Dampfsperren oder Dampfbremsen geschützt werden, um einen Ausfall von Tauwasser in der Dämmebene zu verhindern. Die Übersicht macht aber auch deutlich, dass selbst Dämmstoffe wie XPS, das gegen Erdreich oder für ein Umkehrdach eingesetzt werden kann, nicht dampfdicht sind.

Da in den Normen und Produktunterlagen zwei μ-Werte angegeben sind, muss in der Anwendung zur Berechnung im Glaser-Verfahren nach DIN 4108-4 jeweils der ungünstigere Wert für die Berechnung genutzt werden. Eine Erläuterung gibt ein Verweis auf die DIN 4108-3. Darin befindet sich unter Punkt A.2.4 zu den Stoffkennwerten der Hinweis: »*Es sind die für die Tauperiode ungünstigeren μ-Werte anzuwenden, welche dann auch für die Verdunstungsperiode beizubehalten sind*«. ([71], S. 40, Kap. A 2.3)

Im Sinne des in der Norm beschriebenen Glaser-Verfahrens bedeutet dies für die Betrachtung zur Tauperiode, dass die kleineren μ-Werte bis zum Tauwasserbereich bzw. inklusive der Dämmebene zu wählen sind. In diesem Bereich findet der Temperatursturz statt. Im Kontaktbereich der Schichtgrenze der Dämmung nach außen liegt i. d. R. der Bereich des Tauwasserausfalls. Ab dem Tauwasserbereich nach außen hin, rechnet man mit dem hohen μ-Wert weiter. ([57], S. 152)

Dieser rechnerische Ansatz berücksichtigt die größtmöglichen Sicherheiten. Vom Innenraum aus wird ein geringerer Wasserdampf-Diffusionswiderstand gewählt. Das bedeutet, dass warme und feuchte Luft relativ leicht in die Konstruktion eindringen kann, weil der Widerstand gering ist. Ab dem Punkt, an dem Tauwasser ausfällt bzw. nach der Dämmebene, dreht man die Betrachtungsweise um. Nun interessiert die größtmögliche Behinderung mit dem hohen μ-Wert, was eher für einen Verbleib der Feuchtigkeit in der Konstruktion steht. Daraus resultiert für die rechnerische Annahme eine Behinderung bei der Verdunstung und damit eine schlechtere Trocknung der Konstruktion.

Die Differenzierung nach trockenen oder feuchten Eigenschaften ist in der gültigen DIN 4108-4 nicht dargestellt. Hier wird nur auf die Auslegung nach der DIN 4108-3 hingewiesen, die die Anwendung des jeweils schlechteren Werts fordert, ohne diesen Aspekt näher zu erläutern. In der DIN EN 10456 finden sich dagegen die Bemessungswerte von Baustoffen, die hier die Wasserdampfdiffusionswiderstandszahl nach **trocken** und **feucht** unterteilt. Grundlage dieser Werte bilden die im **dry cup**- oder **wet cup**-Verfahren ermittelten Werte nach DIN EN ISO 12572 zur Bestimmung der Wasserdampfdurchlässigkeit.

8.4.2 s_d-Wert

Der s_d-Wert steht für die wasserdampfdiffusionsäquivalente Luftschichtdicke und ist die Summe aus der Stärke des Bauteils und der Stoffeigenschaft, dem μ-Wert. Die Einheit des s_d-Wertes ist m.

Durch den Bezug der tatsächlichen Bauteilstärke m zu der wasserdampfdiffusionsäquivalenten Luftschichtdicke wird der s_d-Wert ermittelt:

$$s_d = \mu \cdot m$$

Dieser Wert steht für den Diffusionswiderstand eines Baustoffs in Relation zur Luft. Bei mehrschichtigen Bauteilen, wird der s_d-Wert für das Bauteil schichtenweise ermittelt und addiert.

Am Beispiel eines herkömmlichen Dachs wird der s_d-Wert ermittelt:

1. Beton	0,22 m mit μ 70	s_d	15,40 m
2. Bitumen-Dachbahn	0,003 m mit μ 20 000	s_d	60,00 m
3. Dämmung Mineralwolle	0,14 m mit μ 1	s_d	0,14 m
4. Dachabdichtung Kunststoffbahn	0,002 m mit μ 30 000	s_d	60,00 m
		$s_{d\ insgesamt}$	**135,54 m**

Am Beispiel eines konventionellen Flachdachs erkennt man deutlich den Einfluss der Dampfsperre bzw. der Dachabdichtung bei der Ermittlung der wasserdampfäquivalenten Luftschichtdicke für das gesamte Bauteil.

Die DIN 4108-3 zum Wärmeschutz und klimabedingten Feuchteschutz unterteilt die Eigenschaften der wasserdampfäquivalenten Luftschichtdicke in drei Gruppen in Abhängigkeit zu deren s_d-Wert:

- diffusionsoffene Schicht s_d-Wert $\leq 0{,}5$ m
- diffusionshemmende Schicht $0{,}5\ m < s_d\text{-Wert} < 1500$ m
- diffusionsdichte Schicht s_d-Wert ≥ 1500 m.

8.5 Konstruktionen und Nachweise

Im öffentlich-rechtlichen Verfahren nach DIN 4108-3 sind einige Schichtaufbauten grundsätzlich vom rechnerischen Nachweis zum Feuchteschutz befreit. Somit bietet die Norm dem Planer eine Vielzahl an Boden-, Wand- und Dachaufbauten, die einfach übernommen werden können, ohne einen rechnerischen Nachweis führen zu müssen. Grundlage für dieses vereinfachte Nachweisverfahren ist die Übernahme der konstruktiven Vorgaben.

So ist z. B. kein Glaser-Nachweis notwendig, wenn eine Warmdachkonstruktion *»raumseitig eine diffusionshemmende Schicht mit einer wasserdampfdiffusionsäquivalenten Luftschichtdicke von* $s_{d,i} \geq 100$ *m«* besitzt. Aus dieser Freistellung zur Beurteilung, wenn die Vorgaben eingehalten werden, resultiert zugleich *»ein schwer kalkulierbares Sicherheitsrisiko, da eindringende Feuchte keine Möglichkeit zum Abtrocknen hat«.* [41]

Betrachtet man die Konstruktion im Zusammenhang mit der Dachabdichtung, erkennt man, dass bei einer Abdichtung, deren $s_{d,e}$-Wert über 2,0 m liegt, die Gefahr besteht, dass eingeschlossene Feuchtigkeit aus Baurestfeuchte oder fehlerhafter Verlegung der Dampfsperre nur schlecht austrocknet. Da jedoch s_d-Werte von ≥2,0 m für Dachabdichtungen üblich sind, besteht latent die Gefahr, dass es im Dachbereich zu Bauschäden kommen kann, weil es an der Fähigkeit zur Trocknung mangelt. Schon seit einiger Zeit ist bekannt, dass das lange Zeit vorherrschende Konstruktionsprinzip **dicht-dicht** von Dächern deutliche Schwächen besitzt und zu Bauschäden führt, wenn keine Rücktrocknung möglich ist. Hinzukommt dass Mängel, die aus der Ausführung resultierten, in der Planung und bauphysikalischen Betrachtung konzeptionell gar nicht erst in Betracht gezogen wurden.

Untersuchungen der Holzforschung Austria zu flach geneigten Dachkonstruktionen zeigten, *»dass 100 % luftdichte Aufbauten bautechnisch so gut wie nicht auszuführen sind, und Flachdachkonstruktionen ein entsprechendes Rücktrocknungspotenzial besitzen müssen«.* [41] Damit wird deutlich, dass nicht der zu berechnende Diffusionsvorgang das eigentliche Problem darstellt, sondern die Umsetzung auf der Baustelle und die möglichen nachträglichen Bewegungen, die in jedem Bauteil erwartet werden müssen. Kommt es durch das Schwinden der Materialien zu Bauteilverkürzungen oder durch Winddruck, Windsog oder Schneelasten zu Einwirkungen auf das Tragwerk, können daraus ebenso Spannungen auf die Dichtheitsebenen resultieren.

Abb. 8-9 **Dampfsperre mit abgeklebten Überlappungen in den Stößen und an den Anschlüssen zur Betongiebelwand**

Abb. 8-10 **Zerstörte Holzschalung unterhalb einer Kunststoff-Dachabdichtung**

Ursache für diesen Mangel könnte eine unsachgemäße Verarbeitung der rauminnenseitigen Folien durch mangelhafte Überlappungen oder Anschlüsse an das Bauwerk sein, oder zu hohe Restfeuchten in den **eingepackten** Bauteilen.

Neben der Berechnung der jeweiligen Bauteile im Glaser-Verfahren enthält die DIN 4108-3 zahlreiche Vorschläge für Konstruktionsweisen von Dächern, Wänden und Bodenplatten, die nachweisfrei sind, und die folgend zum Teil vorgestellt werden.

8.5.1 Nachweisfreie Wandkonstruktionen

Gemäß den Festlegungen der DIN 4108-3 ist bei einigen Konstruktionen kein Nachweis zum Tauwasserausfall notwendig. Dazu zählen u. a. Wände in Massivbauweise, Wände mit Innendämmung, Holzfachwände, erdberührende Wände und verschiedenen Dachkonstruktionen.

Außenwände der nachfolgenden Bauarten müssen nicht mittels eines rechnerischen Nachweises zum Tauwasserausfall nachgewiesen werden, wenn ein ausreichender Wärmeschutz vorliegt. Zu diesen Wänden zählen:

- Außenwände, die als ein- oder zweischaliges Mauerwerk nach DIN 1053-1 erstellt werden,
- Wände aus Normalbeton, gefügedichtem Leichtbeton und haufwerkporigem Leichtbeton.

Ebenso entfällt die Nachweispflicht, wenn Außenwände raumseitig verputzt werden und eine der folgenden Außenbeschichtungen verwendet wird:

- zugelassenes Wärmedämmverbundsystem
- hinterlüftete Außenwandbekleidung mit und ohne Wärmedämmung
- angemörtelte oder angemauerte Wandbekleidung mit einem Fugenanteil von min. 5 %
- wasserabweisender Außenputz oder Verblendmauerwerk.

Werden Außenwände der vorgenannten Konstruktionsprinzipien mit einer Innendämmung versehen, entfällt ebenso die Verpflichtung zum Nachweis, wenn Wände ohne Schlagregenbelastung eine Innendämmung mit $R \leq 0{,}5\ m^2K/W$ besitzen.

Liegt der Wärmedurchlasswiderstand der raumseitigen Dämmschicht zwischen $0{,}5 < R \leq 1{,}0\ m^2K/W$, muss ein $s_{d,i} \leq 0{,}5$ m vorhanden sein. Das Einströmen von warmer Raumluft in die Dämmebene muss durch konstruktive Maßnahmen ausgeschlossen sein.

Wände, die in Holzbauart nach DIN 68800-2 errichtet werden, benötigen ebenso keinen Nachweis zum Tauwasserschutz, wenn außenseitig ein Wärmedämmverbundsystem oder eine vorgehängte Außenwandbekleidung, bzw. Mauerwerk-Vorsatzschale aufgebracht wird und die Konstruktionen raumseitig mit einer diffusionshemmenden Schicht über $s_{d,i} \geq 2$ m ausgeführt werden.

Werden Holzfachwerkwände als Sichtfachwerk und mit einer wärmedämmenden Ausfachung ausgeführt, muss nach Norm eine raumseitige Luftdichtheitsschicht eingebaut werden.

Von innen gedämmte Fachwerkwände sind ohne Nachweis zulässig, wenn die Wärmedämmschicht einen Wärmedurchlasswiderstand $R \leq 1{,}0\ m^2K/W$ und eine rauminnenseitige Bekleidung mit einem $s_{d,i}$-Wert von mindestens 1,0 m bis 2,0 m besitzt.

Holzfachwerkwände, die eine Luftdichtheitsschicht besitzen, benötigen nach Punkt 4.3.2.4 der DIN 4108-3:2001-07 keinen rechnerischen Nachweis zum Tauwasserausfall. Eine Voraussetzung dazu ist nach dieser Norm z. B. die wärmedämmende Ausfachung der Konstruktion.

Tatsächlich sollte eine Überprüfung von Wandkonstruktionen bei Bestandsgebäuden, insbesondere denkmalgeschützte Gebäude, grundsätzlich auf der Grundlage des WTA-Merkblatts 6-4 zu Innendämmungen nach WTA I erfolgen. Ebenso muss beachtet werden, dass nach DIN 1052 Hölzer eine zulässige Einbaufeuchte haben dürfen, die je nach Einbausituation bzw. Nutzungsklassen zwischen 5 bis 24 % liegen darf. Hieraus resultiert, dass Holz nie trocken ist und angrenzende Schichtaufbauten nicht so dicht sein dürfen, um eine Trocknung zu behindern.

Für historische Fachwerkhäuser kann gelten, dass ein rechnerischer Nachweis zur Tauwasserfreiheit im Winter eine grundlegende Voraussetzung vor dem Einbau einer Innendämmung ist. Der Einbau einer Dampfsperre als Schutz der innengedämmten Konstruktion vor Tauwasserausfall muss kritisch gesehen werden, da im Bestandsgebäude der luftdichte Anschluss kaum gewährleistet werden kann ([34], S. 117) und raumseitig eine Trocknungsbehinderung darstellt, wenn der bewitterten Außenwand nur noch die Außenseite zur Trocknung zur Verfügung steht.

Zusätzlich werden erdberührte Wände aus Mauerwerk oder Beton, die mit einer außenseitigen Perimeterdämmung nach DIN 4108-10 geplant werden oder eine allgemeine bauaufsichtliche Zulassung besitzen, von der Nachweispflicht zum Feuchteschutz befreit.

8.5.2 Nachweisfreie Bodenplatten

Bodenplatten gelten als nachweisfrei, wenn eine Perimeterdämmung mit Bauwerksabdichtung vorhanden ist. Der raumseitige Anteil am Wärmedurchlasswiderstandes der gesamten Bodenplatte darf jedoch nicht mehr als 20 % betragen. Damit empfiehlt sich, die Dämmlage grundsätzlich unter der Bodenplatte einbauen zu lassen.

8.5.3 Nachweisfreie Dachkonstruktionen

Bei nicht belüfteten Dächern darf nach DIN 4108-3 der Nachweis zum Feuchteschutz entfallen, wenn raumseitig unterhalb der Wärmedämmung eine Dampfbremse mit einer wasserdampfäquivalenten Luftschichtdicke von min. $s_{di} \geq 100$ m eingebaut wird.

Hierbei besteht allerdings das Risiko, dass sowohl erhöhte Baufeuchte als auch Feuchtigkeit aus Diffusionsvorgängen oder Undichtigkeiten der Dachhaut kaum noch austrocknen können. Bei diesen Dächern darf unterhalb der diffusionshemmenden Schicht nur ein kleiner Teil der Wärmedämmung angebracht werden. Der Anteil dieser zusätzlichen und raumseitigen Dämmung darf nur 20 % am Gesamtwärmedurchlasswiderstands betragen.

Betrachtet man zudem die DIN 1052, kann man feststellen, dass Hölzer in dieser Einbausituation der Nutzungsklasse 1 zuzuordnen sind. Danach dürfen Hölzer eine zulässige Einbaufeuchte zwischen 5 bis 15 % besitzen. Folglich ist das eingebaute Holz nie wirklich trocken. Außen- und innenseitige Schichtaufbauten dürfen daher nicht so ausgelegt sein, dass eine Trocknung behindert wird.

Nicht belüftete Dächer mit einer Dachdeckung und einer regensicheren Unterspannbahn müssen ebenfalls nicht nachgewiesen werden, wenn die s_d-Werte für innen und außen in dem folgenden Verhältnis zueinanderstehen:

außen innen

$s_{d,e} \leq 0{,}1$ m ⇨ $s_{d,i} \geq 1{,}0$ m

$s_{d,e} \leq 0{,}3$ m ⇨ $s_{d,i} \geq 2{,}0$ m

$s_{d,e} > 0{,}3$ m ⇨ $s_{d,i} \geq 6 \cdot s_{d,e}$

Der äußer $s_{d,e}$-Wert wird dafür aus der Summe der s_d-Werte aller Schichten gebildet, die sich oberhalb der Dämmschicht bis zur ersten Luftschicht befinden. $s_{d,i}$ bildet man für diese

Betrachtung aus der Summe der s_d-Werte der raumseitigen Schichten, die sich unterhalb der Wärmedämmungs bzw. der Sparrenlage befinden. Ebenfalls aus der Nachweispflicht genommen sind Dächer mit einem Umkehrdach, bei dem die Dämmung oberhalb der Abdichtung liegt.

Bei belüfteten Dächern gilt die Befreiung vom Nachweis, wenn die Konstruktion eine Mindestneigung von 5 % hat und der $s_{d,i}$-Wert auf der inneren raumzugewandten warmen Seite unterhalb der Wärmedämmung ≥100 m beträgt.

Zusätzlich gilt für Dächer mit einer Mindestneigung von 5 %

- dass der freie Lüftungsquerschnitt über der Dämmebene mindestens 20 mm betragen muss,
- dass bei Pultdachkonstruktionen trauf- und pultseitig ein freier Querschnitt von min. 2 ‰ der betroffenen Dachfläche als freier Querschnitt zu Belüftung vorhanden sein muss, mindestens jedoch 200 cm^2/m,
- dass Satteldächer an der Traufe und am First be- und entlüftet werden müssen. Dabei müssen mindestens 50 cm^2/m bzw. 0,5 ‰ als freier Lüftungsquerschnitt eingeplant werden.
- Ebenfalls als nachweisfrei gelten Umkehrdächer, bei denen die Dämmung aus XPS oberhalb der Abdichtungsebene liegt, wenn sie nach DIN 4108-2 und DIN 4108-10 ausgeführt werden, oder eine bauaufsichtliche Zulassung besitzen.

8.5.4 Feuchteschutz und Fenster

Dadurch, dass Fenster bzw. Gläser nicht hygroskopisch sind, gilt ein kurzfristiges Auftreten von Kondenswasser an Fenstern als unkritisch.

Da die Wärmeströme bei thermisch getrennten Hohlkammerprofilen sehr komplex sind, enthält das Beiblatt 2 zur DIN 4108 zu nutzende Korrekturwerte bezüglich der Oberflächentemperaturen θ_{si} auf Fensterprofilen.

Tab. 8-6 **Korrekturwerte der Oberflächentemperaturen auf Fensterrahmenprofile nach DIN E 4108 Beiblatt 2**

Material	Brüstung	Laibung	Sturz
Kunststoff	–1,5 K	–0,5 K	–0,5 K
Holz	–1,5 K	–0,5 K	–0,5 K
Metall	–0,5 K	–3,0 K	–3,0 K

8.5.5 Feuchteschutznachweise bei Gründächern

Mit der Neufassung der DIN 4108-3 wurde eine Einschränkung hinsichtlich der Nachweisführung bei Gründächern vorgenommen. Das Berechnungsverfahren nach Glaser darf für begrünte Dachkonstruktionen nicht mehr genutzt werden. Dies resultiert aus der Trocknungsbehinderung durch den Schichtenaufbau des Gründachs, da bei diesem Dach keine direkte Sonnenbestrahlung der Dachhaut vorhanden ist, die eine sommerliche Trocknung unterstützen könnte.

Im Rahmen einer MSc-Abschlussarbeit an der Bergischen Universität wurden unterschiedliche Gründachaufbauten von Haider [20] mit WUFI non-commercial untersucht. Dabei zeigte sich der Einfluss der Begrünung auf die anzunehmende Feuchtigkeit sund die Rücktrocknung in der Dämmebene. Während die Trocknungsbilanz in der Dämmebene abnehmend ist, zeigte sich bei einem intensiv begrünten Dach, dass mit einem höheren Wassergehalt in der Dämmebene zu rechnen ist und die Rücktrocknung, in Abhängigkeit zu den s_d-Werten der Abdichtungen, eingeschränkt ist und über die Jahre zunimmt.

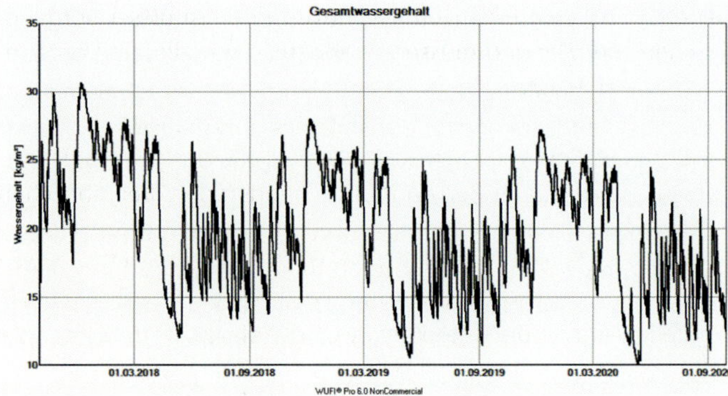

Abb. 8-11 Feuchtegang eines leichten Gründachs mit ca. 70 mm Substrataufbau

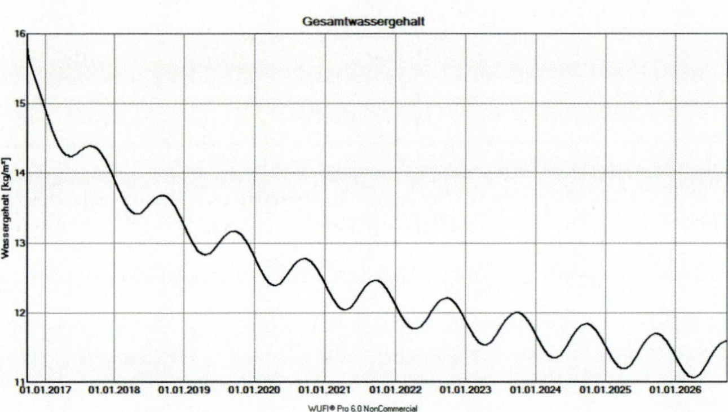

Abb. 8-12 Feuchtegang bei einem konventionellen Flachdach mit EPS-Dämmung und Folienabdichtung

8.6 Hinterlüftete Bauteile

Bei hinterlüfteten Fassaden oder Dächern kann trotz einer geplanten und normativ notwendigen Durchlüftung Sekundärtauwasser auf den Rückseiten von kalten Bauteilen ausfallen. Dies ist in der Regel in kalten und klaren Nächten der Fall. Auf Aluminium-Tafeln z.B. sammelt sich dann Wasser auf den Unterseiten und kann zum Feuchteeintrag in die Dämmebene führen. Im normativen Rechenverfahren ist dieser Vorgang unberücksichtigt.

Seitens der Planung müssen unabhängig von diesem Vorgang vorbeugende Maßnahmen berücksichtigt werden. So können Alu-Profile zusätzlich mit einer Antikondensat-Beschichtung ausgestattet werden, die Wasser zeitweise bindet und verzögert wieder abgibt.

Für die Sicherung gegen Schlagregen gelten die Vorgaben der DIN 4108-3. Die Tabelle 5 ordnet hinterlüftete Außenwandbekleidungen den drei möglichen Beanspruchungsgruppen I bis III zu. Nach normativer Vorgabe beeinträchtigen offene Fugen den Regenschutz nicht. Diesbezüglich macht jedoch der Fachverband Baustoffe und Bauteile für vorgehängte hinterlüftete Fassaden e.V. (FVHF) eine Einschränkung, die die Unbedenklichkeit nur bis 10 mm Fugenbreite sieht. [95] Wird für die Unterkonstruktion Holz gewählt, müssen die Flächen, die der Witterung ausgesetzt sind, durch Hinterlegung geschützt werden.

Abb. 8-13 Hinterlüftetes Metalldach an dessen Unterseite Sekundärtauwasser ausfallen kann

8.7 Feuchteschutz bei Holzkonstruktionen

Bei Konstruktionen aus Holz bzw. Holzwerkstoffen beginnt der Schutz vor Feuchtigkeit schon vor dem Einbau auf der Baustelle. Während der Bauphase müssen Bauteile auf Holzbasis grundsätzlich gegen Feuchtigkeit geschützt werden. Ausnahmen sind nur zulässig, wenn der Nachweis der Eignung bei freier Bewitterung vorliegt.

Neben dem Witterungsschutz während der Bauzeit muss sichergestellt sein, dass eine Einwirkung aus hohen relativen Luftfeuchten ausgeschlossen ist. Sollte der Feuchtegehalt aus Baufeuchte, Bewitterung oder relativer Luftfeuchte in der Holzkonstruktion zu hoch sein, so muss eine ständige Belüftung und ggf. Beheizung in den Räumen erfolgen, bis sich normale Feuchtewerte eingestellt haben und die allgemeine Baufeuchte reduziert ist.

Zusätzlich dürfen Holzbauteile keinem Feuchteeintrag aus kapillar wirksamen Bau- und Dämmstoffen ausgesetzt sein.

Abb. 8-14 Giebelwand eines Fachwerkhauses mit ungeschützter Ausmauerung aus Porenbetonsteinen

Abb. 8-15 Anschluss von Porenbetonstein auf Holzriegel ohne vorbeugenden konstruktiven Regenschutz

Ergänzend zu den Anforderungen der DIN 4108-3 zum Feuchteschutz gibt die DIN 68800 zum Holzschutz vor, dass der rechnerische Nachweis zum Tauwasserausfall eine zusätzliche Sicherheit beinhaltet. Die gesamte Konstruktion muss eine weitergehende Trocknungsreserve von $\geq$250 g/m^2 besitzen. Ausgenommen von diesen Forderungen nach einer Trocknungsreserve sind Konstruktionen, die auf der Grundlage der Anlage A ausgeführt werden.

In Abhängigkeit zu den hygroskopischen Fähigkeiten von Holz werden in der DIN EN 13986, Holzwerkstoffe zur Verwendung im Bauwesen Eigenschaften und Bewertung der Konformität und Kennzeichnung, der DIN 1995-1-1, Eurocode 5 zur Bemessung und Konstruktion von Holzbauten und der DIN 1052 Entwurf, Berechnung und Bemessung von Holzbauwerken, Nutzungsklassen und zulässige Feuchten für Holzwerkstoffe und deren Einbausituation, benannt:

Bereich nach DIN EN 13986		Nutzungsklasse nach DIN 1052		
Trockenbereich	➪	Nutzungsklasse 1	➪	zul. Feuchte 5–15 %
Feuchtbereich	➪	Nutzungsklasse 2	➪	zul. Feuchte 10–20 %
Außenbereich	➪	Nutzungsklasse 3	➪	zul. Feuchte 12–24 % ([75], Tabelle 1, S. 20)

Die DIN 1052 geht bei verbauten Nadelholz der Nutzungsklasse 1 davon aus, dass im Normalfall eine mittlere Einbaufeuchte von 12 % nicht überschritten wird.

Bei einem Holzbalken (8/20 cm) bei einer Rohdichte von 600 kg/m^3 sind bei einer zulässigen Einbaufeuchte von 12 M-%, folgende Wassermenge je Meter Balkenlänge gebunden:

- 0,08 m · 0,20 m · 1,00 m = 0,016 m^3 Streckenlast bzw. 0,266 m^3/m^2
- 600 kg/m^3 · 0,0266 m^3 = 16,0 kg Holz je m^2 Dachfläche
- 12 % von 16,0 kg = 1,92 kg Wasser/m^2 Dachfläche

Da Holz ein organisches Produkt ist, muss der Holzschutz bei Tauwasserausfall in erster Linie aus Maßnahmen gegen Organismen wie Pilze bestehen. Damit holzzerstörende Pilze aktiv werden können, benötigen diese im Holz eine lokale Feuchte, die über der Fasersättigung (das entspricht etwa 28 bis 30 % Holzfeuchte) des Holzes liegt.

Holz zerstörende Pilze beginnen schon nach relativ kurzer Zeit die Festigkeit der feuchten Hölzer zu zerstören. Daher muss unbedingt der Einbau von Feuchtigkeit vermieden oder ein entsprechendes Trocknungspotenzial berücksichtigt werden.

Abb. 8-16 Zerstörte Holzschalung auf einem Flachdach unterhalb einer Kunststoffdachabdichtung

Abb. 8-17 Blick in das ausgeräumte Gefach mit der zerstörten Schalung oberhalb der Dampfsperre

Die DIN 68800 zum Holzbau gibt, bezogen auf die Einbausituationen von Holz oder Holzprodukte, sechs Gebrauchsklassen (GK) vor:

Tab. 8-7 Gebrauchsklassen nach DIN 68800

Gebrauchsklasse	Holzfeuchte [%]	Gebrauchsbedingungen
GK 0	trocken und ständig ≤20	Mittlere relative Luftfeuchte bis 65 % Holz oder Holzprodukte unter Dach, die nicht bewittert und keiner Befeuchtung ausgesetzt sind.
GK 1	trocken und ständig ≤20	Mittlere relative Luftfeuchte bis 85 % Holz oder Holzprodukte unter Dach, die nicht bewittert und keiner Befeuchtung ausgesetzt sind.
GK 2	gelegentlich feucht >20	▪ mittlere relative Luftfeuchte über 85 % ▪ Holz oder Holzprodukte unter Dach, die nicht bewittert sind. ▪ Hohe Umgebungsfeuchte kann zeitweise zu Kondensation auf Bauteilen führen.
GK 3	GK 3.1 gelegentlich feucht >20	▪ Holz oder Holzprodukte unter Dach, mit Bewitterung, jedoch ohne ständigem Wasser- oder Erdkontakt. ▪ Keine Anreicherung von Wasser zu erwarten.
	GK 3.2 häufig feucht >20	▪ Holz oder Holzprodukte nicht unter Dach, mit Bewitterung, jedoch ohne ständigem Wasser- oder Erdkontakt. ▪ Räumlich begrenzte Anreicherung von Wasser zu erwarten.
GK 4	vorwiegend ständig feucht >20	▪ Holz oder Holzprodukte in Kontakt mit Erde oder Süßwasser. ▪ Vorwiegend bis ständig einer Befeuchtung ausgesetzt.
GK 5	ständig feucht >20	▪ Holz oder Holzprodukte ständig Meerwasser ausgesetzt.

Die in Bezug auf den Feuchteschutz interessanten Gebrauchstauglichkeitsklassen GK 0 bis GK 2 werden unterschiedlich eingesetzt und haben demzufolge voneinander abweichende Expositionen. GK 0 wird bei sichtbar verbauten Hölzern im Dachstuhl verbaut. Holz der GK 1 kommt bei Balken im unbeheizten Dachstuhl zum Einsatz und GK 2 wird beispielsweise für schlecht wärmegedämmte Balkenköpfe vorgesehen. Werden Balken als Unterkonstruktionen von Balkonen ausgeführt und sind diese frei bewittert, müssen die Hölzer der Gebrauchsklasse 3.2 entsprechen.

8.8 Feuchteschutz bei Stahlkonstruktionen

Für den Korrosionsschutz haben vorbeugende konstruktive Maßnahmen eine besondere Bedeutung. Konstruktionen werden durch Wärmebrücken, die daraus resultierenden thermischen Spannungen und dem Ausfall von Tauwasser, was den Beginn von Korrosion fördert, beansprucht. Dem Ziel der Vermeidung konstruktiver Mängel aus Wärmebrücken folgen unterschiedliche Normen des Stahlbaus.

Dadurch ist der Korrosionsschutz von Stahlbauten durch Verzinkung und Beschichtung eine wesentliche Planungsaufgabe. [74] Bei ständig hohen Luftfeuchten liegen für Stahlkonstruktionen hohe Belastungen vor. Dies nimmt die DIN 55928-8 für z. B. Trapezbleche auf und stuft Stahlkonstruktionen, bei denen Teile der Konstruktion von Wärmebrücken beansprucht werden und mit einem Ausfall von Kondenswasser zu rechnen ist, in die Korrosionsschutzklasse III ein. Die DIN 55928 und die DIN EN ISO 12944-2 [89] unterscheiden folgende Korrosivitätskategorien, die auf der Grundlage der zu erwartenden inneren oder äußeren Umweltbedingungen festgelegt werden:

Tab. 8-8 Grundlagen zum Korrosionsschutz

Korrosivitäts-kategorie	**Belastung**	**Beispiele zu Umweltbedingungen**	
		innen	**außen**
C 1	Unbedeutend	Beheizte Gebäude mit neutraler Atmosphäre, wie z. B. Büros	
C 2	Gering	Unbeheizte Gebäude, wie z. B. Sporthallen, bei denen Kondensat auftreten kann	Atmosphären mit geringen Verunreinigungen, wie z. B. im ländlichen Raum
C 3	Mäßig	Innen: Produktionsräume mit hoher Feuchte und leichter Luftverunreinigung	Stadt- und Industrieatmosphäre mit mäßiger Verunreinigung und geringer Salzbelastung
C 4	Stark	Chemieanlagen, Hallenbäder und Konstruktionen über Meerwasser	Industrielle Gebiete und Bereiche mit Salzbelastung
C 5	Sehr stark	Industrielle Räume mit extrem hoher Feuchte und aggressiver Atmosphäre	Aggressive Atmosphären, Küstenbereiche mit hoher Salzbelastung und industrielle Gebiete

Auf der Grundlage dieser Vorgaben kann ein wirksamer Korrosionsschutz festgelegt werden, da sich aus den Korrosivitätskategorien der flächenbezogene Massenverlust bei unlegiertem Stahl und Zink nach einem Jahr ableiten lässt.

Neben der Art der Beschichtung ist zusätzlich die Gestaltung der Konstruktion zu prüfen. Dabei muss dafür Sorge getragen werden, dass alle Stellen ausreichend geschützt sind und die Zugänglichkeit, auch in der Wartung im Unterhalt, gegeben ist. Im Rahmen der Planung muss zusätzlich ein Instandsetzungsprogramm erarbeitet werden, das die Wartungszyklen festlegt und die Nutzungsdauer beachtet. Diese werden unterschieden nach:

- kurz 2 bis 5 Jahre,
- mittel 5 bis 15 Jahre,
- lang über 15 Jahre. ([88], S. 5)

Mit dieser Festlegung soll dem Auftraggeber vorausschauend ein Instandsetzungsprogramm für den Stahlbau vorgegeben werden. Die angesetzte Schutzdauer entspricht jedoch nicht dem Zeitraum der Gewährleistung.

Sollten Bauteile nach dem Einbau nicht mehr zugänglich sein, muss der Korrosionsschutz so gewählt werden, dass die Tragsicherheit über die gesamte Nutzungsdauer des Bauwerks sichergestellt ist. Feuchtigkeit und Kondenswasser an Stahlbauteilen muss ungehindert abfließen können.

Die Schutzdauer darf nicht mit der vertraglich vereinbarten Gewährleistung des Unternehmers verwechselt werden. Hinsichtlich des Schutzes vor Tauwasserausfall an Wärmebrücken müssen bei Stahlbauteilen besonders die Anschlüsse sorgfältig ausgeführt werden. Sind die Anschlüsse nicht ausreichend verschlossen, besteht hier die Gefahr der Spaltkorrosion, die relativ unbemerkt ablaufen kann.

8.9 Mechanismen der Aufnahme von Feuchtigkeit

Ein natürlicher Mechanismus der Wasseranreicherung an Baustoffen geschieht durch sorptive Prozesse, die als Ausgleich und physikalische Wechselwirkung, als Anreicherung von Feuchtigkeit aus der Luft mit dem Baustoff geschehen. Diese Aufnahme der Feuchtigkeit aus Gas und Dampf an festen Stoffen bezeichnet man als Sorption. Der sorptive Vorgang steht in direkter Verbindung zu den Diffusionsvorgängen der Luft.

Eine Grundlage für die Sorptionsfähigkeit bildet die Porenstruktur von Baustoffen. Baustoffe mit sorptiven Eigenschaften bezeichnet man auch als hygroskopisch. Hygroskopisch aktive Baustoffe nehmen so lange Feuchtigkeit auf, bis ein Gleichgewichtszustand zur Atmosphäre hergestellt ist.

Bei einigen Stoffen können die sorptiven Eigenschaften von einer diffusionsbedingten Feuchteeinlagerung überlagert werden. Die sorptiven Prozesse werden in Adsorption und Absorption unterschieden.

Sollten Salze in den Konstruktionen vorhanden sein, wie es typisch für Altbauten sein kann, verstärken die Salze die hygroskopischen Effekte, weil Feuchtigkeit aus der Luft leichter eingelagert und auch wieder abgegeben wird.

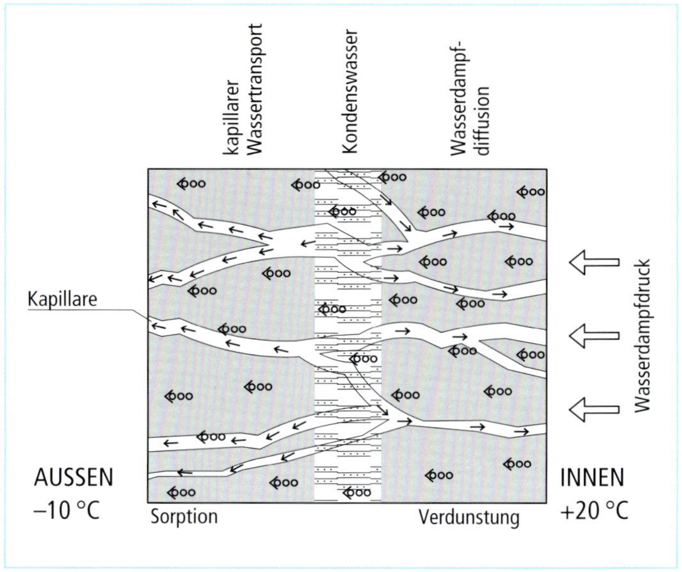

Abb. 8-18 Vorgänge des Wassertransports von innen nach außen in Bauteilen mit kapillarer Struktur

Abb. 8-19 Typisches Erscheinungsbild von Zerstörungen der Putzstruktur bei hygroskopisch aktiven Salzen in einer Mauerwerkswand

Abb. 8-20 Natursteinsockel mit Salzschäden durch die Verwendung von Tausalzen

8.9.1 Adsorption

Bei der Adsorption lagern sich Flüssigkeiten an feste Materialien an. Die Bindung erfolgt allein durch Oberflächenhaftung und führt nicht zu einer Feuchteanreicherung in den Baustoffen. Bei der Adsorption wandelt sich Wasser aus der gasförmigen in die flüssige Phase. Grundlage für diesen Vorgang bilden u. a. deutliche Temperaturunterschiede zwischen der angrenzenden Luftschicht und der Konstruktion. Dabei wird durch die starke Abkühlung der angrenzenden Luftschicht die eingespeicherte Feuchtigkeit in Form von Tauwasser abgegeben. Adsorptionsprozesse bilden eine der Grundlage für das Entstehen eines Schimmelpilzbefalls im Bereich von Wärmebrücken. Bei Stoffen mit einer porösen Kapillarstruktur kann die Adsorption auch an den inneren Oberflächen erfolgen.

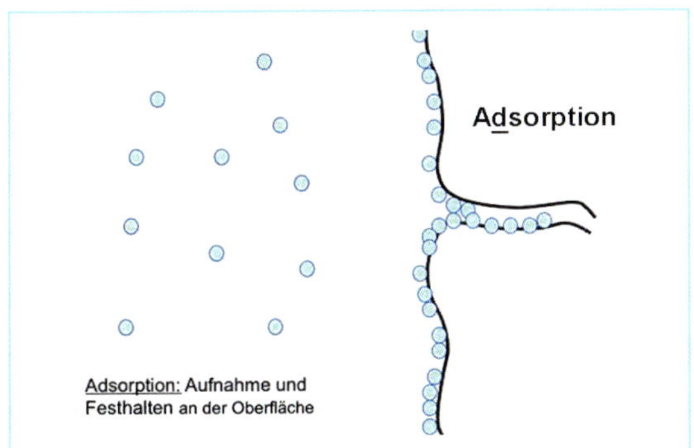

Abb. 8-21 Adsorptionsvorgang [Grafik: Brandhorst]

8.9.2 Absorption

Die Absorption führt zur sogenannten Ausgleichsfeuchte eines Baustoffs. Bei diesem Prozess wird Feuchtigkeit aus der Raumluft in den Baustoff durch die Kapillarkondensation eingelagert. Die Absorption ist das Resultat der Adsorption im Zusammenspiel mit der Kapillarkondensation, was ebenfalls als sorptive oder hydroskopische Eigenschaft eines Baustoffs beschrieben wird. Dies ist auch der Grund dafür, dass eine Sporenkeimung der Schimmelpilze schon bei einer relativen Luftfeuchtigkeit von 80 % beginnt, da auf Grund von Adsorption in der oberflächennahen Porenstruktur genügend freies Wasser ausfällt.

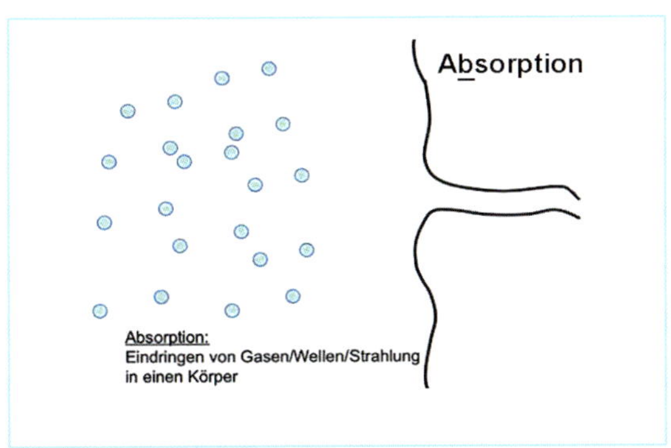

Abb. 8-22 Absorptionsvorgang [Grafik: Brandhorst]

8.9.3 Desorption

Die Desorption ist die Umkehrung der Adsorption und beschreibt die Trocknung eines Baustoffes unter Wärmeeinwirkung. Die eingelagerte Feuchtigkeit wird wieder freigesetzt und an die Raumluft abgegeben. Desorption entsteht oft in Verbindung zur Konvektion bzw. unter dem Einfluss von Wind oder anderen Luftbewegungen.

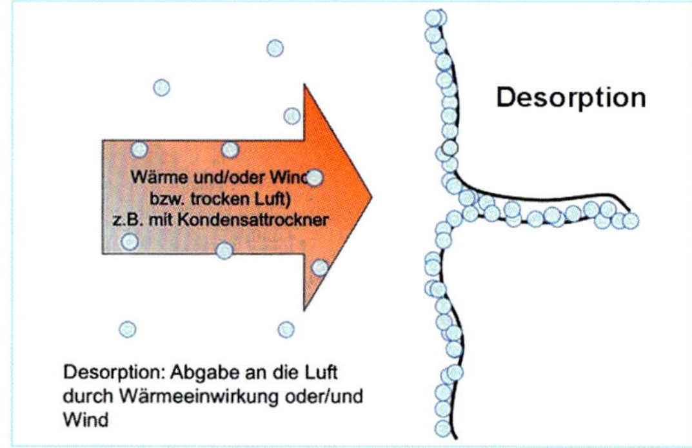

Abb. 8-23 Desorptionsvorgang [Grafik: Brandhorst]

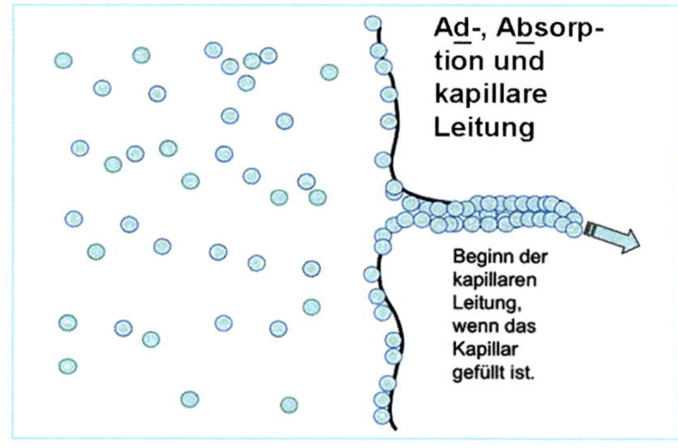

Abb. 8-24 Ab-, Adsorptions und Beginn der kapillaren Leitung [Grafik: Brandhorst]

8.9.4 Ausgleichsfeuchte

Sowohl organische als auch anorganische Baustoffe besitzen die Fähigkeit, Feuchtigkeit aus der Luft als Ausgleichsfeuchte an sich zu binden. Dies geschieht in Beziehung zur relativen Luftfeuchte und in Abhängigkeit zu den sorptiven Eigenschaften des Materials und seiner Porenstruktur. Daher sind Baustoffe mit sorptiven Eigenschaften nie trocken, da sie immer einen von der Luft bzw. der relativen Luftfeuchtigkeit mitbestimmten Ausgleichsfeuchtegehalt besitzen. Die Ausgleichsfeuchte kann sich daher verändern, da sie unter dem Einfluss von zeitlichen Abläufen, Temperaturschwankungen und der relativen Luftfeuchte steht.

Da der Feuchtegehalt in einem Baustoff die Wärmeleitfähigkeit λ beeinflusst, besitzen feuchte Baustoffe eine höhere Wärmeleitfähigkeit und sind damit energetisch weniger oder gar nicht wirksam.

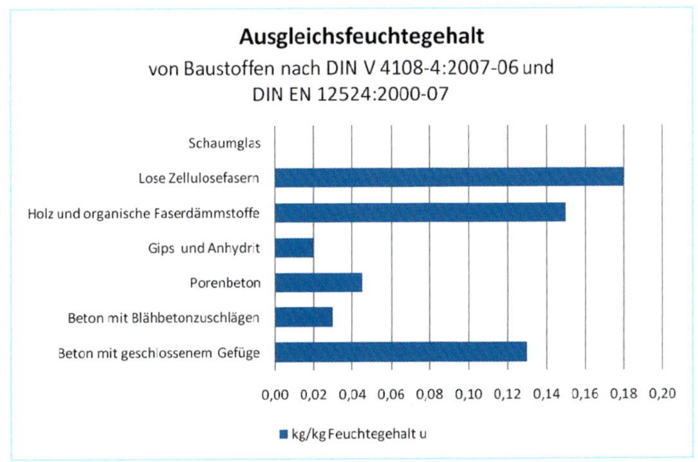

Abb. 8-25 Ausgleichsfeuchtegehalt unterschiedlicher Baustoffe bei 23 °C und 80 % relativer Luftfeuchtigkeit

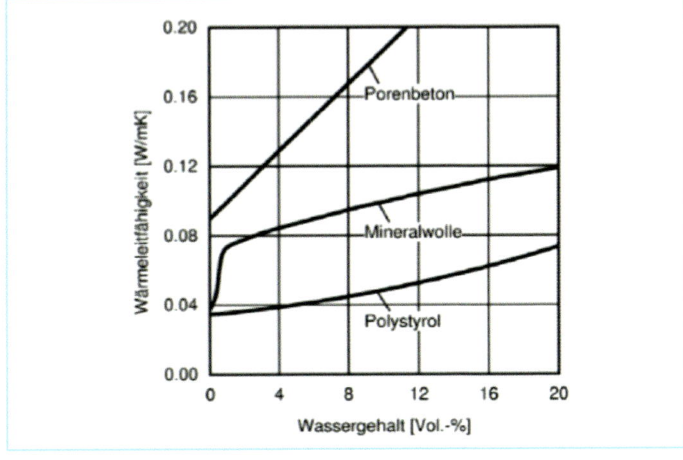

Abb. 8-26 Erhöhung der Wärmeleitfähigkeit durch den Wassergehalt in Porenbeton, Mineralwolle und Polystyrol [29]

9 Sommerlicher Wärmeschutz

Mit der Einführung der Energieeinsparverordnung 2009 wurde der Nachweis zum sommerlichen Wärmeschutz für Wohngebäude und Nichtwohngebäude erstmals verpflichtend. In den §§3 Abs.4 und 4 Abs.4 macht die EnEV Vorgaben, dass zu errichtende Wohngebäude bzw. Nichtwohngebäude so auszuführen sind, dass die Anforderungen an den sommerlichen Wärmeschutz eingehalten werden. Die Formulierungen der EnEV nehmen direkten Bezug zu der DIN 4108-2 zum Wärmeschutz und Energie-Einsparung in Gebäuden von 2003-07.

Nach DIN 4108-2, Abs.8.1 muss »*[...] im Hochbau [...] darauf geachtet werden, dass durch bauliche Maßnahmen, verbunden mit der Nutzung des Gebäudes, nicht unzumutbare Temperaturbedingungen entstehen, die relativ aufwändige apparative und energieintensive Kühlmaßnahmen zur Folge haben.*« ([70], S. 13, Kap. 4.3.1). Dazu gibt die DIN 4108-2 Grenzwerte vor, die im Nachweisverfahren eingehalten werden müssen.

Die Bewertung zum sommerlichen Wärmeschutz verfolgt jedoch nicht nur energetische Ziele. Neben der Vermeidung energieintensiver Kühlmaßnahmen soll mit der rechnerischen Bilanzierung auch ein behagliches Innenraumklima für den Nutzer in den Sommermonaten sichergestellt werden.

9.1 Nachweispflicht nach DIN 4108-2

Das Ziel des Nachweises zum sommerlichen Wärmeschutz ist es, bereits in der Planungsphase eine Einschätzung zum Aufheizverhaltens von Räumen in Gebäuden vorzunehmen und einer Überhitzung der Räume, und somit einem hohen Energiebedarf zur Kühlung von Räumen, vorzubeugen. Dabei stehen Lösungen im Vordergrund der Betrachtungen, die als passive Maßnahmen zur Kühlung oder einer Verringerung der Aufwärmung genutzt werden. Dies kann z.B. über die Ausrichtung eines Gebäudes zur Sonne geschehen. Zusätzlich werden Sonnenschutzanlagen, Dachüberstände oder die Qualität der Verglasung bewertet.

Das innere Raumklima wird jedoch nicht nur von äußeren Faktoren bestimmt. Interne Wärmegewinne aus haustechnischen Geräten oder Computern werden ebenso durch die Bilanzierung zum Kühlbedarf erfasst. Hierfür gibt die Norm Randbedingungen als Grenzwert vor, die auf die Nutzung bezogen werden. Als Obergrenze für die internen Wärmegewinne werden 120 Wh/(m^{2}d) im vereinfachten Nachweis bei Wohngebäuden berücksichtigt. Für Nichtwohngebäude gilt eine erhöhte Randbedingung von 144 Wh/(m^{2}d) bei den internen Wärmegewinnen. Die Planung muss mit einem Lüftungskonzept ergänzt werden, das besonders die Kühlung der Räume über Nacht als passive Maßnahme nutzt.

Die überschlägliche Berechnung zum sommerlichen Wärmeschutz nach DIN 4108-2 bietet ein vereinfachtes Verfahren an. Im Planungsprozess ist es daher wichtig, die wesentlichen Einflussgrößen zu kennen und anzuwenden, um ein wohltemperiertes Raumklima gewährleisten zu können.

Tab. 9-1 Einflussgrößen auf das sommerliche Wärmeverhalten

Einflussgrößen auf das sommerliche Wärmeverhalten				
Standort	**Bauweise**	**Sonnenschutz**	**Verglasung und Fensterflächen**	**Lüftung**
▪ Klimaregionen A, B oder C	▪ Raumtiefe ▪ Nettogrundfläche AG ▪ Summe aller Fensterflächen eines Raums ▪ Wärmespeicherfähigkeit der raumfassenden Wände und Decken nach: ▪ leichte Bauart ▪ mittlere Bauart ▪ schwere Bauart	▪ Lage ▪ g-Wert der Verglasung ▪ Hinterlüftung ▪ Wirksamkeit des Sonnenschutzes F_C	▪ Neigung der Fensterflächen ▪ Orientierung der Fenster ▪ Anteil Verglasung/Wand ▪ Energiedurchlass g-Wert	▪ Art ▪ Intensität

Die Ermittlung zum sommerlichen Wärmeschutz erfolgt über den sogenannten Kennwert des Sonneneintrags. Dieser Kennwert wird nach dem in der DIN 4108-2 vorgegebenem Verfahren ermittelt ([61], S. 954, Anlage 1 Nr. 4 und Anlage 2 Nr. 4). Der Nachweis kann auch alternativ mit Simulationsrechnungen erbracht werden. Dafür müssen repräsentative klimatische Randbedingungen genutzt werden.

Ein vereinfachter Nachweis darf bei besonderen Raumsituationen oder Konstruktionen, wie unbeheizte Wintergärten, Doppelfassaden und Fassaden mit transparenter Wärmedämmung, nicht zur Anwendung kommen.

Abb. 9-1 Innenseitige helle Sonnenschutzlamellen mindern die einstrahlende Sonnenenergie um 20 %

Abb. 9-2 Außen liegende Fensterläden mindern die einstrahlende Sonnenenergie um 70 %

9.2 Nachweisfreie Räume

Unter bestimmten Bedingungen können Räume im Nachweisverfahren zum sommerlichen Wärmeschutz freigestellt werden. Nach Tabelle 6 werden einzuhaltenden Schwellenwerte zum grundflächenbezogenen Fensterflächenanteil f_{WG} vorgegeben:

Geneigte Fensterflächen von 0 bis 60 Grad

- Dachflächenfenster < 7 % Grundfläche

Fenster über 60 bis 90 Grad zur Horizontalen

- nordorientierte Wand- und Mansarddachfenster < 5 % Grundfläche
- wie vor, jedoch Orientierung von Nord-West, Süd bis Nord-Ost <10 % Grundfläche.

Bei Wohnhäusern und Wohnungen kann ebenfalls der Nachweis entfallen, wenn der grundflächenbezogene Fensterflächenanteil <35 % ist und die Fenster eine Orientierung von Ost über Süd nach West haben. Zusätzlich müssen diese Fenster mit einem außen liegenden Sonnenschutz ausgestattet sein, der Abminderungsfaktor $F_C \leq 0{,}30$ bei einem g-Wert >0,40 besitzt. Alternativ sind auch Konstruktionen vom Nachweis freigestellt, wenn der Abminderungsfaktor $F_C \leq 0{,}35$ beträgt und die Verglasung einen g-Wert ≤0,40 hat. ([70], S. 22)

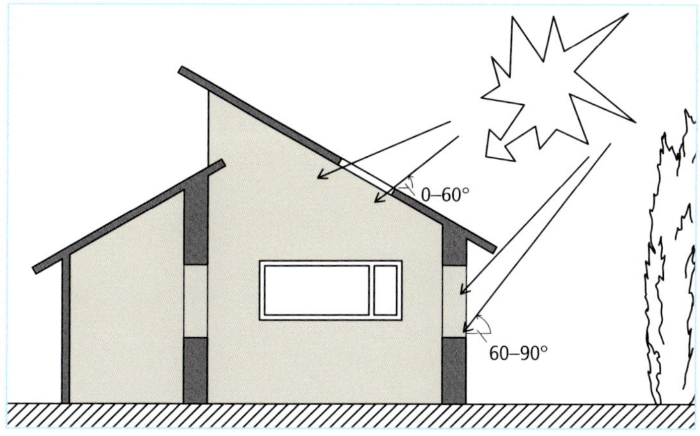

Abb. 9-3 Zuordnung der Fensterflächen in Bezug zur Horizontalen

9.3 Grundlagen der Berechnung

Der entscheidende Einfluss auf die Wärmeentwicklung im Rauminneren ist die eintreffende Sonnenstrahlung. Je höher die äußere, auf das Gebäude einwirkende Belastung durch Wärmestrahlung ist, umso wichtiger sind Schutzmaßnahmen, die den Einfluss der solaren Strahlung und den daraus resultierenden Treibhauseffekt reduzieren.

Tatsächlich bestehen hinsichtlich der Anforderungen an den sommerlichen Wärmeschutz und dem zu berücksichtigenden konstruktiven Aufwand gute Möglichkeiten bereits in der Entwurfsphase, einige wesentliche Grundlagen einzuplanen.

Das vereinfachte Bilanzierungsverfahren zum sommerlichen Wärmeschutz verknüpft in der Nachweisführung unterschiedliche Parameter. Ob überhaupt ein Nachweis notwendig wird, wird durch die Überprüfung der Schwellenwerte und durch den Bezug der Fensterflächen zur Grundfläche des Raums ermittelt. Die Berechnung nutzt dabei für die Fenster die lichten Öffnungsmaße des Rohbaus. Der massive Rahmenanteil wird somit vernachlässigt. Der grundflächenbezogene Fensterflächenanteil wird ermittelt mit:

$$f_{WG} = \frac{A_W}{A_G}$$

Dabei ist:

A_W Fensterfläche mit dem lichten Rohbaumaß in m^2

A_G Nettogrundfläche des Raums mit lichten Raummaßen in m^2

f_{WG} grundflächenbezogener Fensterflächenanteil

Werden die vorgegebenen Schwellenwerte unterschritten, ist kein rechnerischer Nachweis notwendig. Wenn man diese Vorgabe jedoch in Beziehung zu den geltenden Landesbauordnungen (infolge LBO) bringt, sieht man, dass ein Nachweis nahezu immer notwendig ist. So besagt z. B. die LBO Nordrhein-Westfalen in § 48, Abs. 2 zu Aufenthaltsräumen, *»dass Rohbaumaß der Fenster muss mindestens ein Achtel der Grundfläche eines Raums betragen«.* [64] Damit liegt, der nach Bauordnung notwendige grundflächenbezogene Fensterflächenanteil grundsätzlich bei ≥12,5 %. Da jedoch der grundflächenbezogene Schwellenwert nach DIN 4108-2 nur bei <10 % der Grundfläche liegt, muss der Nachweis für Fenster zu Aufenthaltsräumen immer geführt werden.

Werden die vorgegebenen Schwellenwerte überschritten, muss eine Kompensation durch einen konstruktiven Sonnenschutz oder durch Sonnenschutzverglasungen eingeplant werden.

9.3.1 Sommerklimaregionen

Den größten Einfluss auf das sommerliche Raumklima besitzt die Sonneneinstrahlung. Eine Schwankung zwischen 15 °C am Morgen und bis zu 30 °C und höher in der Mittagszeit können in Deutschland an einem heißen Sommertag erreicht werden.

Die Strahlungsintensität hat viele witterungsbedingte Einflussfaktoren, darunter fallen unter anderem die Anzahl der Sonnenstunden, die Klimaregion und Lage des Gebäudes.

Um regionale Unterschiede der sommerlichen Klimaverhältnisse zu berücksichtigen, wird für das Gebiet der Bundesrepublik Deutschland hinsichtlich der Anforderungen an den sommerlichen Wärmeschutz zwischen den Sommerklimaregionen A, B und C unterschieden. Auf dieser Grundlage erfolgt die Bewertung zum sommerlichen Wärmeschutz im öffentlich-rechtlichen Nachweisverfahren. Mit dieser Kategorisierung werden zulässige Höchstwerte der Innentemperaturen im Sommer für Aufenthaltsräume vorgegeben.

Tab. 9-2 Bezugswerte der Innentemperaturen für die Sommerklimaregion und Übertemperaturgradstundenanforderungswerte

DIN 4108-2, Tabelle 9		**Grenzwerte der Innentemperaturen**	
Sommerklimaregion	**Merkmal der Region**	**Bezugswert der Innentemperatur**	**Anforderungswert Übertemperaturgradstunden Kh/a von Wohngebäuden**
A	sommerkühl	25 °C	1 200
B	gemäßigt	26 °C	
C	sommerheiß	27 °C	

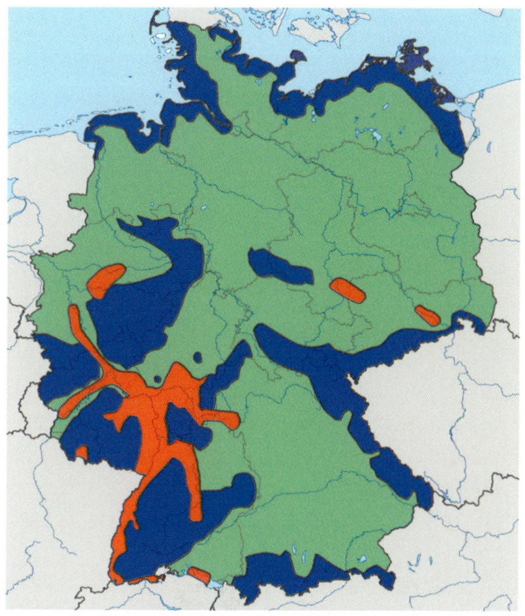

Abb. 9-4 Lage der Sommerklimaregionen gemäß DIN 4108-2
(blau = Sommerklimaregion A sommerkühl,
grün = Sommerklimaregion B gemäßigt,
rot = Sommerklimaregion C sommerheiß)

9.3.2 Sonneneintragskennwert s

Die Bestimmung der Zulässigkeit eines Raums ergibt sich aus der vergleichenden Berechnung des zulässigen zu dem vorhandenen Sonneneintragskennwert. Der Sonneneintragskennwert ist einheitslos.
Für die Nachweisführung zum Sonneneintragskennwert gilt die Anforderung:

$$S_{vorh} \leq S_{zul}$$

Dabei ist:

S_{vorh} vorhandene Sonneneintragskennwert
S_{zul} zulässige Sonneneintragskennwert

Im Nachweisverfahren zur Bestimmung des vorhandenen und zulässigen Sonneneintragskennwerts müssen die folgenden Randbedingungen bewertet werden,

- Sommerklimaregionen
- Zulässiger Sonneneintragskennwert
- g-Wert der Verglasung
- Art des Sonnenschutzes
- Ausrichtung der Fenster
- Art der raumumfassenden Konstruktion
- Einsatz passiver Kühlmaßnahmen
- Nachtlüftung

Der vorhandene Sonneneintragskennwert wird ermittelt aus:

$$S_{vorh} = \frac{\sum_j A_{w,j} \cdot g_{tot,j}}{A_G}$$

Dabei ist:

$A_{w,j}$ die Summe aller Fensterflächen in m^2

$g_{tot,j}$ der Gesamtenergiedurchlassgrad des Glases inkl. des Sonnenschutzes

A_G Nettogrundfläche des Raums mit lichten Raummaßen in m^2

9.3.3 Gesamtenergiedurchlass g_{tot}

Für die Bewertung von Glaskonstruktionen und deren Eigenschaften hinsichtlich des Strahlungs- und Wärmedurchgangs wird der g-Wert genutzt. Dieser Wert ist das Produkt aus dem Anteil der durchgelassenen Strahlung, sowie der Wärmeabgabe der hinteren Scheibe an die Raumluft ([56], S. 22) und die Wirksamkeit des Sonnenschutzes. Nach DIN 4108-2 setzt sich g_{total}, wie folgt zusammen:

$$g_{total} = g \cdot F_c$$

Dabei ist:

g Gesamtenergiedurchlassgrad der Verglasung

F_x Abminderungsfaktor für den Sonnenschutz

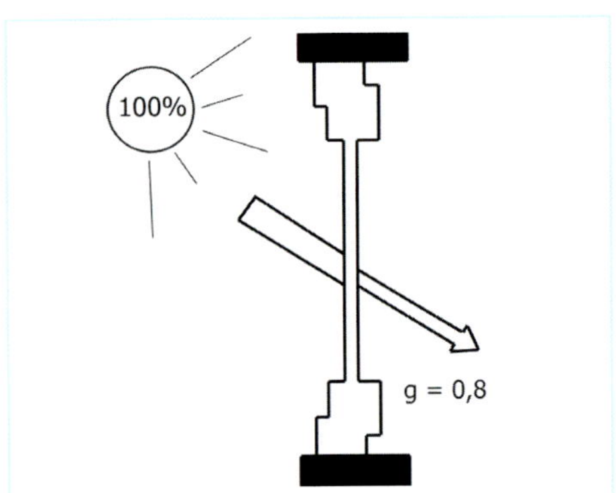

Abb. 9-5 **Schematischer Vergleich des Gesamtenergiedurchlasses von einer Verglasung ohne …**

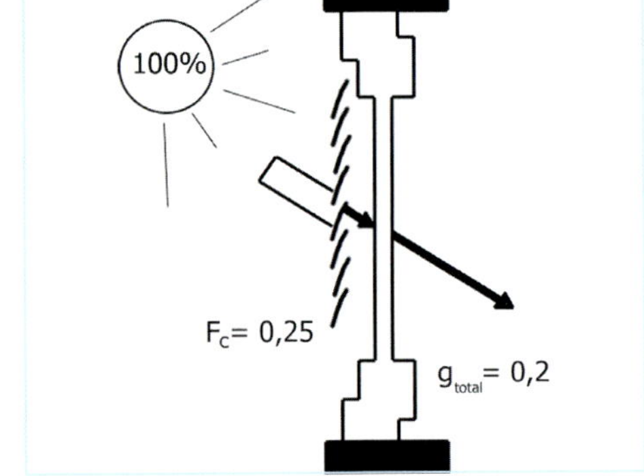

Abb. 9-6 **… und mit Sonnenschutz**

Zu den Wärmegewinnen aus der direkten Bestrahlung entstehen zusätzlich Wärmeübergänge von der Scheibe an die Raumluft als langwellige Wärme. Diese resultiert aus dem vorher in der Glastafel dissipierten Anteil der Solarstrahlung, der nun zum Teil in Form von langwelliger Wärmestrahlung von der Scheibe in den Raum gelangt. Da jedoch die meisten Verschattungsanlagen weder dichtschließend noch anliegend ausgeführt werden, entsteht ein weiterer Wärmeübergang von der warmen Außenluft auf die Außenseite der Verglasung.

9.3.4 Sonnenschutzverglasung

Für den Gesamtenergiedurchlassgrad einer Verglasung wird der g-Wert genutzt. Damit wird die Minderung der auftreffenden Sonnenstrahlung auf die Glastafeln bewertet.

Bei der Betrachtung von Glas wird eine wesentliche Eigenschaft des Materials offensichtlich. Der langwellige infrarote Anteil der Sonnenstrahlen kann die Glasscheibe nicht passieren. Es gelangt ausschließlich der kurzwellige Anteil der Strahlung in die Räume. Im Gebäudeinneren wird beim Auftreffen der kurzwelligen Strahlung auf Material die Strahlung absorbiert und zu einem Großteil als langwellige Wärmestrahlung an die Raumluft abgegeben. Durch diesen Vorgang entsteht der sogenannte Treibhauseffekt, da die vorhandene langwellige Wärmestrahlung die Glastafeln nun nicht mehr nach außen durchdringen kann und die Energie im Inneren verbleibt. Hieraus resultieren Kühllasten für die Räume, denen planerisch vorgebeugt werden muss.

Verglasungen, die einen g-Wert ≤0,4 besitzen, gehen in die Berechnung zur Bestimmung der Sonneneintragskennwerte als Sonnenschutzglas ein.

In den Berechnungen kann jedoch ebenso mit tatsächlich eingeplanten g-Werten gerechnet werden, um die Anforderungen im Nachweisverfahren einzuhalten. Sonnenschutzgläser erreichen g-Werte bis 0,18.

Um die Sonnenschutzeigenschaften zu erhalten, werden Gläser beschichtet oder eingefärbt. Beschichtete Gläser reflektieren die Strahlung. Eingefärbte Gläser absorbieren die Strahlung. Die Wärmeenergie wird dann wieder nach außen abgegeben. Mit dem Einsatz von Sonnenschutzgläsern reduziert sich die Lichtdurchlässigkeit, die zwischen 50 und 70 % liegen kann, und damit unter den Werten von einer reinen Wärmeschutzverglasung liegt.

Abb. 9-7 Die Wirkungsweise von Verglasungen: langwellige Wärmestrahlung …

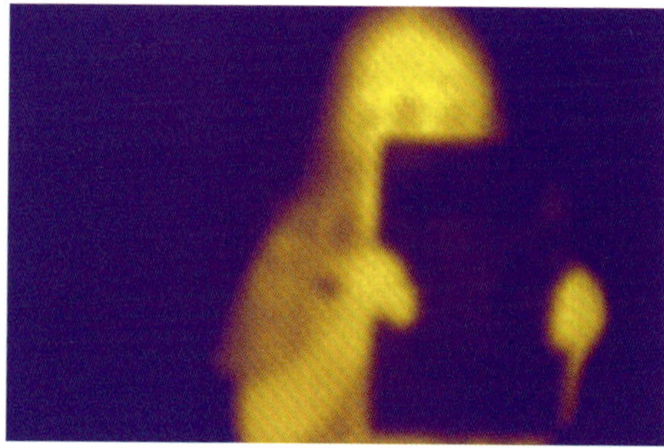

Abb. 9-8 … transmittiert nicht die Glasscheibe.

9.3.5 Abminderungsfaktor F_C und Teilbestrahlungsfaktor F_S

In den Berechnungen zum Sonneneintragskennwert müssen zwei weitere Faktoren berücksichtigt werden.

Für den gewählten Sonnenschutz wird der Abminderungsfaktor F_C in die Berechnung übernommen. Hierfür gibt die Norm unterschiedliche Abminderungsfaktoren vor, die hier nur beispielhaft aufgezeigt werden. Zusätzlich kann mit dem Faktor F_S die Teilbestrahlung bewertet werden. Nach DIN V 18599-2 können Abminderungsfaktoren für bauliche Verschattungen angesetzt werden, wenn Nachbebauungen, Hügel oder Bäume oder Bauteilüberstände vorhanden sind.

Tab. 9-3 Beispiele zu Abminderungsfaktoren F_C bei Sonnenschutzvorrichtungen und zweifach Verglasung mit $g > 0{,}40$

Sonnenschutzvorrichtungen	Verglasung zweifach	F_C
Kein Sonnenschutz		1,00
Innenliegender heller Sonnenschutz	$g > 0{,}40$	0,75
Außenliegende geschlossene Fensterläden	$g > 0{,}40$	0,10
Vordächer	$g > 0{,}40$	0,50

Zusammen mit dem g-Wert der Verglasung lässt sich mit F_C für den festinstallierten Sonnenschutz der Wert für g_{total}, dem Gesamtenergiedurchlass durch Verglasung und Sonnenschutz, ermitteln. Wird kein Sonnenschutz geplant, gibt es keine anzusetzende Minderung. Somit ist F_C gleich 1. Kommen außen liegende oder innen liegende Sonnenschutzvorrichtungen zur Ausführung, sind Minderungen von 0,9 bei einem innen liegenden und dunklen Sonnenschutz, bis zu 0,15 für außen liegende, hinterlüftete und drehbare Lamellen ansetzbar. Der außen liegende Sonnenschutz bietet dabei den optimalen Sonnen- und Wärmeschutz bei einem Abstand von mindestens 5 bis 10 cm zur Fensterscheibe. Dadurch kann sich zwischen Fensterscheibe und Sonnenschutz kein Luftpolster bilden, durch das die Scheibe sich zusätzlich stärker erwärmen könnte. ([3], S. 201) Normale, außen liegende Fensterläden und Rollläden können mit einem Abminderungsfaktor F_C von 0,35 bis 0,15 in die Berechnung übernommen werden.

Zusätzlich können ebenso Dachüberstände, Vordächer und Markisen als Abminderung angesetzt werden.

Die Verwendung von Sonnenschutzvorrichtungen muss jedoch kritisch betrachtet werden, da der Einsparung beim Kühlenergiebedarf gegebenenfalls höhere Kosten für Beleuchtung gegenüberstehen können, wenn der Sonnenschutz zu stark verdunkelt. Auf diesen Zusammenhang verweist die DIN 4108-2, die empfiehlt, den F_C-Wert für geschlossenen Sonnenschutz nicht zu nutzen.

9.3.6 Ausrichtung des Gebäudes

Die Ausrichtung des Gebäudes hat unmittelbaren Einfluss auf die möglichen solaren Gewinne in Räumen. Die beiden folgenden Kurvenzüge, veröffentlicht von Sabady in Haus und Sonnenkraft [47], von Messungen aus den Jahren 1963–1972 für ein Referenzgebäude in Zürich-Klothen zeigen die Unterschiede der gemittelten Werte für die Monate Juni und Dezember. Während unter winterlichen Bedingungen die Südseite die höchsten solaren Gewinne empfängt, sind unter sommerlichen Bedingungen die Ost- bzw. Westseite des Gebäudes, durch die relativ tiefen Sonnenstände, wesentlich stärker von Bedeutung.

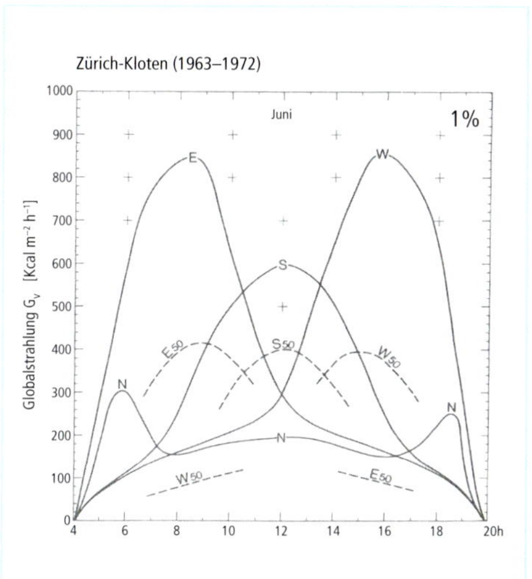

Abb. 9-9 Einwirkung der Globalstrahlung auf vertikal ausgerichtete Ost, Süd, West und Nordflächen als Tagesverlauf im Juni. Kurvenzüge für 1 % aller ermittelten Strahlungszustände unter optimalen Bedingungen. Eingestrichelt sind die Werte der Globalstrahlung unter 50 % der Summenhäufigkeit für einzelne Teilflächen dargestellt.

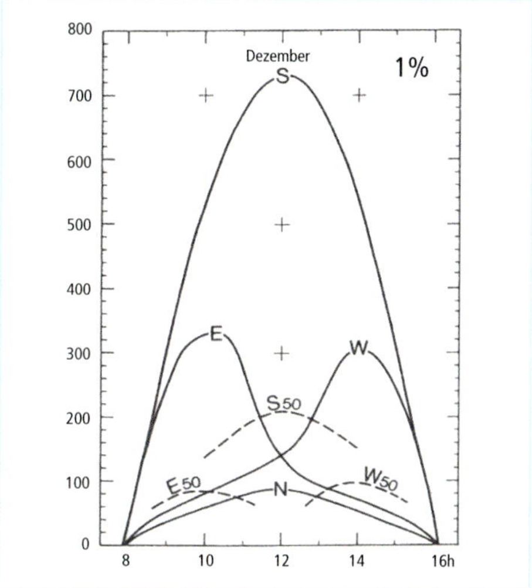

Abb. 9-10 Einwirkung der Globalstrahlung auf vertikal ausgerichtete Ost, Süd, West und Nordflächen als Tagesverlauf im Dezember. Kurvenzüge für 1 % aller ermittelten Strahlungszustände unter optimalen Bedingungen. Eingestrichelt sind die Werte der Globalstrahlung unter 50 % der Summenhäufigkeit für die einzelnen Teilflächen dargestellt.

9.3.7 Konstruktionsart und nächtliches Lüften

Die Art der Konstruktionen von Wänden, Böden, Decken und Dächern sind bedeutende Faktoren, die das Aufwärm- und Kühlverhalten beeinflussen.

Durch direkte Sonneneinstrahlung werden Bauteile erwärmt, die Wärme gespeichert und zeitverzögert wieder abgegeben. Die Fähigkeit der Bauteile Wärme zu speichern, steht in Zusammenhang mit dem Wärmeeindringkoeffizienten, der Wärmeleitfähigkeit und der Rohdichte, die auch im Nachweis zum sommerlichen Wärmeschutz von Bedeutung sind.

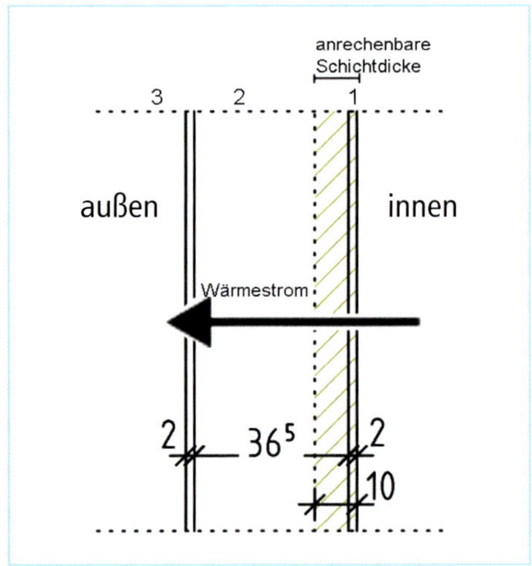

Abb. 9-11 Schematische Darstellung der anrechenbaren wirksamen Schichtdicken einer massiven Wand

Zur Beurteilung der Wärmespeicherfähigkeit dürfen nur die raumseitigen und vor der Wärmedämmung liegenden, Bauteilschichten betrachten werden. Als wärmespeichernder Masse sind nur sie wirksam. ([70], S. 14)

Aufgrund der Phasenverschiebung durch den Tag- und Nachtwechsel und der bauphysikalischen Trägheit der Masse, werden nur die ersten inneren 10 cm von Außenwänden und Dächern in der Bewertung erfasst. Bei trennenden Innenbauteilen gilt, dass maximal bis 10 cm je Seite, jedoch höchstens die Hälfte des Bauteils, in die rechnerische Bewertung übernommen werden.

Die Bewertung der Wärmespeicherfähigkeit erfolgt auf der Grundlage der Berechnung von C_{wirk}. Dafür wird die auf den m^2 bezogene Masse eines Bauteils ermittelt. Nach DIN 4108-2 werden Gebäude in drei gewichtbezogene Bauarten unterschieden:

- leichte Bauart bis 50 Wh/(m^2K),
- mittlere Bauart ab 50 Wh/(m^2K) bis ≤130 Wh/(m^2K),
- schwere Bauart mit >130 Wh/(m^2K).

Für die Ermittlung der wirksamen Wärmespeicherkapazität C_{wirk} einer Konstruktion werden berücksichtigt:

$$C_{wirk} = \sum_j c_j \cdot P_j \cdot d_j \cdot A_j$$

Dabei ist:

j Bauteilschicht in m

c_j spezifische Wärmespeicherkapazität des Baustoffs in kJ/kgK

p_j Rohdichte des Baustoffs der betrachteten Schicht in kg/m^3

d_j wirksame Schichtdicke in m

A_j wirksame Bauteilfläche in m^2

Beispielhaft werden hier die Werte von C_{wirk} für übliche Bauteile, auf den m^2 bezogen, dargestellt. Dämmschichten, wie sie zum Beispiel bei einem schwimmenden Estrich eingebaut werden, werden grundsätzlich nicht eingerechnet, da die verbaute Dämmebene dazu führt, dass der Wärmefluss in das Bauteil reduziert ist. Durch die Dämmebene wird Wärme nur in der Schicht bis zur Dämmung eingelagert.

Außenwandkonstruktionen	Rohdichte *P* (kg/m³)	anrechenbare Schichtdicke m	C_{wirk/m^2} W·h/(m²·K)	
Mauerwerk mit WDVS:				12 / 17⁵ / 2 — innen
- 3mm Kunstharzputz				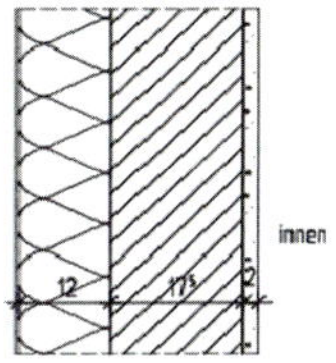
- 120mm EPS				
wirksame Schichten für Cwirk				
- 175 mm Mauerwerk Kalksandstein	1800	0,08	40,32	
- 20 mm Kalkzementputz	1800	0,02	10,08	
Cwirk			**50,40**	
Mauerwerk mit WDVS:				12 / 15 — innen
- 3mm Kunstharzputz				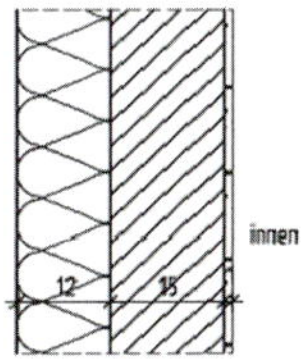
- 120mm EPS				
wirksame Schichten für Cwirk				
- 150 mm Mauerwerk Porenbeton	800	0,09	20,16	
- 10 mm Kalkzementputz	1800	0,01	5,04	
Cwirk			**25,20**	
Betonwand mit WDVS:				12 / 20 — innen
- 3mm Kunstharzputz				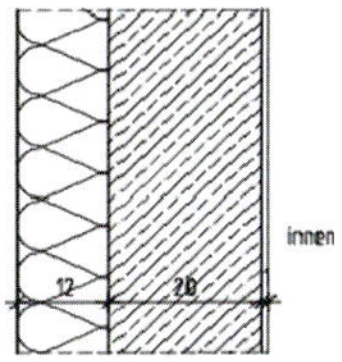
- 120mm EPS				
wirksame Schichten für Cwirk				
- 200 mm Stahlbeton	2300	0,09	57,96	
- 10 mm Kalkzementputz	1800	0,01	5,04	
Cwirk			**63,00**	

Abb. 9-12 Vergleich der wirksamen Wärmespeicherkapazitäten von üblichen Außenwandkonstruktionen

Innenwandkonstruktionen	Rohdichte P (kg/m³)	anrechenbare Schichtdicke m	C_{wirk/m^2} $W \cdot h/(m^2 \cdot K)$
Mauerwerk: 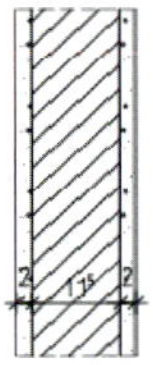			
- 20mm Kalkzementputz	1800		
wirksame Schichten für C_{wirk}			
- 115mm Mauerwerk Kalksandstein	1800	0,057	28,72
- 20 mm Kalkzementputz	1800	0,02	10,08
Cwirk			**38,8**
Trockenbau: 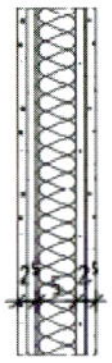			
- 2 x 12,5 Gipskarton			
- 50mm Ständerwerk U und C Profile			
- Einlage Mineralwolle			
wirksame Schichten für C_{wirk}			
- 2 x 12,5 Gipskarton	900	0,025	6,3
Cwirk			**6,3**

Abb. 9-13 Vergleich der wirksamen Wärmespeicherkapazitäten von üblichen Innenwandkonstruktionen

Neben der detaillierten Ermittlung der Wärmespeicherkapazitäten besteht die Möglichkeit der pauschalen Zuordnung nach den oben beschriebenen Bauarten. Zu den leichten Gebäuden werden Turnhallen, Museen, Aulen oder ähnliche Gebäudetypen gezählt. Gebäude, die in Holztafelbauweise oder ohne massive Innenwände ausgeführt werden, sind ebenfalls grundsätzlich Gebäude leichter Bauart. Gleiches gilt, wenn der Innenausbau zum größten Teil aus leichten Trockenbauwänden und abgehängten Decken besteht.

Abb. 9-14 Sporthalle, großes Raumvolumen mit geringer Wärmespeicherfähigkeit. Die Konstruktion der Wände geht nur zu einem Teil in die Bilanzierung ein. Der Gebäudetyp zählt zur leichten Bauart.

Gebäude, die hauptsächlich aus massiven Bauteilen bestehen und auch keine abgehängten Decken haben, können pauschal der schweren Bauweise zugeordnet werden ([91], S. 39 ff).

Dazu zählen Stahlbetondecken und massive Innen- und Außenwände der Konstruktion, die eine gemittelte Rohdichte >1 600 kg/m³ besitzen. Zusätzlich dürfen diese Räume keine innen liegenden Dämmschichten sowie abgehängte oder thermisch aktive Decken besitzen. Für Gebäude mittlerer Bauart gelten die gleichen Bedingungen, allerdings besitzen die Außen- und Innenwandkonstruktionen eine Rohdichte, die >600 kg/m³ betragen muss.

Die Art der Bauweise hat Einfluss auf die Fähigkeit, Wärmeenergie aufzunehmen und wieder abzugeben. Je schwerer die Konstruktion ausfällt umso langsamer reagiert sie auf Temperaturschwankungen durch ihre aus der Masse resultierende Trägheit. Was zu Beginn einer warmen Sommerperiode noch positiv regulierend wirkt, führt nach einigen warmen Tagen zu einer anhaltenden Wärmespeicherung, die auch in den Nachtstunden kaum weggelüftet werden kann.

Positive Auswirkungen haben hohe Wärmespeicherfähigkeiten, wenn die Heizsysteme sehr träge reagieren, oder die inneren und äußeren Wärmelasten, wie Sonneneinstrahlung oder interne Wärmequellen, sehr schwankend sind. Eine geringe Wärmespeicherfähigkeit hat dagegen Vorteile, wenn Räume selten genutzt werden, wie z. B. bei Kirchen oder Hotelzimmern. Liegen lange Heizunterbrechungen durch Nacht- und Wochenendabsenkung vor, haben leichte Konstruktionen Vorteile im Aufwärmverhalten. Dagegen bieten unter anhaltenden sommerlichen Bedingungen schwere Konstruktionen Vorteile.

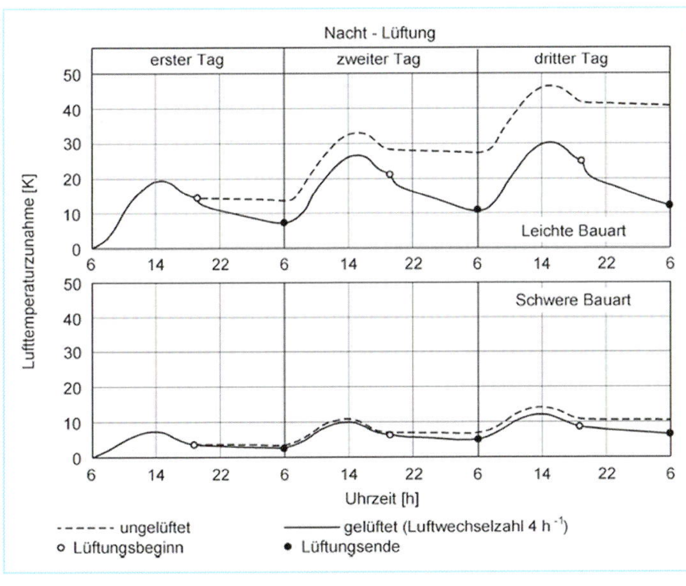

Abb. 9-15 Vergleich der Lufttemperaturzunahme in einem gleichen Raum aus leichter oder schwerer Bauart. [17]

Zwischen den Konstruktionsweisen und dem nächtlichen Lüften besteht ein direkter Bezug. Um Wärmelasten wieder abzuführen, sind die Möglichkeiten der Nachtlüftung von Bedeutung. Bei einer reinen Wohnnutzung kann grundsätzlich von einer erhöhten Nachtlüftung ausgegangen werden, wenn eine Fensterkipplüftung möglich ist. Ebenso darf die erhöhte Nachtlüftung angenommen werden, wenn eine Lüftungsanlage den Luftwechsel mit mindestens einem zweifachen Luftwechsel pro Stunde sicherstellt.

Um in den Berechnungen den Wert der hohen Nachtlüftung nutzen zu können, müssen Räume geschossübergreifend, über Treppenhäuser, Galerien oder Atrien gelüftet werden können. Alternativ muss ein fünffacher Luftwechsel über eine Lüftungsanlage sichergestellt sein. ([70], S. 27)

9.3.8 Beispiel: Berechnung Sonneneintragskennwert

In einem Wohngebäude wird der Nachweis für den kritischsten Raum geführt. Das Kinderzimmer hat folgende Randbedingungen:

A_G 12,73 m^2 Grundfläche
A_W 2,52 m^2 Fläche Fenster
$F_{WG} = 2{,}52\ m^2/12{,}73\ m^2 = 0{,}197 > 0{,}10$, somit ist ein detaillierter Nachweis notwendig.

F_C 0,30 Rollläden ¾ geschlossen
g 0,50 Gesamtenergiedurchlassgrad des Glases
g_{tot} $0{,}30 \cdot 0{,}50 = 0{,}15$

Der vorhandene Sonneneintragskennwert wird ermittelt aus:

$$\mathbf{S_{vorh} = (A_W \cdot g_{tot})/AG}$$
$$\mathbf{S_{vorh} = (2{,}52\ m^2 \cdot 0{,}15)\ /\ 12{,}73\ m^2 = 0{,}029}$$

Der zulässige Sonneneintragskennwert ergibt sich aus:

S_1	Klimaregion	C – sommerheiß		
	Wohngebäude	schwere Bauweise >130 Wh/(K·m^2)		
	Nachtlüftung	erhöhte Nachtlüftung	:	0,101
S_2	Fensterflächenanteil	$a - (b \cdot F_{WG})$ a: 0,060 b: 0,231	:	0,014
S_3	Sonnenschutzglas	nicht vorhanden	:	0,000
S_4	Fensterneigung	vertikal	:	0,000
S_5	Orientierung	Süd-West	:	0,000
S_6	Passive Kühlung	nicht vorhanden	:	0,000
Zulässiger Sonneneintragskennwert				0,115

Anforderung erfüllt, da $S_{vorh} < S_{zul}$ ist.

9.4 Das Klima der Wände

Die Wärmeleitung durch ein Bauteil wird bestimmt durch die Widerstände, die mit der Masse eines Bauteils korrelieren. Empfängt ein Bauteil eine einseitige Erwärmung von außen durch Sonnenbestrahlung oder durch Heizungsluft von innen, erfolgt der Wärmefluss durch das Bauteil zeitlich verzögert. Diese zeitliche Verzögerung bezeichnet man als Phasenverschiebung.

Die Phasenverschiebung steht in direktem Zusammenhang mit der Wärmespeicherung und Wärmedämmfähigkeit von Stoffen. Unter winterlichen oder sommerlichen Bedingungen wechseln die Vor- und Nachteile von Konstruktionen. Um eine schnelle Auskühlung von Konstruktionen zu verhindern, braucht man für Winterbedingungen eher schwere Materialien, die eine wärmetechnische Trägheit besitzen. In den Sommermonaten haben träge reagierende schwere Wand- und Bodenplatten Vorteile durch ihre langsame Erwärmung. Halten jedoch die sommerlichen Bedingungen länger an, beginnen die massiven Konstruktionen sich nachhaltig zu erwärmen. Die eingelagerte Wärmeenergie wird dann in den kühleren Nachtstunden nur geringfügig abgeführt. Eine wirkliche Abkühlung der Konstruktion findet nicht mehr statt.

Schwere Konstruktionen aus massiven Baustoffen mit hoher Rohdichte und Wärmekapazität, wie zum Beispiel Klinkermauerwerk oder Beton, sind folglich in der Lage, Wärme länger zu speichern. Leichte Bauweisen dagegen, wie Trockenbau-Konstruktionen, speichern weniger Wärme und können die eingelagerte Energie in kühleren Stunden wieder leichter und damit schneller abgeben.

Betrachtet man Häuser aus der Gründerzeit, kann man feststellen, dass das Innenraumklima unter sommerlichen Bedingungen noch relativ lange als kühl empfunden wird. Die Erwärmung erfolgt hier durch die schwere Konstruktionsweise nur langsam. Ist diese Konstruktion jedoch erst einmal durchwärmt, reagiert sie ebenso träge im abkühlenden Vorgang. Die Folge ist, dass die Kühlung durch nächtliche Lüftung relativ wenig Wirkung zeigt und die Temperaturen im Bauteil sich über den Verlauf von mehreren Tagen deutlich erhöhen.

Bei außenseitig gedämmten Gebäuden ist der Einfluss aus solarer Bestrahlung auf die Wand gering, da die Dämmung entkoppelnd wirkt und die Wärmespeicherfähigkeit und die Phasenverschiebung einen geringeren Einfluss bekommen. Spürbarer werden die Effekte jedoch bei Gebäuden mit großen Glasflächen. Durch die direkte Bestrahlung durch die Fenster werden sowohl die Innenraumluft wie die beschienenen Bauteile erwärmt. Bei modernen gut gedämmten Gebäuden können durch diese Bedingungen die Anforderungen an die Kühllast steigen, wenn eingetragene Energie nicht mehr ausreichend abgeführt wird.

In Gebäuden mit temporärer Nutzung bieten leichte und von innen gedämmte Konstruktionen in Wintermonaten Vorteile im Anheizen dieser Räume. Dagegen erwärmen sich in den warmen Sommermonaten innen gedämmte oder leichte Konstruktionen schneller, was im schlimmsten Fall zu dem sogenannten **Barackenklima** führen kann. Durch das begrenzte Wärmespeichervermögen von leichten Konstruktionen können solare Gewinne in den Nachtstunden aber auch einfacher fortgelüftet werden.

Tab. 9-4 Strahlungsabsorptionsgrade unterschiedlicher Wand- und Dachoberflächen nach DIN V 4108-6

DIN V 4108-6; Tabelle 8 Berechnung Heizwärmebedarf		
Wärmeschutz und Energie-Einsparung in Gebäuden		
Richtwerte für den Strahlungsabsorptionsgrad verschiedener Oberflächen		
Oberfläche		**Strahlungsabsorptionsgrad α**
Wandoberflächen	heller Anstrich	0,40
	gedeckter Anstrich	0,60
	dunkler Anstrich	0,80
	Klinkermauerwerk	0,80
	Sichtmauerwerk hell	0,60
Dachoberflächen	ziegelrot	0,60
	dunkle Oberfläche	0,80
	Metall (blank)	0,20
	Bitumendachbahn	0,60

9.4.1 Individuelles Wohlbefinden

Behaglichkeit ist ein subjektiver und individueller Faktor und hängt von völlig unterschiedlichen Faktoren ab, wie der Raumlufttemperatur, der relativen Luftfeuchte, der Frische von Luft und eventuellen Luftbewegungen oder Zugerscheinungen, aber auch den akustischen Zuständen, dem Licht und olfaktorischen Expositionen. Tatsächlich ist der Bezug zur Temperatur beim Menschen bei allen Wahrnehmungen am deutlichsten ausgeprägt. Untersuchungen zeigten, dass das Wohlempfinden eines Menschen mit der Möglichkeit der Eigenentscheidung, Zustände zu regulieren, steigt. Untersuchungen wie das proKlimA-Projekt zeigten, dass die Unzufriedenheit von Menschen am Arbeitsplatz geringer ist, wenn sie über die Fenster lüften dürfen. Daraus lässt sich schließen, dass obwohl technische Möglichkeiten gegeben sind, die Erfolge und Akzeptanz dieser Maßnahmen nicht zwangsläufig sind.

Daher kann der energetische Erfolg einer Konstruktion oder eines Gebäudes nicht nur an die technischen Möglichkeiten gebunden sein. Vielmehr müssen generell passive bauliche Maßnahmen erdacht und umgesetzt werden, die den Energiebedarf senken und den Bewohner nicht zum Nutzer degradieren. Oder um es mit den Worten von Lucius Burckhardt zum Ausdruck zu bringen, »*auf bautechnischem Gebiet könnten Installationen entwickelt werden, die nicht mehr in erster Linie den Sinn haben, das Klempner- und Elektrohandwerk zu bereichern, sondern die von den Benutzern selbst installiert und repariert werden können*«. ([7], S. 179)

10 Typische bauliche Problemfelder und Schadensbilder

10.1 Grundlagen zur Dämmung

Die nachträgliche Dämmung von wärmeübertragenden Hüllflächen, ob Dach, Wand oder Boden, verbessern den U-Wert der Konstruktionen. Damit ist die Optimierung dieser Bauteile eines der bedeutendsten Ziele der Planung zur energetischen Sanierung. Betrachtet man diese Maßnahme rein auf das ungestörte Bauteil bezogen, ist die Lage der Dämmung hinsichtlich des erreichbaren U-Wertes zuerst einmal nebensächlich.

Mit der nachträglichen Dämmung der Fläche lassen sich energetische Vorteile und höhere raumseitige Oberflächentemperaturen realisieren.

Das folgende Diagramm zeigt, wie sich die U-Werte von Konstruktionen bei einer nachträglichen Dämmung verändern. Beispielhaft sind hier als Ausgangswert vier verschiedene Bestandskonstruktionen dargestellt, die zeigen, wie sich durch eine Dämmung der Wärmedurchgangskoeffizient verbessert. Betrachtet man den oberen Graphen für eine Bestandskonstruktion mit 2,5 W/m²K, entspricht dies einer ungedämmten Vollziegelwand mit einer Stärke von 30 cm. Mit überschaubaren und wirtschaftlich gut vertretbaren Maßnahmen lässt sich diese Konstruktion schnell optimieren. Ab einer Dämmstärke von ≥12 cm ist jedoch auch feststellbar, dass sich die dämmtechnische Wirkung nur noch gering verbessert.

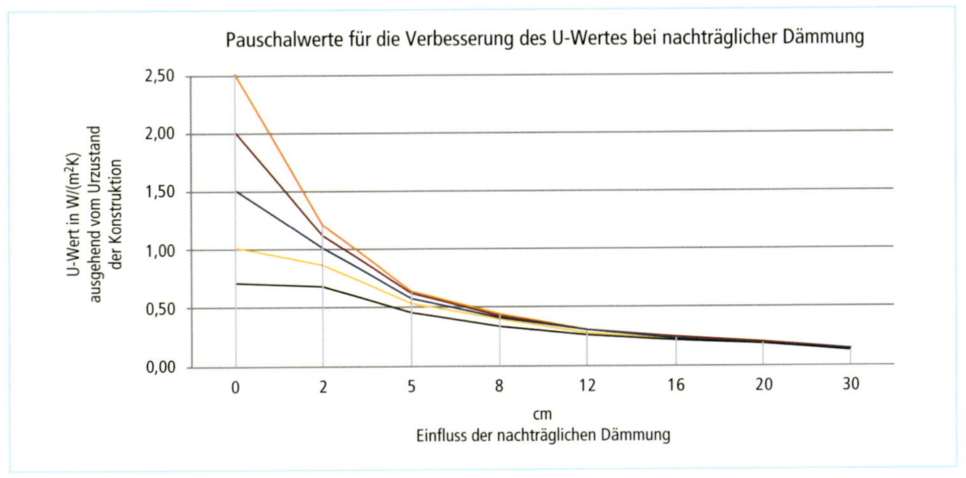

Abb. 10-1 Einfluss einer nachträglichen Dämmung und der aufgetragenen Dämmstärke auf den U-Wert nach DIN EN 12831, Beiblatt 2. [77]

10.2 Außendämmung

Mit der Dämmung auf der kalten Außenseite besteht die optimale Möglichkeit, eine energetische Verbesserung und eine wärmebrückenfreie Konstruktion herzustellen.

Da jedoch der Anteil der Masse der Putzebene bei einem Wärmedämmverbundsystem sehr gering ist, müssen zusätzliche Maßnahmen durchgeführt werden, um die Oberfläche frei von Bauschäden zu halten. Beanspruchungen wie Schlagregen oder solare Erwärmung führen zu thermischen Oberflächenspannungen. Insbesondere aus der Erwärmung der Oberflächen aus solarer Bestrahlung resultieren Temperaturen, die oberhalb der Umgebungsluft liegen. Dabei hat die Wahl der Farbe bzw. des Helligkeitsbezugswerts Einfluss auf die Oberflächentemperatur eines Wärmedämmverbundsystems. Untersuchungen zu Schwankungen der Oberflächentemperaturen auf WDVS-Fassaden des Fraunhofer-Instituts für Bauphysik IBP ([30], S.153–163) zeigten, dass im Sommer auf einem westorientierten Probekörper die Temperaturerhöhung bei einem schwarzen Putz bis ca. 28 K liegen. Bei einer gleich orientierten Fläche, die mit einem weißen Putz belegt war, erhöhte sich die Temperatur nur um ca. 18 K, jeweils ausgehend von einer Grundtemperatur von 10 °C.

Kritisch zu sehen ist jedoch die Annahme des Fraunhofer IBP, dass die Lebensdauer eines Wärmedämmverbundsystems einer herkömmlichen Außenwand entspricht. Aufgrund des dünnlagigen Putzaufbaus beim WDVS sollte man davon ausgehen, dass der Wartungsaufwand gegenüber monolithischen Konstruktionen höher ist, wenn sie regelmäßig gewartet werden. ([30], S. 155)

Abb. 10-2 **Vorbereitetes Wärmedämmverbundsystem mit Kunststoffgewebeeinlage in der Putzebene und Putzschiene.**

Abb. 10-3 **WDVS mit fehlender Bewehrung im Eckbereich, um Spannungsrissen vorzubeugen.**

Für den Bereich der Gebäudesanierung bieten die Wärmedämmverbundsysteme zugleich den Vorteil, eine Risssanierung durch Überdeckung vorzunehmen, und somit den Regenschutz zu verbessern. In diesem Fall muss vorab eine Untersuchung zu den Rissursachen erfolgen und bewertet werden, ob die Rissbildung abgeschlossen ist und die Risse beruhigt sind.

Der Vorteil der außen liegenden Dämmsysteme ist darin zu sehen, dass die tragende Struktur eines Gebäudes nicht mehr dem üblichen Frost-Tauwechsel und der Beanspruchung durch Regen unterliegt. Daraus resultieren günstigere Verhältnisse für die Tragstruktur, da Temperaturspannungen reduziert werden. Das tragende Bauteil ist somit witterungsunabhängig und bleibt trotzdem als wärmeregulierender Speicher für den Innenraum erhalten.

WDV-Systeme sind eine nicht geregelte Bauart. Der Nachweis zur Verwendung auf die Systeme erfolgt durch eine Allgemeine bauaufsichtliche Zulassung über das Deutsche Institut für Bautechnik (DIBt).

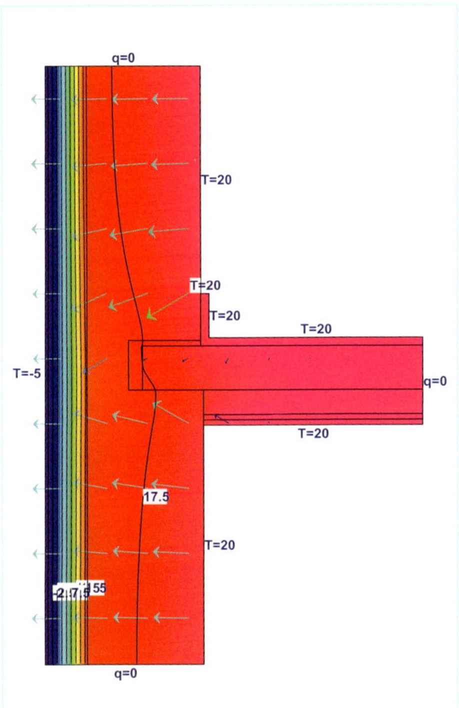

Abb. 10-4 Außengedämmte Wand. Die monolithische Ziegelwand wärmt komplett durch. Die Temperaturabsenkung liegt in der Dämmebene. Der einbindende Deckenbalken liegt im ungefährdeten warmen Bereich.

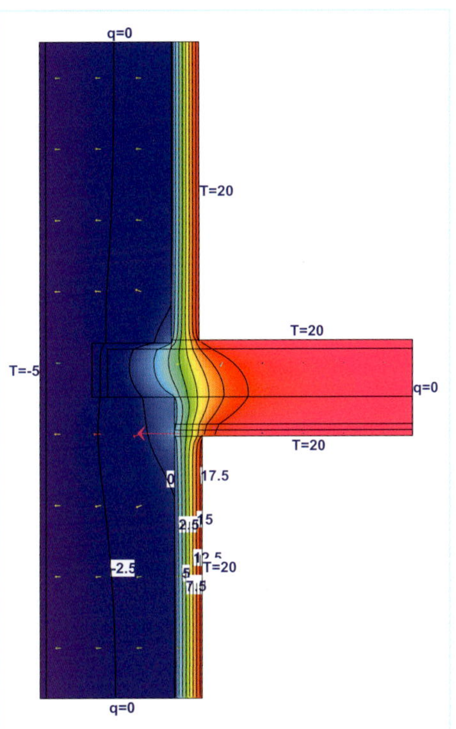

Abb. 10-5 Nachträgliche Innendämmung einer tragenden Wand. Der Balkenkopf liegt im kalten Teil der Wand. Dadurch, dass er thermisch exponiert ist, kann es hier bei einem Eintritt von feuchter und warmer Luft zu einem Ausfall von Tauwasser kommen.

10.2.1 Algen-, Pilzbefall und gedämmte Fassaden

Die kontinuierliche Verbesserung der Dämmeigenschaften von Wänden mit einem außen liegenden Wärmedämmverbundsystem hat zu dem unerwünschten Nebeneffekt geführt, dass hochgedämmte Fassaden schneller als ungedämmte Fassaden verschmutzen. Das als Verschmutzung wahrgenommene Erscheinungsbild resultiert häufig aus der Ansiedlung von Algen oder Pilzen. Dies wird von den bauphysikalischen Vorgängen an der Oberfläche eines Wärmedämmverbundsystems unterstützt, die von der Umweltmeteorologie bestimmt sind.

Durch die thermische Trennung der äußeren Putzschicht durch den Dämmstoff zum beheizten Innenraum fällt die Oberflächentemperatur des Putzes in klaren Nächten unter die der Umgebungstemperatur der Luft. Als Folge davon entsteht, durch die Abkühlung der Fassadenflächen, Kondensat auf der Fassade. Auffallend ist weiterhin, dass Flächen häufig nicht vollständig befallen sind. Der Einfluss von Wärmebrücken, wie den Kunststoffdübeln zur Befestigung der Dämmplatten, führt dazu, dass punktuell höhere Oberflächentemperaturen vorhanden sind und weniger Kondensat ausfällt. Damit fehlt Algen und Pilzen die Grundlage für das Wachstum auf Fassaden.

Damit steht die Bauphysik der Oberfläche eines Wärmedämmverbundsystems in unmittelbaren Zusammenhang mit einem Befall. Erst die hochgedämmten Fassaden optimierten die Lebensbedingungen für den Befall von gedämmten Flächen, da mit dem Abkühlen der Oberfläche das Tauwasser freigesetzt wurde, was für Algen und Pilze lebensnotwendig ist. Auf diesen Umstand reagierte die Baustoffindustrie mit dem Zusatz von Fungiziden bzw. Algiziden bei Beschichtungen. Damit die Algen und Pilze die Gifte aufnehmen, müssen diese jedoch wasserlöslich sein. Somit führt Regen, der auf die Fassaden trifft, dazu, dass die Gifte ausgewaschen werden. Die vorbeugende Wirkung gegen den mikrobiellen Befall ist somit zeitlich beschränkt und muss regelmäßig aufgefrischt werden.

Abb. 10-6 Die Nähe zu Grünanlagen begünstigt den Befall mit Algen

Abb. 10-7 Fenstersturz mit Pilzbefall aufgrund des Mieterverhaltens durch Dauerkipplüftung

Als Alternative zu den dünnlagigen Kunstharzputzen können mineralische Putze auf Kalk-Zementbasis für WDVS genutzt werden. Diese Putze sind dicklagiger und bieten mit ihrer höheren Masse eine größere Wärmespeicherfähigkeit. Dadurch sinken deren äußeren Oberflächentemperaturen nicht so stark, wie bei einem Kunstharzputz. Zudem bieten mineralische Putze mit ihrer höheren Alkalität einen natürlichen Schutz vor Veralgung. Dieser verliert jedoch an Wirkung, wenn die Ablagerungen von Pollen und Stäuben auf den Fassaden einen Biofilm bilden, der wiederum die Grundlage für einen Befall sein kann, da organisches Material vorhanden ist

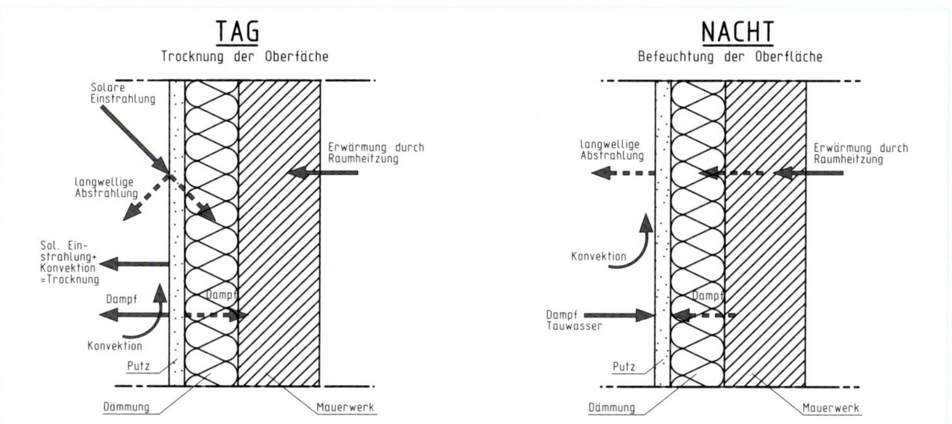

Abb. 10-8 Schematische Darstellung der Prozesse des Wärmeflusses über den Tag und Nacht

Unterstützt werden diese bauphysikalischen Abläufe durch Regenwasser, das wie Dünger wirken kann, wenn darin Pflanzennährstoffe enthalten sind, und »*Aerosole von landwirtschaftlichen Düngerlösungen und Stäube von Äckern mit dem Regen wieder ausgewaschen werden*«. ([25], S. 23)

Die Mischung aus vorhandenem Biofilm und nächtlicher Befeuchtung sorgen für günstige Lebensverhältnisse, die das Ansiedeln von Pioniergewächsen wie Algen befördern. Untersuchungen des Fraunhofer-Instituts für Bauphysik IBP zeigten, dass monolithische Außenwände eine geringere Feuchte im Außenputz haben als Wärmedämmverbundsysteme. [31]

Nach Büchli und Raschle unterstützen folgende Faktoren den Befall von Fassaden ([6], S. 30):

- geringe solare Absorption, weil helle Wandfarben vorhanden sind,
- verschattete Flächen,
- windgeschützte Wandflächen,
- geringes Wärmespeichervermögen,
- kleiner Wärmedurchgangskoeffizient.

Abb. 10-9 Befallene Putzfassade. Die Anzahl der Tellerdübel lässt sich gut nachvollziehen

Abb. 10-10 Zur Vorbeugung werden Tellerdübel eingelassen und überdämmt

Gelegentlich lässt sich auf Fassaden oberhalb von Fenstern ein Befall mit Algen und Pilzen beobachten. Dies resultiert im Normalfall aus dem latenten nutzerbedingten Kipplüften. Besonders in Räumen mit Küchen oder Badnutzung kann das dauerhafte Kipplüften zu einem Algen- oder Pilzbefall im Bereich des Sturzes führen, wenn die feuchtwarme Innenluft durch den Druckausgleich durch den oberen offenen Fensterspalt nach außen gelangt und am unterkühlten Fenstersturz vorbeistreicht, dort kondensiert und die Grundlage für einen Befall mit Algen- und Pilzpopulation bildet.

10.2.2 Algen und Pilze

Algen gehören zu der Gruppe der Pflanzen und sind genau wie Schimmelpilzsporen immer in der Atmosphäre vorhanden und somit ein fester und normaler Bestandteil der uns umgebenden Natur.

Auf Fassaden siedeln sich Pilze und sogenannte Mikroalgen an. Zu den Mikroalgen zählen ca. 100 000 verschiedene Arten. In einem Temperaturbereich von 5 bis 40 °C liegen für Algen optimale Lebensbedingungen vor. Lange Trockenzeiten können Algen überstehen. Ihre Sporen keimen unmittelbar nach erneutem Kontakt mit Wasser wieder aus.

Algen sind typische Primärorganismen, bzw. Primärproduzenten, die auch in der Lage sind an extremen Standorten zu siedeln. Die für die Besiedlung von Fassadenflächen notwendigen Sporen sind immer in der Atmosphäre vorhanden und werden, wie auch Pilze und Bakterien, durch Regenwasser auf die Fassaden transportiert. ([51], S. 565) Begünstigt wird ein Algenbefall durch angrenzende Grünanlagen mit Bäumen. Auf Fassadenflächen findet man Algenüberzüge von schwarz bis blaugrün und gelegentlich rötlich-braune. Man geht bei den Mikroalgen nicht von einem Risiko für die Gesundheit aus. Allerdings bilden die Algen einen optimalen Nährboden für einen späteren Befall mit Pilzen und Bakterien. Auf einem cm^2 in natürlicher Umgebung finden sich etwa 100 Schimmelpilzsporen, 1 000 Bakterien und 100 Algenzellen. ([26], S. 622)

Für ihr Wachstum benötigen Algen Wasser und Licht. Damit unterscheiden sie sich von den Pilzen, die nur Wasser benötigen.

Auf Baustoffen können Algen durch ihre Ausscheidungen Verwitterungsprozesse beschleunigen. Die ausgeschiedenen organischen Säuren wirken auf kalkhaltige Baumaterialien zerstörend.

Dadurch, dass Algen zusätzlich einen Biofilm aus Schleim auf die Wände bringen, werden Fassaden hygroskopisch aktiver. Damit wird mehr Wasser auf Fassaden gespeichert, was den schnelleren Abbau der Biozide im Putz beschleunigt. ([51], S. 566) Folglich werden Trocknungsprozesse behindert, was wiederum einen Pilzbefall begünstigt.

Algen tragen ebenfalls dazu bei, dass mineralische Putze ihre Festigkeit verlieren, auslaugen und entkarbonatisieren. Putze auf organischer Basis verspröden und verlieren ebenso die Festigkeit, da durch die Algen die Bindemittel im Putz abgebaut werden. Ebenso können Natursteine geschädigt werden. Der Biofilm der Algen verschließt die Poren und verhindert so Diffusionsvorgänge. Damit entsteht unterhalb des Biofilms ein mechanischer Druck der die innere Struktur eines Natursteins zerstört. Die am stärksten von Algen befallenen Flächen findet man, aufgrund des Mangels an UV-Strahlung, auf den Nordseiten, bzw. verschatteten Seiten.

Ein Befall mit Algen kann in Abhängigkeit zu den Expositionen bereits innerhalb von Monaten erfolgen. Meistens vergehen jedoch ein bis zwei Jahre bevor der Befall deutlich wird.

10.2.3 Biozide

Zur Reduzierung eines Algenbefalls können Kunstharzputze bzw. Anstriche mit Bioziden ausgestattet werden. Damit die Mikroorganismen die Gifte aufnehmen, müssen die Biozide eine geringe Wasserlöslichkeit besitzen. Dies führt jedoch auch dazu, dass Biozide sich an stark bewitterten Fassadenflächen schnell auswaschen und mit dem Regen ins Erdreich gelangen. Untersuchungen gehen von einer zwei- bis fünfjährigen Wirkung von Bioziden aus. Damit ist der Schutz durch Biozide zeitlich begrenzt und der ungewünschte Algenbefall wird lediglich verzögert. Bei Fassadenfarben und Kunstharzputzen werden heute Biozide mit unterschiedlichen Wirkungen kombiniert. Häufig kommen die Fungizide Carbendazim und OIT sowie das Algizid Diuron zur Anwendung. Diese Zusätze stehen in der Diskussion und sollen mittelfristig durch andere unbedenklichere Gifte ersetzt werden. ([26], S. 630)

Die prophylaktische Verwendung von bioziden Wirkstoffen in Putzen wird durch das Umweltbundesamt als wenig sinnvoll angesehen.

10.2.4 Dämmung und Brandschutz

Bedingt durch einige Brandereignisse und den darauf folgenden Reportagen hat sich in den vergangenen Jahren die Haltung zu den einsetzbaren Dämmsystemen im Wand- und Dachbereich verändert. Neben den dämmenden und energieeinsparenden Eigenschaften stehen die Anforderungen an den Brandschutz im Fokus der Betrachtungen und damit die Eigenschaften insbesondere der Dämmstoffe auf Polystyrolbasis.

Nach Musterbauordnung § 26 Allgemeine Anforderungen an das Brandverhalten von Baustoffen und Bauteilen dürfen Baustoffe, die leicht entflammbar sind, grundsätzlich nicht verbaut werden. Damit besteht die Anforderung an mindestens normal entflammbare Baustoffe. Allerdings gibt es auch hier eine Ausnahmeregelung, wenn leicht entflammbare Baustoffe im Zusammenhang mit anderen Baustoffen nicht mehr leicht entflammbar sind.

Die Musterbauordnung formuliert im § 28 Außenwände unter (3) Anforderungen an die Oberflächen von Außenwänden und Bekleidungen. Diese müssen einschließlich der Dämmstoffe und der Unterkonstruktionen schwer entflammbar (B1) sein. Daneben besteht die Ausnahme, dass Unterkonstruktionen auch normal entflammbar (B2) eingebaut werden dürfen, wenn diese nach Pkt. (1) ausgeführt werden, und eine Brandausbreitung begrenzt ist. Von dieser Anforderung sind in der Musterbauordnung jedoch Gebäude, die den Klassen 1–3 zugeordnet werden können, ausgenommen. Darunter fallen Gebäude geringer Höhe, bei denen der fertige Fußboden ≤7 m über Oberkante Gelände liegt.

Tab. 10-1 Anforderungen an Wärmedämmverbundsysteme

Höhenübersicht über Geländeoberfläche		Baustoffklasse WDV-System
Gebäude geringer Höhe	0– 7 m	B2 normal entflammbar
Gebäude mittlerer Höhe	7–22 m	B1 schwer entflammbar
Hochhäuser	>22 m	A nicht brennbar

Bei Sonderbauten können höhere Anforderungen an die Brandschutzklasse bestehen.
Für die Hochhausgrenze gilt die jeweilige Landesbauordnung.

Zählt das Gebäude zu den Sonderbauten, gelten weiterführende Anforderungen an den vorbeugenden Brandschutz. Zu diesem Gebäudetyp zählen Versammlungsstätten, Hochhäuser, Schulen oder Tageseinrichtungen für Kinder oder alte Menschen. Weiterhin können Anforderungen aus den Industriebaurichtlinien, der Muster-Verkaufsstättenverordnung, der Muster-Versammlungsstättenverordnung, der Muster Schulbau-Richtlinie oder der Krankenhausverordnung resultieren.

Besonders bei Sonderbauten müssen die Brandschutzanforderungen an Fassaden und Dächer immer fallbezogen im Brandschutzkonzept im Zuge des Baugenehmigungsverfahrens betrachtet werden.

Im Juni 2015 veröffentlichte das Deutsche Institut für Bautechnik ein Merkblatt mit Empfehlungen zur Sicherstellung der Schutzwirkung von Wärmedämmverbundsystemen aus Polystyrol. Das Merkblatt unterscheidet drei wesentliche Aspekte, die in der Planung und im Unterhalt beachtet werden müssen:

- Instandhaltung der Fassade,
- Vermeiden von Brandlasten an der Außenfassade,
- nachträgliches Aufbringen von WDVS an bestehenden Gebäuden.

Danach ist der Inhaber eines Bauwerks mit einem Wärmedämmverbundsystem angehalten, die Fassade regelmäßig zu warten und instandzuhalten. Schäden an den Putzoberflächen müssen zeitnah und fachgerecht beseitigt werden, damit die Schutzwirkung des gesamten Systems gegen Brandursachen und Feuchtigkeit erhalten bleibt.

Weiterhin enthält das Merkblatt die Empfehlung, dass Brandlasten einen Mindestabstand von drei Metern einhalten müssen. Unter diese Empfehlung fallen auch Aufstellplätze für Müllcontainer. Diese sollen möglichst in einer geschlossenen und nicht brennbaren Einhausung aufgestellt werden.

Neben diesen Aspekten wurde zusätzlich eine organisatorische Empfehlung für den späteren Einbau des Dämmstoffs auf vorhandene Gebäude ausgesprochen. So sind in Bezug auf die Bauphasen und Baustellensituationen Vorkehrungen zum Brandschutz und zum Schutz der Nutzer und des Gebäudes zu treffen. Bauherr, ausführende Firma und Bauleiter sind für die Umsetzung verantwortlich und haben dafür Sorge zu tragen, dass ausreichend Rettungswege vorhanden sind. Für Sonderbauten und den Gebäudeklassen 4 und 5 sollte zusätzlich immer noch ein erfahrener Fachbauleiter vorhanden sein.

Für den konstruktiven Aufbau von Fassaden auf Polystyrol bzw. EPS-Basis ergeben sich zusätzliche Anforderungen, die in den am 03. Juli 2015 veröffentlichten FAQs und den Hinweisen vom 27. Mai 2015 des Referats II 1 im DIBt enthalten sind.

Die Hinweise des DIBt unterscheiden die folgenden Ausführungsmöglichkeiten eines Wärmedämmverbundsystems, für die Ausführungsbeispiele vorgegeben werden. Das wesentliche Schutzziel ist dabei die Verhinderung des Durchbrennens der Fassadendämmung und das Abtropfen von Polystyrol.

- WDVS mit angeklebtem EPS-Dämmstoff in Dicken bis 300 mm auf massiven und mineralischen Untergründen mit Putzschicht,
- WDVS mit angeklebtem und zusätzlich angedübeltem EPS-Dämmstoff mit Dicken bis 300 mm auf massiven und mineralischen Untergründen mit Putzschicht,
- WDVS mit Dämmstoffdicken über 300 mm,

- WDVS mit schienenbefestigtem EPS-Dämmstoff mit Dicken bis maximal 200 mm auf massiv mineralischen Untergründen mit Putzschicht,
- WDVS mit angeklebtem und zusätzlich angedübeltem EPS-Dämmstoff mit Dicken bis maximal 200 mm auf massiven und mineralischen Untergründen mit angeklebter Keramik- oder Natursteinbekleidung,
- WDVS mit angeklebtem EPS-Dämmstoff mit Dicken bis maximal 200 mm auf Untergründen des Holztafelbaus mit Putzschicht,
- WDVS mit angeklebtem und zusätzlich angedübeltem EPS-Dämmstoff mit Putzschicht auf bestehenden WDVS mit EPS- oder Mineralwolle-Dämmstoff oder auf Holzwolleleichtbauplatten,
- WDVS ohne bewehrte Unterputzschicht,
- WDVS nach ETA (Europäische Technische Zulassung)

Auf den jeweiligen Einbaufall, Dämmstärke und die Befestigungsart werden Anforderungen an die Anzahl und Lage der horizontalen oder vertikalen Brandriegel und den Schutz der Stürze über den Fenstern formuliert. Diese müssen aus nichtbrennbarer Mineralwolle in die EPS-Dämmschicht eingebaut werden. Die Brandriegel haben eine Höhe von mindestens 200 mm. Zusätzlich bestehen Anforderungen an die Rohdichte des EPS-Dämmstoffs, an das Flächengewicht des Armierungsgewebes in der Putzschicht, an die Putzschicht selbst und die Art und Weise der Befestigungssysteme der Dämmplatten. Im Rahmen der Ausführungsplanung müssen diese Punkte vom Planer objektbezogen überprüft und umgesetzt werden.

Die jeweiligen Einbausituationen sind mit erläuternden Zeichnungen in dem Hinweis vom 27. Mai 2015 auf den Internetseiten des DIBt einsehbar.

Abweichend von der DIN 55699:2005-02 Verarbeitung von Wärmedämm-Verbundsystemen sind nun die vorbeugenden Maßnahmen zum Brandschutz nicht erst ab einer Dämmstärke >100 mm Dicke notwendig. Dieser Schwellenwert fand sich bisher in der vorgenannten Norm, die bereits das Auswechseln von EPS- in Mineralwolle-Dämmstoff oberhalb von Fenstern im Sturzbereich beschrieb. Die am 3. Juli 2015 vom DIBt veröffentlichten FAQs beschreiben unter Punkt 13 genau diese Thematik und lösen diesen Schwellenwert von >100 mm ab. Damit werden grundsätzlich und bei allen Dämmstärken Schutzmaßnahmen im Fassadenbereich bei EPS-Dämmstoff notwendig.

Abb. 10-11 **Brandriegel aus Mineralwolle in einer gedämmten Fassade aus Polystyrol-Dämmplatten**

10.3 Innendämmung

In Deutschland beträgt der Bestand an Gebäuden ca. 80 %. Davon sind rund 3 % eingetragene Denkmäler. Betrachtet man diese Gebäude, wird offensichtlich, dass eine nachträgliche Dämmung von außen aus unterschiedlichen Gründen, wie z. B. dem Denkmalschutz oder dem Nachbarschaftsrecht nicht realisierbar ist. Gerade bei diesen Objekten sind jedoch die Potenziale zur Einsparung von Energie zur Reduzierung des Heizwärmebedarfs sehr hoch.

Für diesen Sonderfall bietet eine nachträgliche Innendämmung gute Möglichkeiten, die energetischen Bedingungen zu verbessern.

Da aber eine Innendämmung im Altbau nicht wärmebrückenfrei umsetzbar ist, bedarf es mit der Planung einer zusätzlichen Risikoabwägung, da Innendämmungen auch Nachteile mit sich bringen können:

Tab. 10-2 Übersicht der Vor- und Nachteile von Innendämmungen

Vorteile	Nachteile
▪ schnelle Aufheizung der Räume im Winter ▪ energetische Verbesserung durch Reduzierung der Transmissionswärmeverluste ▪ Erhöhung der Oberflächentemperaturen auf den innenseitigen Außenwänden ▪ Verbesserung der Behaglichkeit ▪ Schrittweise raumbezogene Sanierung ist möglich, was insbesondere bei Eigentumswohnungen einen Vorteil darstellt. ▪ Entfall von Gerüstkosten ▪ Temporär genutzte Gebäude lassen sich schneller aufheizen.	▪ Wärmebrücken lassen sich nicht vollständig vermeiden. ▪ schnelle Aufheizung der Räume im Sommer ▪ zusätzliche Unterkonstruktionen sind bei wandbefestigten Möbeln erforderlich ▪ Tauwasserausfall ist in der Grenzschicht der Dämmung möglich. ▪ Schallschutzeigenschaften können sich negativ verändern ▪ Verlust an Wohnfläche ▪ Brandschutzrisiken in Abhängigkeit des Dämmmaterials ▪ Reduzierung des Trocknungspotenzials der Außenwände ▪ Gefrierpunkt wandert weiter nach innen in die Konstruktion. ▪ Gefahr von Frostschäden in der Baukonstruktion und in wasserführenden Leitungen in den Außenwänden

Mit der Dämmung auf der warmen Rauminnenseite wird die konstruktive Wärmebrücke durch die einbindenden Bauteile, wie Decken oder Balken, zum kritischen Bauteil. In der winterlichen Heizperiode kühlen diese in die Außenwände einbindenden Bauteile stärker aus. Damit besteht die Gefahr, dass die innere Oberflächentemperatur des Bauteils so weit abkühlt, dass sie unter den kritischen Grenzwert zur Entstehung von Schimmelpilz fällt und es zum Ausfall von Tauwasser kommt. Damit stellen Wärmebrücken nicht nur den energetischen Schwachpunkt in der Gebäudehülle dar, sondern sind ebenfalls ein hygienisches Problem, das auch zu einem konstruktiven Risiko werden kann, wenn sich durch den Tauwasserausfall holzzerstörende Pilze ansiedeln.

Viel drastischer können daher die Folgen sein, wenn warme Raumluft durch Konvektion in die kalte Grenzschicht zwischen Dämmung und Bauteil gelangt, dort abkühlt und die gebundene Feuchtigkeit freisetzt. Balkenköpfe können auf diese Art und Weise ständig befeuchtet werden. Somit besteht gerade bei den verdeckten Bereichen die Gefahr, dass holzzerstörende Pilze zu konstruktiven Schäden an der Holzkonstruktion führen.

Innendämmungen müssen daher im Regelfall und in Abhängigkeit vom Dämmmaterial luftdicht ausgeführt werden. Die Zirkulation von warmer Luft aus dem beheizten Innenraum in die kalte Grenzschicht zwischen Innendämmung und kalter Außenwand muss ausgeschlossen sein.

In Abhängigkeit von den bauaufsichtlichen Zulassungen sind folgende Baustoffe für Innendämmungen geeignet:

- EPS (expandiertes Polystyrol),
- Mineralwolle,
- Schaumglas,
- Polyurethanplatten,
- Korkdämmplatten,
- Kalzium-Silikat,
- Holzwollefasern,
- Zellulosedämmstoff.

Bei allen Aufbauten müssen die bauphysikalischen Eigenschaften der jeweiligen Dämmstoffe beachtet werden. So muss bei einer Innendämmung aus Mineralwolle zwingend eine raumseitige Dampfsperre vor die Dämmung eingebaut werden. Kommt eine geschlossenzellige Dämmung aus Schaumglas oder aus offenporigen Kalzium-Silikat-Platten zur Ausführung kann auf die Dampfsperre verzichtet werden.

Beim Einsatz von mineralischen Kalzium-Silikat-Platten wird bewusst auf eine außenseitige Dampfsperre verzichtet, um die Trocknungsvorgänge der Konstruktion nicht zu behindern und den feuchteregulierenden Charakter des Materials zu nutzen. Die Dampfsperrfunktion übernimmt die Kleberschicht zwischen Außenwand und der Kalzium-Silikat-Platte. Diese muss vollflächig aufgebracht werden und mindestens 10 mm dick sein. Wesentliches Kriterium dabei ist, dass sichergestellt wird, dass der s_d-Wert der Kleberschicht höher ist als der der Kalzium-Silikat-Platte. Nur so kann ein Eindringen von Feuchte in das vorhandene Bauteil verhindert werden.

Allerdings kann aus dem Einbau einer Innendämmung auch eine Trocknungsbehinderung resultieren, wenn in dem vorhandenen Bauteil z. B. aufsteigende Feuchtigkeit vorhanden ist. Somit kann der Einbau einer Innendämmung dazu führen, dass ein vorhandener Feuchtehorizont weiter nach oben verschoben wird.

Da Feuchtigkeit im Altbau selten auf nur einer Ursache beruht, ist die Untersuchung der Bausubstanz eine unabdingbare Voraussetzung für eine sachgerechte Auswahl eines Innendämmsystems.

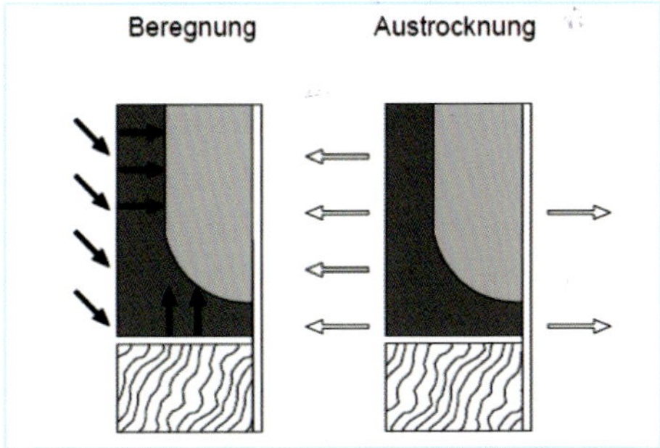

Abb. 10-12 Ungedämmte Wand mit beidseitiger Trocknungsmöglichkeit nach Beregnung

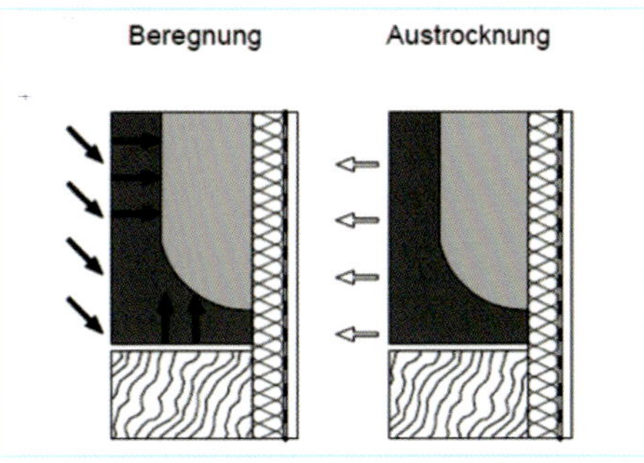

Abb. 10-13 Trocknungsbehinderung durch dampf- und luftdichte Ausführung der Innendämmung

Der Einfluss von Innendämmungen auf den Isothermenverlauf in Außenwänden und den einbindenden Innenwänden ist in den nachfolgenden Abbildungen erkennbar.

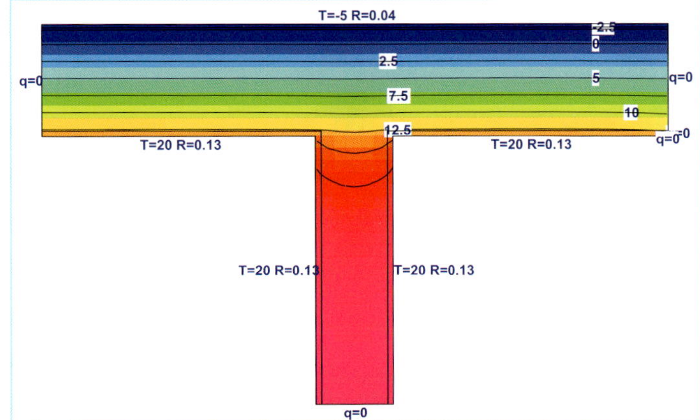

Abb. 10-14 Isothermenverlauf in einer ungedämmten monolithischen Außenwand. Die Innenwand ist warm, ihre Temperatur entspricht der Raumluft.

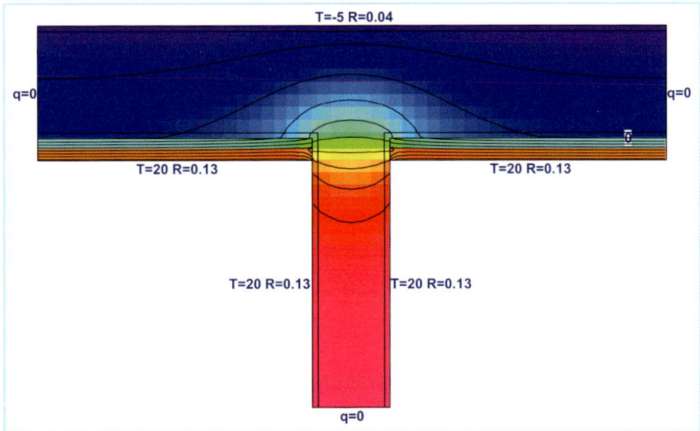

Abb. 10-15 Isothermenverlauf in einer innen gedämmten monolithischen Außenwand. Die Innenwand ist warm; ihre Temperatur entspricht der Raumluft. Die Oberflächentemperatur im Einbindebereich der Innenwand in die Außenwand sinkt hier im Vergleich zu einer ungedämmten Konstruktion ab; sie liegt hier unter 12,6 °C, was die Gefahr von Schimmelpilzbefall in sich birgt.

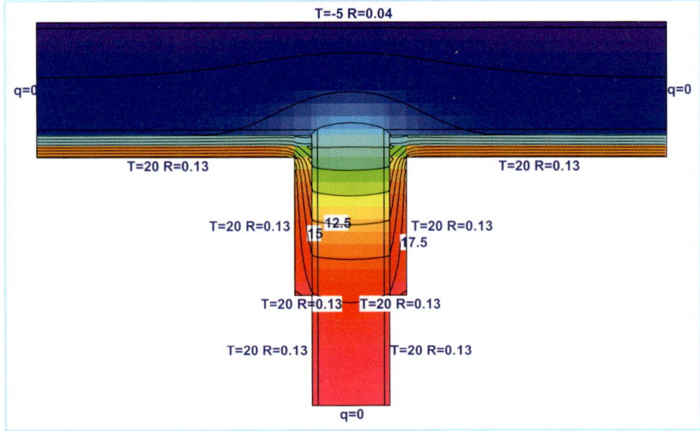

Abb. 10-16 Isothermenverlauf in einer innen gedämmten monolithischen Außenwand mit seitlicher Flankendämmung der einbindenden Wand. Hierdurch sinkt die Oberflächentemperatur in der Raumecke weniger ab, sie beträgt hier etwa 14 °C und ist somit unkritisch.

Wie die vorherigen Grafiken zeigen, stellt die nachträglich gedämmte Innenwand ein Problem dar, wenn die Dämmung nur auf der Außenwand aufgebracht ist. In diesem Fall kühlt die Innenwand im Anschluss an die Außenwand stärker ab. Hier wird der Kühlrippeneffekt sichtbar. In diesem Bereich führen höhere Wärmeströme zu geringeren Oberflächentemperaturen. Um diesen Zustand auszugleichen, ist es erforderlich, die Innendämmung auf die Innenwand weiter in den Raum zu führen.

Durch den Einbau einer Innendämmung wird die Oberflächentemperatur der raumumschließenden Bauteile angehoben. Dadurch ergeben sich in der kritischen kalten Jahreszeit behaglichere Verhältnisse im Wohnraum. Strahlungsasymmetrien werden reduziert und die Differenz der Raumlufttemperatur zur Oberflächentemperatur verringert sich.

Für alle innen gedämmten Außenwände gilt, dass Fassaden besonders gegen Schlagregen, Frost, Tauwasserausfall und Durchfeuchtung geschützt werden müssen. Des Weiteren müssen Bestandskonstruktionen auf alte Wasserversorgungsleitungen in den Wänden untersucht werden. Durch den Einbau einer Innendämmung verschiebt sich der Frostpunkt weiter zum Innenraum. Wasserführende Leitungen in Außenwänden sind daher frostgefährdet.

Bei der Sanierung von Gebäuden mit einer nachträglichen Innendämmung treten Wärmebrücken als durchdringende Bauteile deutlicher in Erscheinung. Häufig sind diese nur mit besonderen zusätzlichen Maßnahmen in den Griff zu bekommen.

Als Alternative zur Innendämmung besteht die Möglichkeit, Außenwände raumseitig mit einer Wandheizung oder Wärmebrückenbeheizung im Sanierungsfall auszustatten. Dadurch wird zwar nicht der Wärmedurchlasswiderstand der Konstruktion verbessert, aber die Konstruktion wird durch die Wandheizung trocken gehalten. Bei einer funktionierenden Wandheizung ist ein Tauwasserausfall ausgeschlossen. Der vorhandene U-Wert bleibt erhalten, da die Baukonstruktion nicht durchfeuchtet ist ([34], S. 131). Wandheizsysteme entsprechen in ihrer Verlegeart und Wirkungsweise einer Fußbodenheizung, die langwellige Wärmestrahlung erzeugt. Bei der Verlegung werden Heizschleifen in den Putz eingearbeitet. In der Praxis finden elektrische Heizmatten und wasserführende Rohrsysteme Anwendung.

Abb. 10-17 Wandheizung in einem Denkmal (Quelle: WEM Wandheizung)

10.4 Dämmung gegen Erdreich

Für die außen liegenden Perimeterdämmungen im erdberührten Bereich gelten besondere Bedingungen für die Berechnung des Wärmedurchlasswiderstandes, bzw. dem sich daraus ableitenden U-Wert. Nach den normativen Vorgaben dürfen nur die raumseitigen Schichten bis zur Bauwerksabdichtung berücksichtigt werden. Ausgenommen von diesen Einschränkungen sind Perimeterdämmstoffe auf der Basis von Schaumglas und XPS, wenn die Dämmung nicht ständig im Grundwasser liegt. ([70], S. 16 ff)

Mit Perimeterdämmungen lassen sich wärmebrückenfreie Gebäude im Erdreich realisieren. In Abstimmung mit den Zulassungsbescheiden ist der Einbau von Perimeterdämmungen gemäß den tabellierten Vorgaben möglich. ([39], S. 128)

Bei der Verarbeitung ist darauf zu achten, dass die Dämmplatten dicht gestoßen im Verband und hohlraumfrei auf einem ebenen Untergrund verlegt werden. Bei Schaumglasplatten müssen die Bauteilflächen mit Bitumenkleber voll verklebt und mit einer Deckschicht gegen Frost versehen werden, wenn die Platten nicht schon werkseitig so ausgestattet wurden.

Abb. 10-18 **Druckfeste Perimeterdämmung aus Schaumglas unter einer Bodenplatte (Quelle: Deutsche Foamglas GmbH)**

Abb. 10-19 **Druckfeste Perimeterdämmung aus XPS als Flankendämmung an Streifenfundamenten**

Perimeterdämmstoffe müssen frostbeständig und unempfindlich gegen Erddruck sein. Zusätzlich müssen sie der Beanspruchungen durch Wasser standhalten, wenn z. B. vorhandene Belastungen des Grundwassers bekannt sind, durch die eine Zersetzung der Dämmstoffe möglich sein könnte.

Die Wasserbeanspruchung lässt sich in drei Lastfälle einteilen:

- Bodenfeuchtigkeit,
- nichtdrückendes Wasser,
- drückendes Wasser.

Liegt die Konstruktion im Bereich von gelegentlich aufstauendem Schichtenwasser, kommt es zu einem hydrostatischen Druck. Im Zusammenspiel mit der Kapillarleitung des Bodens kann der sogenannte Kapillarsaum über den des Grundwasserspiegels ansteigen. Liegt dieser Umstand vor, muss die Dämmung eine dementsprechende Zulassung besitzen.

Tab. 10-3 Anwendungsbereiche von Perimeterdämmung

Bedingungen zur Anwendung von Dämmungsstoff	**Wärmeschutz und Energie-Einsparung**					
Perimeterdämmung						
Produkttyp	**zul. Einbau-tiefe [m]**	**spez. Anfor-derungen an Boden-beschaffenheit**	**Abstand zu senkrechten Verkehrs-lasten [m]**	**Einbau im Kapillarsaum des Grund-wassers**	**Einbau unter Gründungs-platten**	**Einbau im drückenden Wasser [m]**
XPS	keine Beschränkung	keine Anforderung	keine Anforderung	zulässig	zulässig auch im drücken-den Wasser	zulässig bis 7 m Eintauchtiefe
Schaumglas	keine Beschränkung	keine Anforderung	keine Anforderung	zulässig	zulässig auch im drücken-den Wasser	zulässig bis 12 m Eintauchtiefe
EPS	≤3,0 m	gut wasser-durchlässig	≥3,0 m	nicht zulässig	nicht zulässig	nicht zulässig
EPS (≥30 kg/m³)	≤6,0 m	gut wasser-durchlässig	≥3,0 m	nicht zulässig	zulässig	nicht zulässig

10.5 Solare Erwärmung von Bauteilen

Alle Körper empfangen solare Strahlung. Von deren Oberflächen wird in Abhängigkeit zur Oberflächenbeschaffenheit nur ein Teil der Strahlung reflektiert. Der nicht reflektierte Teil wird absorbiert und in Wärme umgewandelt. In Abhängigkeit zur Materialbeschaffenheit des Körpers wird die Wärme als innere Energie gespeichert und weitergeleitet.

Die Oberflächen aller Außenbauteile können dadurch hohen Temperaturschwankungen unterliegen. Dies führt in der Regel zu thermischen Spannungen, die aufgenommen werden müssen, ohne zu einem Bauschaden zu führen. Besonders unterliegen hochgedämmte Konstruktionen dieser Belastung, da durch die Dämmmaterialien der Wärmefluss in das Bauteil reduziert wird und die äußere, sonnenbeschienene Schicht den Temperaturschwankungen und Erwärmungs- und Abkühlungsvorgängen unterworfen ist.

Bautechnisch hat dies u. a. dazu geführt, dass dünnlagige Putze eines Wärmedämmverbundsystems zusätzlich mit einer Bewehrungslage ausgestattet werden müssen, um Rissen aus temperaturbedingten Wechseln vorzubeugen. So beschreiben Kussauer und Ruprecht ([32], S. 40), dass an Fassaden über das Jahr gesehen Temperaturwechsel von +80 bis −20 °C auftreten können. Um die daraus resultierenden thermisch bedingten Spannungen zu reduzieren und Rissbildungen vorzubeugen, sollte der Hellbezugswert der Beschichtung nicht unter 20 liegen. Bei farbigen Beschichtungen ist zusätzlich der TSR-Wert (Total Solar Reflectance) von Bedeutung. Dieser beschreibt das solare Reflexionsvermögen einer Beschichtung in einem erweiterten Spektrum, wobei auch der nicht sichtbare Anteil der Strahlung Berücksichtigung findet. Ein hoher TSR-Wert steht für eine größere Reflexion und damit für geringere Oberflächentemperaturen unter solarer Bestrahlung.

Der Einfluss der farbigen Beschichtung einer sonnenbeschienenen Fläche auf die Entwicklung von Oberflächentemperaturen wurde von Akbari beschrieben. Akbari ermittelte, im Hinblick auf die Auslegung passiver Kühlsysteme im urbanen Raum an unterschiedlich farbigen Musterflächen den Temperaturanstieg, der in Abhängig zum Farbton und der Absorptionsfähigkeit unter solarer Bestrahlung steht ([1], S. 44):

- weißer Lack ca. +10 °C solarer Absorptionsgrad ca. 0,18
- weißer Zementauftrag ca. +19 °C solarer Absorptionsgrad ca. 0,29
- alle Dachbeläge ca. +32 °C solarer Absorptionsgrad ca. 0,46
- hellgrüner Lack ca. +27 °C solarer Absorptionsgrad ca. 0,50
- verzinkter Stahl ca. +47 °C solarer Absorptionsgrad ca. 0,65
- grüne Bitumen-Dachschindeln ca. +42 °C solarer Absorptionsgrad ca. 0,85
- schwarzer Lack ca. +49 °C solarer Absorptionsgrad ca. 0,98

Besondere Bedingungen durch die Sonneneinstrahlung liegen ebenfalls bei Dächern vor. Hier können in den Sommermonaten durch die Bestrahlung Temperaturen erreicht werden, die deutlich über dem Niveau der Umgebungsluft liegen.

Untersuchungen an einem Prüfstand an einer geneigten Schieferfläche zeigten die folgenden Ergebnisse. [12] Mit der einsetzenden solaren Bestrahlung auf Schiefer beginnt unmittelbar die Umwandlung der auftreffenden Strahlung in Wärme. Dabei beeinflussen die günstigen Materialeigenschaften von Schiefer, wie dem Absorptionsgrad α_S 0,88 ([2], S. 633) und einer geringen Albedo, dem Grad der Weißheit, von 0,10 bis 0,14 [97] sein Aufwärmverhalten. Die aus der Umwandlung der Strahlung entstehende Wärme kann jedoch nicht unmittelbar auf ein wärmetragendes Fluid wie Luft abgeführt werden, wenn Holz vollflächig als Schalung die Unterkonstruktion bildet. Durch das Holz der Unterkonstruktion verlaufen die Erwärmungsprozesse verzögert in der Luftschicht des Dachs. Hinzu kommt eine Dämpfung des Vorgangs, da die Wärmeströme durch die wärmeleitenden Eigenschaften reduziert sind. Auf der Unterseite der Holzkonstruktion werden folglich nicht die Temperaturhöchstwerte wie unter dem Schiefer erreicht.

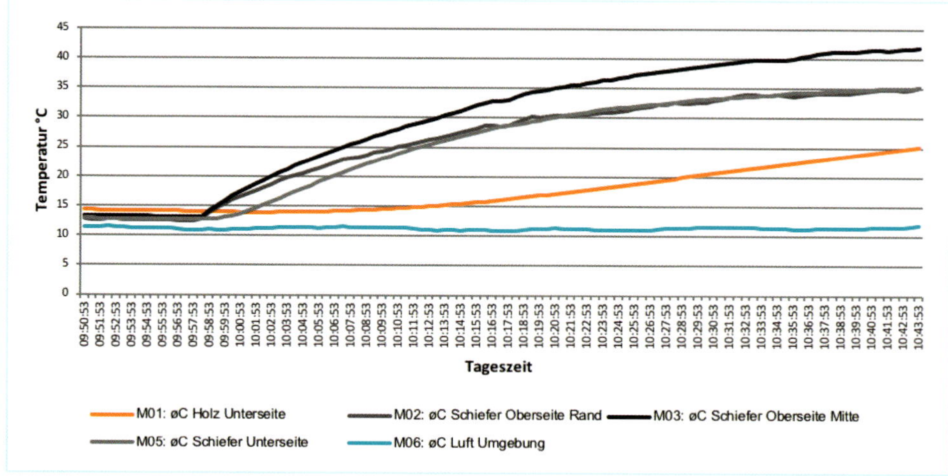

Abb. 10-20 Verlauf der Erwärmung des Schiefers im Prüfstand über 90 Minuten mit und ohne Vollschalung hinter den Schieferplatten

Die jeweiligen Farben im Diagramm zeigen den Temperaturverlauf an den unterschiedlichen Messpunkten und unter gleicher Bestrahlung mit einem 1 000 W Halogenstrahler, der mit einem Abstand von ca. 1 m installiert wurde:

- orange: unter Holzschalung im Prüfstand,
- schwarz: auf der Schieferplatte in der Mitte des Prüfstands,
- dunkelgrau: auf der Schieferplatte am Rand des Prüfstands,
- mittelgrau: unter der Schieferplatte am Rand,
- hellblau: Umgebungsluft, Messfühler verschattet.

Das Temperaturniveau im Schiefer steigt direkt über den Zustand der Umgebungsluft, die konstant bei ca. 12 °C liegt. Nach ca. 10 Minuten Bestrahlung zeigte sich auf der Unterseite der Schieferplatte eine Temperaturerhöhung um ca. 10 K. Zeitgleich hatte sich das Temperaturniveau unterhalb der Holzplatte jedoch kaum verändert. Erst nach weiteren 5 Minuten Bestrahlung beginnt der Temperaturanstieg um ca. 1 bis 2 K unterhalb der Holzverschalung. Zu diesem Zeitpunkt wurden unter der Schieferplatte bereits ca. 26 °C gemessen, was einem ΔT von 14 K zwischen der Lufttemperatur und der Unterseite der bestrahlten Schieferplatte entspricht. Nach insgesamt 45 Minuten wurden die Höchstwerte der Erwärmung des Schiefers erreicht, die bei ca. 42 °C oberhalb und 35 °C unterhalb der Schieferplatte lagen.

Neben der Untersuchung unter stationären Bedingungen im Labor wurden zusätzlich Messungen in einem Freifeldversuch aufgezeichnet, um die Folgen aus tatsächlichen solaren Bestrahlungszuständen zu ermitteln, die von einem schnellen Wechsel durch Wolken geprägt sein können.

Die Diagramme der Temperaturverläufe verdeutlichen, dass die Wärmespeicherkapazität des Schiefers aufgrund seiner Dünnlagigkeit nicht wesentlich von Bedeutung ist. Mit dem Tagesbeginn und der solaren Bestrahlung der Fläche beginnt unmittelbar die Erwärmung des Schiefers. Auf der Unterseite des Schiefers werden am durchgehend sonnigen 20. August 2011 bis ca. 58 °C (schwarzer Graph) erreicht, und das bei einer Lufttemperatur von 32 °C.

An einem wechselhaften Tagesverlauf, der von durchziehenden Wolken geprägt ist, fallen die aus der Verschattung resultierenden Temperatureinbrüche auf. Schiefer und die Luftschicht kühlen unmittelbar ab und nähern sich wieder dem Temperaturniveau der Umgebungsluft (blauer Graph) an. Mit wieder einsetzender Bestrahlung (ca. 13.30 Uhr) kehren sich die Prozesse um und die Schieferfläche erwärmt sich, ohne jedoch das vorherige Temperaturniveau zu erreichen.

Aber auch an solch einem Tag sind auf Schieferflächen kurzzeitige Spitzentemperaturen bis ca. 37 °C möglich.

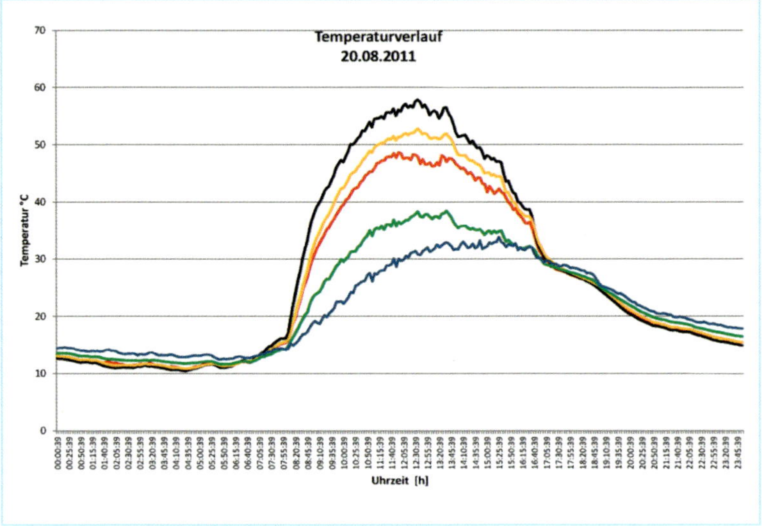

Abb. 10-21
Temperaturverlauf der Messungen im Freilandprüfstand am 20.08.2011

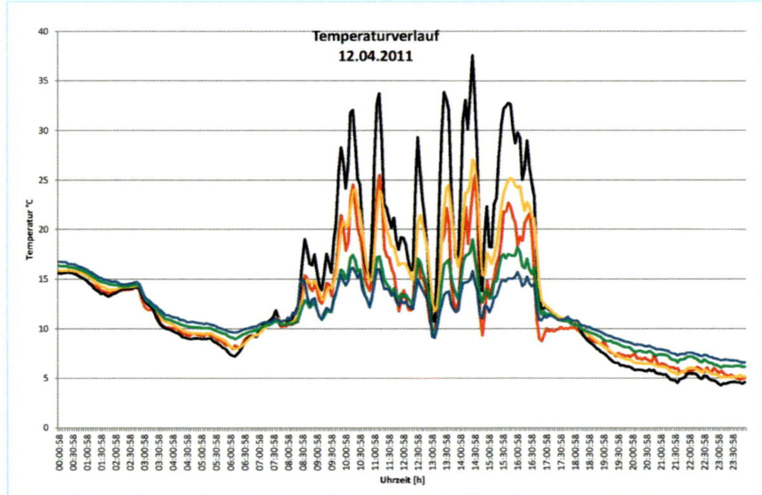

Abb. 10-22
Temperaturverlauf der Messungen im Freilandprüfstand am 12.04.2011

Untersuchungen an Flachdächern zeigten ebenfalls Temperaturanstiege der Oberflächen unter solarer Bestrahlung, die deutlich über den vorhandenen Temperaturen der Außenluft lagen.

Das nachfolgende Diagramm eines Tagesverlaufs zeigt, wie das Vorhandensein einer Dämmebene den Temperaturverlauf beeinflusst. So führt bereits eine geringe Dämmung von 30 mm dazu, dass die Wärmeströme in das Bauteil behindert sind und sich dadurch höhere Oberflächentemperaturen einstellen. In diesem Fall lag die Temperatur der Oberfläche der gedämmten Fläche ca. 12 K höher gegenüber der ungedämmten Dachhaut.

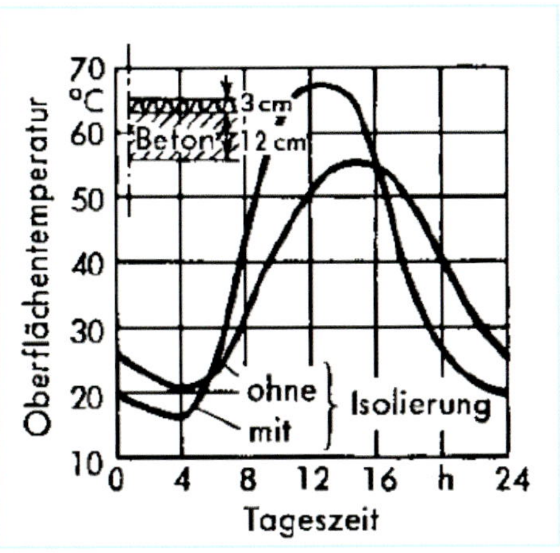

Abb. 10-23 Temperaturverlauf auf einem Flachdach mit und ohne Dämmung [45]

Abb. 10-24 Oberflächentemperatur auf einem gedämmten Flachdach mit grauer Kunststofffolienabdichtung (Zeitpunkt: Mitte Juli, ca. 15.30 Uhr)

Für die Praxis und die Wartung von Dächern resultieren hieraus zusätzliche Aufgaben, die über die üblichen bauphysikalischen Berechnungen hinausgehen. So zeigen die Thermografien eines foliengedeckten Flachdachs, dass sich durch Alterung der eingebauten Dämmung zusätzlich Wärmebrückeneffekte einstellen, die die Effekte unterschiedlicher Oberflächentemperaturen innerhalb der Fläche unterstützen. Die daraus resultierenden Spannungen beschleunigen die Alterung der Dachabdichtung. Damit gehört die Reinigung von Dächern und das Verhindern von Pfützenbildung zur Vorsorge, um Spannungen aus unterschiedlichen Temperaturen vorzubeugen.

Bei Fassadenelementen stellt sich die Situation etwas anders dar, da die Flächen vertikal ausgerichtet sind und damit nicht dem Sonnenhöchststand ausgesetzt sind. Trotzdem kann auch die tief stehende Sonne entscheidend die Oberflächentemperatur in den Abendstunden oder Wintermonaten beeinflussen. Die DIN EN 14509 zu selbsttragenden Sandwich-Elementen mit beidseitigen beschichteten Blechen und innen liegendem Dämmkern enthält Angaben zu möglichen maximalen Oberflächentemperaturen von Paneelkonstruktionen, wie sie z. B. bei Logistikhallen oder als Einlagen bei Pfosten-Riegel-Fassaden benutzt werden.

Abb. 10-25 Tauwasserausfall auf einem Flachdach mit Trockenzonen im Bereich von Wärmebrücken

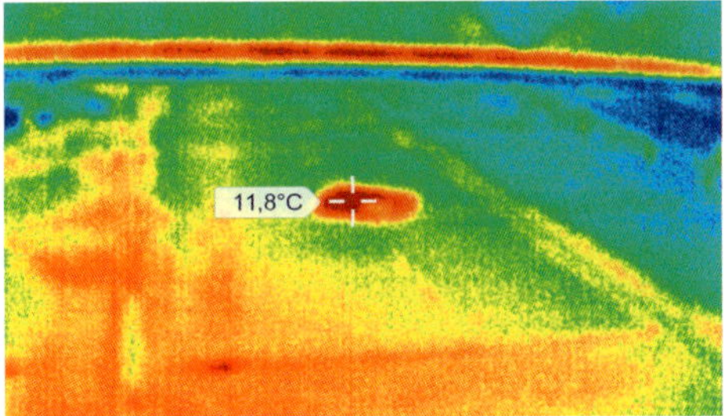

Abb. 10-26 Thermografie des Flachdachs

Für die äußere sonnenbeschienene Deckschicht werden folgende möglichen Höchstwerte der Oberflächentemperaturen unter sommerlichen Bedingungen benannt ([79], S. 130):

- sehr helle Farben Reflexionsgrad 75–90 T = +55 °C
- helle Farben Reflexionsgrad 40–74 T = +65 °C
- dunkle Farben Reflexionsgrad 8–39 T = +80 °C

Auch hier führt der Dämmstoff dazu, dass der Wärmestrom in das Innere des Bauteils reduziert wird und eine Erhöhung der Oberflächentemperatur zur Folge hat.

10.6 Maßnahmen gegen Feuchtigkeit

10.6.1 Baufeuchte

Hohe Baurestfeuchten wirken sich nachteilig auf den Gebrauch von Räumen aus. Diese kann aus dem Anmachwasser von mineralischen Baustoffen oder aus einer zu hohen Einbaufeuchte von Hölzern resultieren. Als Folge können, durch die höhere Wärmeleitfähigkeit der feuchten Materialien, höhere Heizkosten in der Anfangszeit der Nutzung entstehen. Ebenfalls bietet die Restfeuchte die Grundlage für einen Befall mit Schimmelpilz.

Selbst wenn im Nachweisverfahren zum Tauwasserausfall nach Glaser eine Konstruktion unkritisch bewertet wurde, kann es, aus vorgenannten Gründen, zu Problemen kommen, da im normativen Nachweisverfahren zum Feuchteschutz Annahmen getroffen werden und die Feuchtigkeit aus dem Bauprozess unberücksichtigt bleibt. Diese Feuchtigkeit kann aus mangelhaften Schutzmaßnahmen vor Regen während der Bauzeit oder aus dem Bauprozess stammen.

Abb. 10-27 Betonieren einer Betondecke

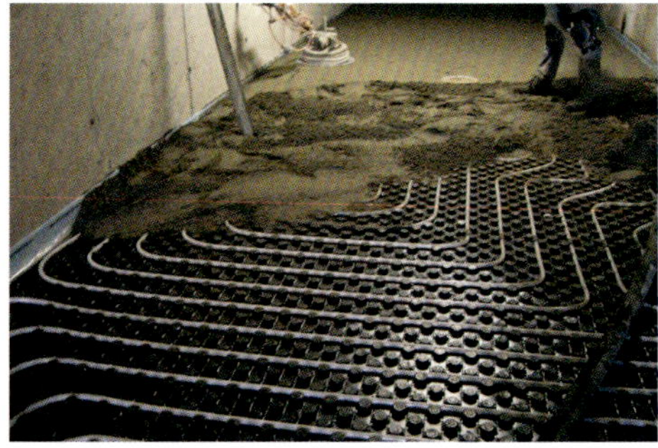
Abb. 10-28 Verlegung von Heizestrich

Bei einer Betonkonstruktionen sieht man, dass bei einem w/z-Wert von 0,4 das gesamte Wasser vom Zement gebunden wird. Dieses Wasser wird in der Konstruktion chemisch gebunden.

Aufgrund der leichteren Verarbeitbarkeit auf der Baustelle wird Beton häufig jedoch mit höheren w/z-Werten hergestellt. Portlandzement bindet bei vollständiger Hydratation 10 bis 15 % seines Gewichtes als Gelwasser und weitere 25 % als chemisch gebundenes Wasser. Somit verbleibt immer einen Anteil an ungebundenem Wasser in der Konstruktion, das nur mittels Trocknung, bzw. Diffusion aus der Konstruktion soweit entweicht, bis die baustofftypische Ausgleichsfeuchte in Abhängigkeit des Umgebungsklimas erreicht ist.

Tab. 10-4 Übersicht der Austrocknungsdauer unterschiedlicher Betonwandstärken [15]

Baufeuchte und Austrocknungsdauer		**Wärmeschutz und Energie-Einsparung**	
Austrocknungsdauer unterschiedlicher Betonwände			
		Austrocknungsdauer	
Wandtyp	**w/z-Wert**	**Tage**	**Monate (gerundet)**
Stahlbeton 15 cm	0,66	128	4
	0,45	–73	2
Stahlbeton 30 cm	0,66	161	5
	0,45	90	3
Mantelbeton 25 cm	0,66	175	6
	0,45	117	4

Eine Untersuchung der Vereinigung der österreichischen Zementindustrie [15] über die Austrocknungsdauer von Bauteilen aus mineralischen Baustoffen und deren Einfluss auf das Innenraumklima zeigte, dass sich die Austrocknungszeiten bei Deckenkonstruktionen durch eine oberseitige dichte Trennlage zwangsläufig verzögerten. Dadurch, dass dem Bauteil nur noch die unterseitige Flanke zur Trocknung zur Verfügung stand, verlängerte sich der Trocknungsprozess. Der Zustand der Ausgleichsfeuchte stellte sich erst lange nach der eigentlichen Fertigstellung des Gebäudes ein.

Abb. 10-29 Eine bei Regen ungeschützte Kimmsteinlage auf dem Rohboden einer offenen Baustelle.

Abb. 10-30 Mauerwerkskrone mit Folienabdeckung als Schutz gegen Regenwasser

Zur Sicherstellung von optimalen Verhältnissen müssen bereits während der Bauarbeiten Maßnahmen zum Schutz gegen nicht zulässige Feuchtelasten aus Regen vorgesehen werden. So sind insbesondere Mauerwerkskronen über Nacht und über Wochenenden regensicher abzudecken. Besonders kritisch können in diesem Zusammenhang die untersten Lagen von aufgehenden Wänden auf Betonplatten gesehen werden. Der zur Wärmedämmung genutzte Kimmstein nimmt durch sein Porengefüge Wasser auf. Durch die am Fußpunkt einer Wand offenliegende Konstruktion liegt das Risiko aus der Beaufschlagung aus Regenwasser deutlich über dem Ausgleichsfeuchtegehalt durch die relative Luftfeuchte. Je nach Errichtungszeitraum können diese Steine über längere Zeit in Pfützen stehen, was dazu führt, dass die Dämmwirkung reduziert ist. Als Alternative können Dämmsteine aus Schaumglas genutzt werden, die durch die geschlossenzellige Struktur kein Wasser einlagern können.

Bei Baustoffen aus Holz muss gewährleistet sein, dass Hölzer beim Einbau eine Feuchtigkeit unterhalb der zulässigen Masseprozent besitzen. Kommen hochwertige Hölzer im Innenausbau zum Einsatz, müssen diese vor Beginn der Bearbeitung auf die Ausgleichsfeuchte heruntergetrocknet werden. Hier ist der angestrebte Zustand der späteren Bedingungen in den vorgesehenen Räumlichkeiten maßgebend. Wird dies nicht berücksichtigt, besteht durch die nachträgliche Trocknung die Gefahr der Rissbildung in den Hölzern.

Bei Wärmedämmverbundsystemen zeigten Untersuchungen des Fraunhofer-Instituts für Bauphysik IBP [30], dass die Baurestfeuchte wesentlich kritischer betrachtet werden muss, als die Feuchte aus Diffusionsvorgängen. Demzufolge müssen in der Bauphase Maßnahmen gegen von außen eindringende Feuchtigkeit getroffen werden. Weiterhin ist zu beachten, dass bei diffusionsoffenen WDV-Systemen auf Basis von Mineralwolle, der Diffusionsstrom bis zum Kunstharzputz nicht verzögert wird. Dadurch besteht bei diesen Dämmsystemen im Winter das Risiko von Frostschäden. ([30], S. 156)

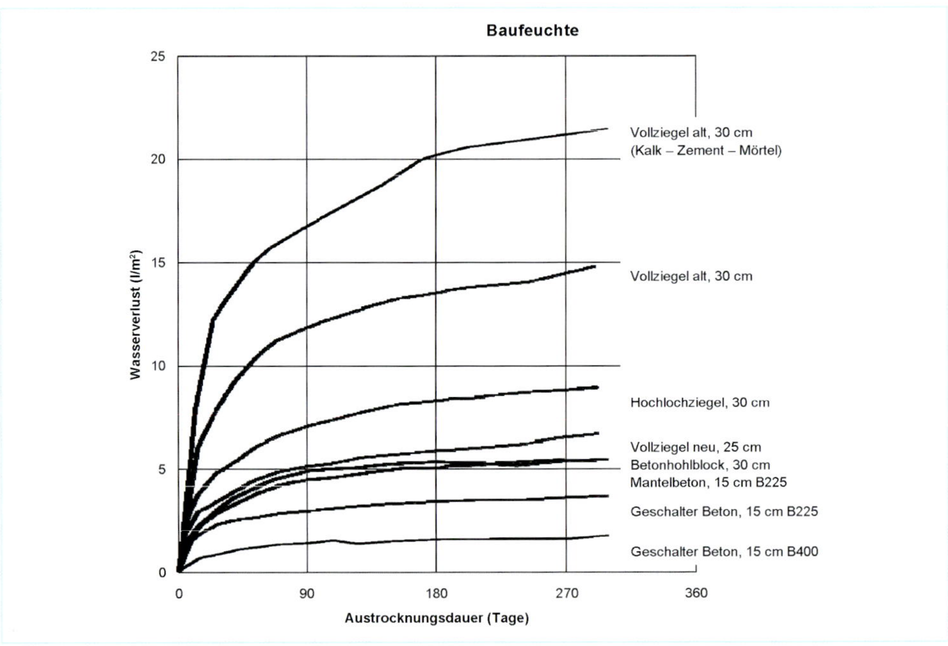

Abb. 10-31 Austrocknungsdauer und Wasserverlust von Beton, »Die Sache mit der Baufeuchte ...« (Quelle: Vereinigung der Österreichischen Zementindustrie, 1985 [15])

Abb. 10-32 Herstellung eines WDVS. Die zwischengelagerten Dämmplatten sind mit Kunststofffolien gegen Regen geschützt.

Abb. 10-33 Keller in Betonkonstruktion, auf dem Boden steht Regenwasser.

Abb. 10-34 Die Baukonstruktion ist durch Regeneintrag stark durchnässt

Abb. 10-35 Restfeuchte in einer verputzten Wand

10.6.2 Ausgleichsfeuchte

Der Zustand der Ausgleichsfeuchte stellt sich nicht unmittelbar nach Errichtung eines Gebäudes ein. In der Anfangszeit bestimmt die eingelagerte Restfeuchte aus der Bauzeit die klimatischen Verhältnisse im Innenraum.

Mit der sich später einstellenden Ausgleichsfeuchte, wird der Bezug zwischen den Materialeigenschaften und der relativen Luftfeuchte hergestellt. Dadurch, dass die vorhandene Ausgleichsfeuchte sich in Abhängigkeit zur relativen Luftfeuchte einstellt, unterliegt die im Baustoff vorhandene Feuchtigkeit Schwankungen sowohl über den Tag als auch über den Jahresverlauf.

Alle Baustoffe mit sorptiven Eigenschaften, wie z. B. Hölzer oder Baustoffe auf mineralischer Basis (Beton, Porenbeton, Putz, Estrich oder Mauerwerk), lagern in ihrem Porensystem Feuchtigkeit aus der Luft ein und geben diese je nach sich veränderndem Umgebungsklima auch wieder ab. Die Aufnahme und Abgabe von Feuchtigkeit, die auf Sorptionsvorgängen beruht, werden maßgeblich von der Porenstruktur der jeweiligen Baustoffe beeinflusst. Grundsätzlich besitzen alle Baustoffe auf mineralischer Basis ein Porengefüge, welches für die jeweils materialspezifische kapillare Aktivität und damit auch für den Grad der Ausgleichsfeuchte in Abhängigkeit vom Umgebungsklima verantwortlich ist.

Für den Baustellenalltag bedeutet dieses Verhalten poröser Baustoffe, dass diese konsequent vor Regen geschützt werden müssen. Werden poröse Baustoffe wie Ziegelmauerwerk oder Porenbetonsteine während der Bauzeit durchnässt, so verzögert sich der Austrocknungsprozess bis zum Erreichen der Ausgleichsfeuchte erheblich.

Für übliche Baustoffe stellen sich bei einem Innenraumklima von 20 °C und 50 % relativer Luftfeuchte (Normfeuchte) unterschiedliche massebezogene Ausgleichsfeuchten ein:

Tab. 10-5 Übersicht üblicher Ausgleichsfeuchten von Baustoffen

Baustoff	Feuchtegehalt u [kg/kg]
Beton mit geschlossenem Gefüge und mit porigen Zuschlägen	0,130
Leichtbeton mit haufwerksporigem Gefüge mit porigen Zuschlägen nach DIN 4226-1	0,030
Leichtbeton mit haufwerksporigem Gefüge mit porigen Zuschlägen nach DIN 4226-2	0,045
Gips, Anhydrit	0,020
Zementestriche	0,020
Gussasphalt, Asphaltmastix	0
Holz, Holzwerkstoffe, Fichte/Tanne im bewitterten Außenbereich	0,180
Holz, Holzwerkstoffe, Fichte/Tanne im unbeheizten und nicht bewitterten Bereich	0,150
Holz, Holzwerkstoffe, Fichte/Tanne im beheizten Innenbereich	0,090
Pflanzliche Faserdämmstoffe, Mineralfaserdämmstoffe	15

10.6.3 Porensysteme und ihre Eigenschaften

Mineralische Baustoffe besitzen kein absolut dichtes Gefüge. Durch die Hydratationsprozesse bei ihrer Herstellung kommt es zur Porenbildung, die in Abhängigkeit von dem Mischungsverhältnis von Zement und Wasser (Wasserzementwert oder w/z-Wert) entstehen. Dieser kann sehr unterschiedlich sein, so bindet der Zement von WU-Beton bei der Erhärtung bis 40 % seines Gewichts an Wasser.

Entspricht das dem Zement beigemischte Wasser genau diesem Verhältnis, so wird bei vollständigem Erhärten das gesamte Wasser chemisch gebunden und es verbleibt kein überschüssiges Wasser. Dadurch entstehen keine Poren im Beton. In der Praxis liegt der dem Zement beigemischte Wasseranteil jedoch höher. Dadurch verbleibt überschüssiges Wasser im Beton und es entsteht ein fein verästeltes Porengefüge. ([36], S. 38)

Die Poren werden nach ihren Größen wie folgt unterschieden:

Tab. 10-6 Unterteilung üblicher Porenarten und derer Größen

Porenart	Größe des Porenradius	Bezeichnung der Größe	Kürzel der Größe
Gel- oder Mikroporen	10^{-9} m	Nanometer	Nm
Kapillarporen	10^{-7} m bis 10^{-4} m	1/10 μ-Meter bis 1/10 Millimeter	1/10 000 mm bis 1/10 mm
Luftporen	größer 10^{-4} m	1/10 Millimeter	1/10 mm
Verdichtungsporen	größer 10^{-2} m	Zentimeter	cm

Kapillaraktiv sind nur die Kapillarporen. In kleineren Poren findet der Wassertransport nur über Diffusion von Wasserdampf, also Gas, statt. Bei größeren Poren erfolgt der Wassertransport über den anstehenden Wasserdruck, sofern die einzelnen Poren in kapillarähnlicher Weise miteinander verbunden sind. Transportmechanismen erfolgen durch Diffusion, Kapillarleitung oder laminare Strömung. Die Porengrößen beeinflussen die Transportgeschwindigkeit von Wasser in den Kapillaren. Die langsamsten kapillaren Vorgänge findet man in den stets wassergefüllten Gelporen.

Für die kapillare Saugfähigkeit ist der w/z-Wert verantwortlich, der die Anzahl und Größe der Poren sowie die Länge der dabei entstehenden Kapillaren bestimmt. Damit sind die Porengrößenverteilung und die Verbindung der Poren untereinander entscheidend für die Dichtigkeit des Betons. ([98], S. 155)

Bei einem w/z-Wert von 0,50 und nach vollständiger Hydratation besitzt Beton einen Kapillarporenanteil von etwa 20 Vol.% und ist damit praktisch wasserundurchlässig, weil die kapillaraktiven Poren nicht oder nur über kurze Strecken miteinander verbunden sind. Eine vollständige Hydratation zu 100 % ist fast nur bei Unterwasserlagerung des Betons möglich. Daher liegt der Normalfall des Hydratationsgrades bei 40 % bis 80 %. ([36], S. 41)

Ab einem Porenanteil von >25 Vol.% erhöht sich die Wasserdurchlässigkeit, da die Poren mehr und mehr miteinander verbunden sind. Betone mit einem w/z-Wert von etwa 0,70 sind selbst bei vollkommener Hydratation, aufgrund des hohen Porenanteils, stark kapillar aktiv und somit auch wasserdurchlässig.

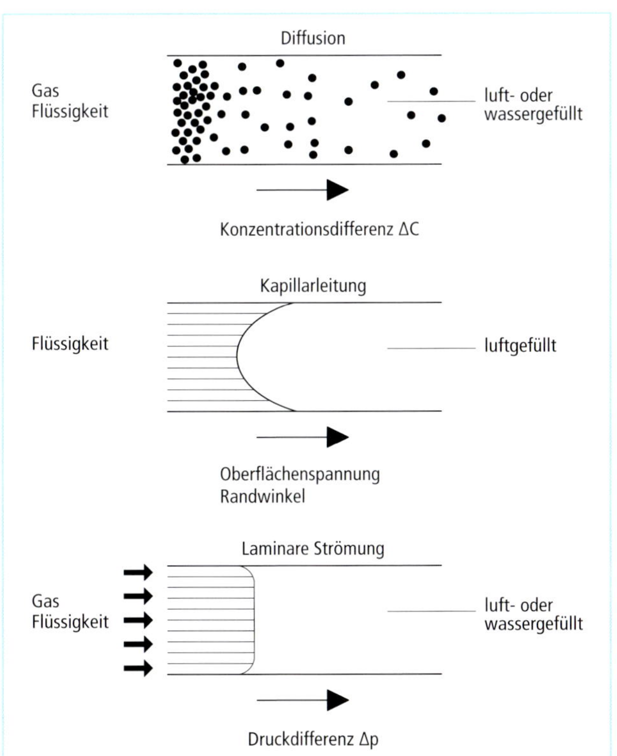

Abb. 10-36 Transportmechanismen von Gasen und Flüssigkeit in Poren ([98], S. 154)

An der Aufnahme von Feuchtigkeit durch Diffusionsvorgänge sind nicht alle Porentypen beteiligt. Unterhalb des Wasserzementwerts von ca. 0,40 bilden sich hauptsächlich Gelsporen. Andere mineralische Baustoffe, wie Porenbeton oder Ziegel, haben aufgrund ihres inneren Gefüges mit relativ großen Poren nur eine geringe Absorptionsfähigkeit.

Die Kapillarität erfolgt auch entgegen der Schwerkraft, also von unten nach oben. Die mögliche kapillare Steighöhe hängt in gut benetzbaren Materialien vom Porenradius der Kapillare ab:

- 1 mm Porenradius 0,015 m max. Steighöhe
- 100 µm Porenradius 0,150 m max. Steighöhe
- 10 µm Porenradius 1,500 m max. Steighöhe
- 1 µm Porenradius 15,000 m max. Steighöhe

Tatsächlich besitzen in der Praxis die sehr kleinen Kapillarporen nahezu keine Bedeutung, da die durch sie die transportierten Mengen an Wasser gering sind. Dadurch, dass der Strömungswiderstand in den Poren hoch ist, wird die maximale Steighöhe erst nach sehr langen Zeiträumen erreicht. Von viel größerer Bedeutung sind die Kapillarporen im Mikrometerbereich.

Tab. 10-7 Kapillarer Wassertransport von Beton bei unterschiedlichen W/Z-Werten ([98], S. 159)

Kompendium Zement und Beton		**Baustoffe und Bauprodukte**
Kapillarer Wassertransport nach einem Tag, vom Beton aufgenommene Wassermengen		
Wasserzementwert	**aufgenommene Wassermenge**	**mittlere Eindringtiefe**
0,60	ca. 4,0 kg/m^2	ca. 4,5 cm
0,50	ca. 2,5 kg/m^2	ca. 2,0 cm
0,40	ca. 1,5 kg/m^2	ca. 1,5 cm

10.6.4 Mauerwerk

Für Mauerwerk stehen verschiedene Grundstoffe zur Verfügung, deren bauphysikalische Eigenschaften voneinander abweichen und bei denen die Porenstruktur bedeutenden Einfluss besitzt.

Ziegel werden durch Trocknen und Brennen (bei ca. 800 bis 1 000 °C) eines Gemisches aus Lehm und Ton hergestellt. Je nach Höhe der dabei herrschenden Temperaturen, entsteht in Ziegeln eine bestimmte Poren- und Kapillarstruktur. Dadurch sind Ziegel in der Lage Feuchtigkeit schnell aufzunehmen, aber auch genauso schnell wieder abzugeben.

Klinker werden bei sehr hohen Temperaturen von ca. 1 400 °C gebrannt, wobei es zu einem Verschmelzen des Grundmaterials kommt und keine Poren mehr verbleiben. Im Unterschied zum Ziegel ist Klinker wasserdicht.

Untersuchungen des Fraunhofer IBP zeigten, dass die Trocknung von verputzten und hochgedämmten Außenwänden aus Porenbeton, Bimsbeton, Ziegel oder Blähton sehr unterschiedlich verlief. Die untersuchten Flächen lagen auf einer Nordseite, wurden beidseitig verputzt und erhielten keinen Schlagregen. Alle Wände zeigten zu Beginn einen erhöhten Wassergehalt, der bei Porenbeton bei knapp 40 Vol.-%, bei Bimsbeton bei ca. 19 Vol.-%, und Ziegel bei ca.18 Vol.-% lag. Bei den Untersuchungen fiel deutlich auf, dass Putzbeläge auf Wänden einen trocknungshemmenden Einfluss hatten. Von den über den Verlauf von vier Jahren im

Fraunhofer-Institut für Bauphysik IPB untersuchten Proben, erreichten Wände aus Blähton und Bimsbeton nach ca. zwei bis drei Jahren ihre Ausgleichfeuchte. Ziegelmauerwerk lag erst nach dem vierten Jahr in einem »*hygrothermisch eingeschwungenen Zustand*«. [60]

Eine nicht zu unterschätzende Folge aus diesen Trocknungsverläufen ist, dass nach der Erstellung von Mauerwerkswänden die Baufeuchte noch einige Zeit in den Bauteilen verbleibt und die Materialien bei Weitem noch nicht den errechneten und energetisch gewünschten, U-Wert besitzen. Daraus resultieren auch geringere Oberflächentemperaturen. Bis zum Erreichen der Ausgleichsfeuchte der wandbildenden Baustoffe muss der Nutzer dauerhaft die vorhandene Baufeuchte durch verstärktes Lüften abführen.

10.6.5 Porenbeton

Porenbeton besitzt ein Gefüge mit einem hohen Anteil aus Luftporen. Wird Porenbeton während der Bauzeit Regen ausgesetzt, so verursacht aufstauendes Wasser einen hydrostatischen Druck und dringt so in das Porengefüge ein. Selbst große Poren können auf diese Weise mit der Zeit Wasser aufnehmen. Andererseits ist durch die großen Poren die kapillare Saugwirkung eingeschränkt. Die eingelagerte Baustofffeuchte kann somit fast nur noch über Diffusion austrocknen. Demzufolge ist der Trocknungsprozess bei Porenbeton langsam.

Mit dem Erreichen des Zustands der Ausgleichsfeuchte beträgt im Porenbeton der massebezogene Feuchtegehalt 3 bis 4 % bei etwa 50 bis 70 % rel. Luftfeuchte.

Der Porenbeton Bericht zu den Feuchteverhältnissen in Außenwänden und Flachdächern sagt deutlich, dass die Diffusionsberechnungen nach DIN 4108-3 nicht zu realistischen Ergebnissen führen.

10.6.6 Auswirkungen der Trocknungsprozesse auf Holzbauteile

Der Umstand, dass mineralische Baustoffe bei ihrer Herstellung bzw. Verarbeitung erhebliche Mengen an Feuchtigkeit aufnehmen und diese dann wieder an die umgebende Luft abgeben, hat erhebliche Einflüsse auf Bauteile aus Holz.

Die folgenden Bilder zeigen wie Undichtigkeiten in der Dampfsperre und in den Anschlüssen der Holzkonstruktion eines leicht geneigten Pultdaches zu einem Schimmelpilzbefall auf der Unterseite der Schalungshölzer und der Sparren geführt haben. Bei den hier verbauten Schalungshölzern wurden Furnierplatten aus Seekieferfurnier verbaut. Die Seekieferfurniere weisen einen besonders hohen Gehalt an Glukose (Zucker) auf und bieten somit ein günstiges Nährstoffangebot für Mikroorganismen. Daher werden diese Platten häufig von Algen oder Schimmelpilzen befallen. Zur Vorbeugung gegen diese Arten des Befalls sollte von vornherein auf andere Holzwerkstoffe zurückgegriffen werden.

Bei einem anderen Bauvorhaben wurde vor Weihnachten im Dachgeschoss der Zementestrich eingebaut. Der Dachausbau war geschlossen, Fenster und Türen waren eingebaut. Wärmedämmung, Dampfsperre und unterseitige Verkleidung der Dachkonstruktion fehlten noch. Zwischen Weihnachten und dem Jahreswechsel wurde die Baustelle nicht gelüftet. Dementsprechend stand auf der Innenseite der Wärmeschutzverglasung Kondensat. Durch das Austrocknen des Zementestrichs wurde auch die freiliegende Holzkonstruktion des Daches durchfeuchtet, wodurch sich ein gravierender Schimmelpilzbefall einstellte und umfangreiche Sanierungsmaßnahmen vorgenommen werden mussten.

Abb. 10-37 Schimmelpilzbefall an Dachüberstand

Abb. 10-38 Tauwasser auf Fensterscheibe

Abb. 10-39 Starker Schimmelpilzbefall in Dachkonstruktion eines Neubaus

Abb. 10-40 Schimmelpilzbefall an Holzkonstruktion

Abb. 10-41 Das ist der Fruchtkörper des echten Hausschwammes

Abb. 10-42 Hinter der Fußleiste fanden sich stark entwickelte Myzelstränge

Eine besondere Gefahr der erhöhten Feuchteaufnahme von Bauholz stellte der Befall durch Holz zerstörende Pilze dar, von denen der Echte Hausschwamm (Serpular lacrymans) der Gefährlichste ist. Da ein solcher Fall sehr aufwendige Sanierungsmaßnahmen und hohe Kosten nach sich zieht, schließen sämtliche Gebäudeversicherungen einen diesbezüglichen Versicherungsschutz aus. Entsprechende Sanierungsmaßnahmen gehen also stets zu Lasten des Hauseigentümers.

Abb. 10-43 Die Beton-Bodenplatte wurde geöffnet. Der darunter liegende Hohlraum war übersät mit Myzel und Fruchtkörpern des echten Hausschwamms

Abb. 10-44 Dieser Stützbalken der verlorenen Schalung war von Myzel und Fruchtkörpern des echten Hausschwamms überwachsen. Das Holz war bereits völlig zersetzt und wies keinerlei Stabilität mehr auf

Abb. 10-45 Die Stahlbeton-Bodenplatte und der Verputz wurden rückgebaut, um die erforderlichen Sanierungsmaßnahmen vornehmen zu können

Abb. 10-46 Die Sanierungsarbeiten wurden gemäß DIN 68800 Teil 4 vorgenommen und erstreckten sich auch über die angrenzenden Wohnräume. Die Sanierungskosten beliefen sich auf ca. 35 000 €

Ein Befall durch Echten Hausschwamm ist durchaus häufig und kommt meist in verwahrlosten oder über längere Zeit nicht bewohnten Räumlichkeiten vor. Dass dies aber nicht immer der Fall ist, zeigt ein weiteres Beispiel. Eine Altbauvilla wurde aufwendig saniert und umgebaut. In diesem Zusammenhang wurde auch eine Bodenplatte für einen Anbau hergestellt. Dabei wurde eine **verlorene** Schalung aus Holz hergestellt. Etwa ein Jahr nach Bezug des Hauses wuchs oberhalb der Fußleiste des Anbaus etwas Sonderbares orange-rotes mit weißer Umrandung hervor, das sich nach Untersuchung als echter Hausschwamm offenbarte.

Durch erhöhte Feuchtebelastung werden Holzbauteile ganz erheblich in Mitleidenschaft gezogen. Die Planung von Bauwerken muss dieses berücksichtigen. Daher sollten verlorene Schalungen möglichst nicht aus Holz hergestellt werden.

Grundsätzlich ist daher nach erfolgten Verputzarbeiten und dem Einbau von Estrichen immer für eine gute Feuchteabfuhr durch entsprechendes Lüften zu sorgen. Dies darf jedoch nicht dazu führen, dass es auf der anderen Seite zu Rissbildungen in Verputz oder Estrichen kommt, d. h. Durchzug muss verhindert werden, da dies eine zu schnelle Abtrocknung der Oberflächen von Putzen und Estrichen und somit Rissbildung verursachen würde.

11 Zukünftige Anforderungen und nachhaltiger Wärmeschutz

»Die Weltzivilisation kann der existentiellen fossilen Ressourcenfalle nur entrinnen, wenn sie alles daransetzt, den Wechsel zu erneuerbaren, zugleich naturverträglichen Ressourcen unverzüglich einzuleiten, um sich von den fossilen Ressourcen unabhängig zu machen.« ([49], S. 14)

Stand am Anfang der hygienische Wärmeschutz im Vordergrund der Planung, so hat sich der Fokus in den vergangenen Jahren deutlich verschoben. Beginnend mit den Energiekrisen der 1970er Jahre und den spürbaren Abhängigkeiten von den internationalen Rohstoffmärkten, setzte sich in Zusammenhang mit einem wachsenden Umweltbewusstsein verstärkt der energetische Wärmeschutz als politisches Ziel durch. Begleitet wurden diese Entwicklungen von den Erkenntnissen, die auf dem Klimawandel beruhen. Mittlerweile muss daher die Reduktion des CO_2-Ausstoßes als zentrales gesellschaftliches Thema gesehen werden, an dem sich eigentlich alles andere ausrichten sollte.

Bezogen auf die Planung und das Betreiben von Bauwerken, werden die Ziele dazu in der EU- Gebäuderichtlinie formuliert, die die Vorgabe zur Umsetzung als Energieeinsparverordnung in Deutschland bildet. Mit der EnEV 2014, Fassung 2016, kam es wiederholt zu einer Verschärfung der energetischen Ziele. Im Zusammenhang mit dem Erneuerbaren-Energien-Wärmegesetz hätte es eigentlich schon längst zum Zusammenschluss mit dem GEG (Gebäude-Energie-Gesetz) kommen sollen. Aber auch hier zeigt sich, wie heterogen die Interessenlage ist, um einen wirklichen Systemwechsel nach vorne zu bringen.

Bezogen auf die notwendigen Bilanzierungen von Gebäuden durch die Energieeinsparverordnung, spürt man recht schnell, wie dieses Tool an seine Grenzen kommt. Betrachtet man den Hintergrund der Nachweisführung, dann ist zuerst einmal die Vergleichbarkeit von Gebäuden in Deutschland das Ziel. Der tatsächliche Energiebedarf ist also gar nicht das Ziel der Berechnung.

In die Berechnungsgrundlagen werden Vereinfachungen eingeführt, um eine Vergleichbarkeit herbeizuführen, wie zum Beispiel Potsdam als Klimareferenzort zu nutzen. Es kann aber auch sein, dass in einzelnen Fällen bei Nichtwohngebäuden Räume vorhanden sind, die als Zone nicht von der DIN V 18599 erfasst werden, so wie es zum Beispiel bei Schwimmbädern der Fall ist. Nach den Regelungen der Energieeinsparverordnungen und den Vorgaben der **dena** muss in solch einem Fall die sehr allgemeine Zone 17 mit 20 °C Innentemperatur verwendet werden. Auf dieser Grundlage ist leicht abzusehen, dass Nachweise regelkonform sein können und nichts mit den tatsächlichen Bedingungen zu tun haben. Betrachtet man zusätzlich die Besonderheit, dass der Energiebedarf aus Produktionsprozessen nicht bilanziert wird und die Warmwassererzeugung in Hallenbädern dem Produktionsprozess zugeschlagen wird, ist offensichtlich, welche Aussagekraft so ein Nachweis hat. [13] Damit besteht ein deutlicher Nachbesserungsbedarf bei den Bilanzierungen zur Energieeinsparverordnung, wenn die Berechnung tatsächlich weiterhelfen soll, objektbezogener zu werden und nicht nur die Vergleichbarkeit in den Fokus nimmt.

Neben der Vermeidung von Wärmeverlusten durch hochgedämmte Fassaden rücken bauliche Maßnahmen in den Fokus der Planung und der Umsetzung, die auf passive Weise Energien nicht nur einsparen, sondern in die energetischen Konzepte einbinden. Zugleich muss man sich jedoch unbedingt die Frage stellen, wie viel Technik notwendig ist, und ob nicht ein **less is more** richtiger ist, um nachhaltige Gebäude zu entwickeln. Vielmehr müssen nutzerorientierte Lösungen zum energiesparenden Bauen gefunden werden, die einen nicht weiter in die Abhängigkeit von wartungsaufwendigen technischen Anlagen führen.

Die Praxis zeigt dagegen immer wieder, dass bei energiesparenden baulichen Maßnahmen der Nutzer häufig nicht mitgenommen wird bzw. die Verbesserung nicht bei ihm ankommt, wenn der Verbrauch zwar reduziert wird, dafür aber durch die Wartungskosten im Unterhalt aufgebraucht wird. Auch können hochwärmegedämmte Hauseingangstüren bei einer Altbausanierung zu einem echten Problem für alte Menschen oder Menschen mit Behinderung werden, weil die Konstruktionen zu schwer geworden sind. An diesen Stellen muss zu einer ganzheitlichen Betrachtungsweise zurückgekehrt werden, die die Nutzbarkeit in den Vordergrund stellt und nicht die Optimierung um die letzte Kilowattstunde. Das Ziel kann daher nicht die Vierfach- oder Noch-Mehr-Verglasung sein.

Ein nachhaltiges und energieeffizientes Gebäude muss daher über Generationen hinweg nutzbar sein und darf nicht einen erhöhten Wartungsaufwand und Reparaturbedarf nach sich ziehen.

Auch kommen die Möglichkeiten des Dämmens an ihre Grenzen. Schon jetzt ist es erlebbar, dass hochgedämmte und nicht-klimatisierte Gebäude im Sommer kaum ihre Wärmelasten abgeben können und man technisch nachrüsten muss. Zum anderen entsteht ein absehbares Recycling- bzw. Entsorgungsproblem bei den Dämmstoffen, wenn diese nicht fraktionierbar sind, oder sich nachträglich als schadstoffbelastet darstellen, so wie es bei alten Mineralwollen ist, die als KMF als Schadstoff entsorgt werden. Der Zuschlag von HBCD als Brandschutzmittel ist ebenfalls kritisch zu sehen. Somit muss im Sinne des nachhaltigen Bauens mit der Auswahl der Dämmstoffe eine ganzheitliche Betrachtung erfolgen, die nicht nur die Wärmeleitfähigkeit zur Erfüllung von rechtlichen bevorzugt.

Ebenso sind neben den Investitionen bei der Errichtung eines Gebäudes weitere Faktoren von Bedeutung bei einer ganzheitlichen Planung. Dazu zählen:

- der Energiebedarf zur Herstellung,
- der Wartungsaufwand über den Lebenszyklus,
- die Entsorgungs- bzw. Recyclingmöglichkeiten,
- Vermeidung des Einbaus von Schadstoffen.

Abb. 11-1 **Passive und traditionelle Sonnenschutzmaßnahme in Granada/Spanien**

Abb. 11-2 **Architektur mit Ortsbezug: Südansicht Hemicycle House von Frank Lloyd Wright***

In der Architekturplanung kann ein kommendes Ziel nur sein wieder einfacher und mit regionalem Bezug zu entwerfen, sodass die klimatischen besonderen Bedingungen Einfluss auf den Hochbauentwurf bekommen. Beispiele wie das Hemicycle House in Middleton von Frank Lloyd Wright zeigen, dass es möglich ist Gebäude zu entwerfen, die die klimatischen Bedingungen des Orts einbinden. Aber auch im Städtebau zeigen traditionelle Lösungen, wie der Energiebedarf gesenkt werden kann. In den Städten Andalusiens wurden die Chancen von traditionellen passiven Maßnahmen wiederentdeckt. Um den Einfluss der direkten Sonnenbestrahlung zu reduzieren, Kühllasten zu senken und die Behaglichkeit zu verbessern, wurden Straßenzüge wieder großflächig mit Parasols abgedeckt.

Das Ziel der energetischen Optimierung kann nicht die noch detailliertere Bilanzierung oder die Nutzung von FE-Simulationen sein. Vielmehr muss der Blick in die lokalen Bautraditionen helfen, um zu erkennen, was ortsbezogen richtig ist. Mit Sicherheit sind dies nicht die großflächig verglasten Gebäude mit leichtem Innenausbau, die hohe Kühllasten nach sich ziehen und durch die geringere Dämmqualität einen größeren Heizwärmebedarf besitzen. Damit ist man wieder bei der ganzheitlichen Betrachtung über den Lebenszyklus, der die Kosten für den Betrieb in den Vordergrund stellt und bewährte Konstruktionen einbindet.

* Südansicht des Solar Hemicycle House (Jacob II House) in Middleton/Wisconsin, Courtesy of National Historic Landmarks Program, National Park Service

12 Quellen, Abbildungen, Sachregister

12.1 Literatur

[1] Akbari, H.: Opportunities for Saving Energy and Improving Air Quality in Urban Heat Islands In: Santamouris, Matheos (Hrsg.): Advances in passive cooling. London, U.K: Earthscan, 2007

[2] Baehr, H. D.; Stephan, K.: Wärme- und Stoffübertragung. 5. neu bearbeitete Auflage. Berlin, Heidelberg: Springer-Verlag Berlin Heidelberg, 2006

[3] Bobran, H. W.; Bobran-Wittfoht, I.: Handbuch der Bauphysik. Schallschutz – Raumakustik – Wärmeschutz – Feuchteschutz; mit 167 Tabellen. 8., überarb. und erw. Aufl. Köln: R. Müller, 2010

[4] Bonk, M.; Anders, F.: Schäden durch mangelhaften Wärmeschutz. Schadenfreies Bauen Band 32: 2., überarb. und erw. Aufl. Stuttgart: Fraunhofer IRB Verlag, 2003

[5] Borsch-Laaks, R.; Kehl, D.: Was darf/soll/muss man rechnen – und wie? Teil 2: Hygrothermische Simulation nach WTA-Merkblatt 6-8:2016. Holzbau Die Neue Quadriga (2017), Nr. 3

[6] Büchli, R.; Raschle, P.: Algen und Pilze an Fassaden. Ursachen und Vermeidung. 3., durchges. Aufl. Stuttgart: Fraunhofer IRB Verlag, 2015

[7] Burckhardt, L.: Die Kinder fressen ihre Revolution. Wohnen, Planen, Bauen, Grünen. Köln: DuMont, 1985 (DuMont-Dokumente)

[8] Cziesielski, E. (Hrsg.): Bauphysik-Kalender. 2004. Berlin: Ernst, 2004

[9] Destatis: Energieverbrauch privater Haushalte für Wohnen steigt weiter. Pressemitteilung 068 vom 1.3.2018, abgerufen am 18.7.2018, URL: https://www.destatis.de/DE/Presse/Pressemitteilungen/2018/03/PD18_068_85.html

[10] Duzia, T.: Energieeinsparverordnung – Folgen für die Planung aus der Zonierung im Schwimmbadbau; Archiv des Badewesens, Essen, 2013, Heft 9, S. 539–544

[11] Duzia, T.: Energieeinsparverordnung im Schwimmbadbau; Archiv des Badewesens, Januar 2015, S. 22–29

[12] Duzia, T.: Solarthermie im Denkmalschutz. Beitrag und Untersuchung zur Nutzung von Schiefer als Direktabsorber; technologische, bauphysikalische und architektonische Konsequenzen. Stuttgart: Fraunhofer IRB Verlag, 2013 (Reihe Wissenschaft 35)

[13] Duzia, Th.: Anwendung und Auslegungsfragen zur Energieeinsparverordnung im Schwimmbadbau. Bausubstanz 5 (2014) Nr. 4, S. 34–40

[14] Duzia, T.; Mucha, R.: Klimabedingter Feuchteschutz. Die DIN 4108-3 und die Folgen für den Schwimmbadbau. Bauen plus Jg. 3 (2017), Nr. 2, S. 6–11

[15] Forschungsinstitut des Vereins der Österreichischen Zementfabrikanten (Hrsg.): Baufeuchte und Austrocknungsdauer von Beton im Wohnbau: Abschlussbericht zum Forschungsvorhaben F 862. Wien: 1985

[16] Fouad, N. A. (Hrsg.): Bauphysik Kalender 2008. 8. Jahrgang. Berlin: Ernst & Sohn, 2008 (Bauphysik Kalender 8.2008)

[17] Gertis, K.: Die Erwärmung von Räumen infolge Sonneneinstrahlung durch Fenster. Berlin: Ernst, 1970 (Veröffentlichungen aus dem Institut für Bauphysik Stuttgart 65)

[18] Gottschling, A.: Behaglichkeit – Der Mensch als Maßstab. Abgerufen am 16.1.2020, https://www.yumpu.com/de/document/read/19871899/behaglichkeit-der-mensch-als-massstab-parquet-technology

[19] Gösele, K.; Schüle, W.; Künzel, H.: Schall, Wärme, Feuchte. Grundlagen, neue Erkenntnisse und Ausführungshinweise für den Hochbau. 10., völlig neu bearb. Aufl. Wiesbaden: BauVerlag, 1997

[20] Haider, M.: Feuchteschutz im Schwimmbadbau, Masterthesis 2017, Bergische Universität Wuppertal, Fakultät 5 – Bauingenieurwesen

[21] Hainbach, C.; Pohlmann, W.(Hrsg.): Pohlmann Taschenbuch der Kältetechnik. Grundlagen, Anwendungen, Arbeitstabellen und Vorschriften. 19., neu bearb. und erw. Aufl., [Jubiläumsausg. 100 Jahre Pohlmann]. Heidelberg: Müller, 2008

[22] Häupl, P.: Bauphysik. Klima, Wärme, Feuchte, Schall; Grundlagen, Anwendungen, Beispiele. Berlin: Ernst & Sohn, 2008

[23] Hellwig, R. T.: Raumklima für den Menschen. In: Maas, A. (Hrsg.). Umweltbewusstes Bauen. Stuttgart: Fraunhofer IRB Verlag 2008, S. 339–362

[24] Kaltschmitt, M.(Hrsg.): Erneuerbare Energien. Systemtechnik, Wirtschaftlichkeit, Umweltaspekte. 3., vollst. neu bearb. und erw. Aufl. Berlin: Springer, 2003 (Engineering online library)

[25] Karsten, U.; Schumann, R.; Häubner, N.; Friedl, T.: Lebensraum Fassade: Aeroterrestrische Mikroalgen. Biologie in unserer Zeit 35 (2005), Nr. 1

[26] Kots, L.; Lesnych, N.; Messal, C.; Stopp, H.; Strangfeld, P.; Werder, J. v.; Venzmer, H.: Konstruktive Ausbildung von Bauteilen und Gebäuden unter besonderer Beachtung bauphysikalischer Kriterien. Algen auf Fassaden. Bautechnische Grundlagen zur Algenbesiedlung nachträglich wärmegedämmter Fassaden In: Cziesielski, Erich (Hrsg.): Bauphysik-Kalender 2004. Berlin: Ernst, 2004

[27] Koch et al.: Indoor vuable mold spores – a comparison between two cities Erfurt (eastern Germany) and Hamburg (western Germany), Allergy 55, 2000, 176–180

[28] Künzel, H.: Feuchtigkeitsverhältnisse in Außenwänden und Flachdächern: Zusammenfassung der bisherigen Berichte: 1. Untersuchungen über die Feuchtigkeitsverhältnisse in Dächern aus Porenbeton. 2. Untersuchungen über die Feuchtigkeitsverhältnisse in Außenwänden aus Porenbeton, ergänzt durch neue Erkenntnisse. Wiesbaden: BVP, Porenbeton-Informations-GmbH, 2001 (Porenbeton-Bericht 1/2)

[29] Künzel, H. M.: Vortrag: Einfluss der Feuchte auf die Wärmedämmwirkung; Fraunhofer IBP 2018, online Ressource

[30] Künzel, H. M.; Künzel, H.; Sedlbauer, K.: Hygrothermische Beanspruchung und Lebensdauer von Wärmedämm-Verbundsystemen. Bauphysik 28 (2006), Nr. 3

[31] Künzel, H. M.; Sedlbauer, K.: Algen auf Wärmedämm-Verbundsystemen. Fraunhofer-Institut für Bauphysik IBP, 2001, IBP-Mitteilung 382, 28

[32] Kussauer, R.; Ruprecht, M.: Die häufigsten Mängel bei Beschichtungen und Wärmedämm-Verbundsystemen. Erkennen, vermeiden, beheben; mit 69 Tabellen. Köln: R. Müller, 2007

[33] Landesgesundheitsamt -LGA-, Baden-Württemberg, Stuttgart (Hrsg.): Schimmelpilze in Innenräumen – Nachweis, Bewertung, Qualitätsmanagement. Abgestimmtes Arbeitsergebnis des Arbeitskreises »Qualitätssicherung – Schimmelpilze in Innenräumen« am Landesgesundheitsamt Baden-Württemberg 14.12.2001: überarbeitet Dezember 2004. Stuttgart: 2001

[34] Lenze, W.: Fachwerkhäuser. Restaurieren – sanieren – modernisieren; Materialien und Verfahren für eine dauerhafte Instandsetzung. 5., aktualisierte Aufl. Stuttgart: Fraunhofer-IRB-Verlag, 2007

[35] Pels Leusden, F.; Freymark, G.: Darstellung der Raumbehaglichkeit für den einfachen praktischen Gebrauch, Gesundheitsingenieur 72 (1951) Heft 16

[36] Lohmeyer, G.; Ebeling, K.: Weiße Wannen – einfach und sicher. Konstruktion und Ausführung wasserundurchlässiger Bauwerke aus Beton. 6., überarb. Aufl. Düsseldorf: Verlag Bau und Technik, 2004

[37] Maas, A.; Höttges, K.; Klauß, S.; Stiegel, H.: Auswirkung des Einsatzes der DIN V 18599 auf die energetische Bewertung von Wohngebäuden – Reflexion der Berechnungssätze. Kurzberichte aus der Bauforschung 54 (2013), Nr. 1, S. 53–57

[38] Merkel, H.: Wärmeschutz erdberührter Bauteile (Perimeterdämmung) – Dämmstoffe, Beanspruchung, Konstruktionen. Bauphysik Kalender 2002. Verlag Ernst und Sohn, Berlin, 2002

[39] Merkel, H.: Wärmedämmung im Erdreich In: Fouad, Nabil A. (Hrsg.): Bauphysik Kalender 2008. 8. Jahrgang. Berlin: Ernst & Sohn, 2008, S. 117–139

[40] Mook, V.; Grauthoff, M.: Integrierte Planungsinstrumente für solaren Städtebau In: Pontenagel, Irm (Hrsg.): Building a new century. 5th Conference on Solar Architecture and Design; Bonn, 27th of May 1998. Bonn: Eurosolar-Verlag, 1999, S. 431–434

[41] Nusser, B.; Teibinger, M. et al.: Messtechnische Analyse flachgeneigter hölzerner Dachkonstruktionen mit Sparrenvolldämmung – Teil 1: Nicht belüftete Nacktdächer mit Folienabdichtung. Bauphysik 32. Nr. 3, S. 132–143

[42] Pontenagel, I. (Hrsg.): Building a new century. 5th Conference on Solar Architecture and Design; Bonn, 27th of May 1998. Bonn: Eurosolar-Verlag, 1999

[43] Radtke, U.: Das ABC der Flächenheizung und Flächenkühlung. Ein Kompendium für Architekten, Bau- u. Heiztechnik-Planer das SHK-Fachhandwerk sowie das Estrich- u. Fliesenleger-Handwerk. 1. Aufl. 2005, Stand der Bearbeitung: Oktober 2004. Winnenden/Württ.: Heizungs-Journal-Verlag-GmbH, 2005

[44] Recknagel, Sprenger, Schramek: Taschenbuch für Heizung und Klimatechnik. Essen: Vulkan Verlag 2012

[45] Reinhard, K.: Ki 6/78; entnommen aus Recknagel et al.; Taschenbuch für Heizung und Klimatechnik; Zusatzinformation Kap. 1 Nr. 2 CD, Kap. 1.1.4 Sonnenstrahlung

[46] Rotzal, E.; Voss, K.: Wärmebrücken bei hinterlüfteten Fassaden, EnOB 2014

[47] Sabady, P. R.: Haus und Sonnenkraft. 3. erw. Aufl. Zürich: Helion-Verlag, 1977

[48] Santamouris, M. (Hrsg.): Advances in passive cooling. London, U.K: Earthscan, 2007 (Buildings, energy, solar technology)

[49] Scheer, H.: Solare Weltwirtschaft. Strategie für die ökologische Moderne. 5., aktualisierte Aufl. München: Kunstmann, 2002

[50] Schramek, E.-R.; Recknagel, H.; Sprenger, H.(Hrsg.): Taschenbuch für Heizung und Klimatechnik [09/10]. Einschließlich Warmwasser- und Kältetechnik. 74. Aufl. München: Oldenbourg Industrieverlag, 2009

[51] Schumann, R.; Eixler, S.; Karsten, U.: Konstruktive Ausbildung von Bauteilen und Gebäuden unter besonderer Beachtung bauphysikalischer Kriterien. Algen auf Fassaden. Biologische Grundlagen über fassadenbesiedelnde Mikroalgen In: Cziesielski, Erich (Hrsg.): Bauphysik-Kalender 2004. Berlin: Ernst, 2004

[52] Sedlbauer, K.: Beurteilung von Schimmelpilzbildung auf und in Bauteilen. Erläuterung der Methode und Anwendungsbeispiele. Bauphysik 24 (2002), Nr. 3

[53] Umweltbundesamt -UBA-, Innenraumlufthygiene-Kommission, Dessau-Roßlau (Hrsg.) Moriske, H.-J.; Szewzyk, R.: Leitfaden zur Ursachensuche und Sanierung bei Schimmelpilzwachstum in Innenräumen (Schimmelpilzsanierungs-Leitfaden). Dessau: 2005

[54] Umweltbundesamt -UBA-, Berlin (Hrsg.) Moriske, H.-J.; Szewzyk, R.: Leitfaden zur Vorbeugung, Untersuchung, Bewertung und Sanierung von Schimmelpilzwachstum in Innenräumen (»Schimmelpilz-Leitfaden«). Berlin: 2002

[55] Usemann, K. W.: Entwicklung von Heizungs- und Lüftungstechnik zur Wissenschaft. Hermann Rietschel – Leben und Werk. München: Oldenbourg, 1993

[56] Wagner, A. et.al.; Energieeffiziente Fenster und Verglasungen, 4. Auflage. Stuttgart: Fraunhofer IRB Verlag 2013

[57] Willems, W. M.; Dinter, S.; Schild, K.; Stricker, D.: Formeln und Tabellen Bauphysik. Wärmeschutz – Feuchteschutz – Klima Akustik – Brandschutz; mit 242 Tabellen. 2., aktualisierte und erweiterte Auflage. Wiesbaden: Vieweg + Teubner, 2010

[58] Wissenschaftliche Dienste Deutscher Bundestag 2017, Primärenergiefaktoren nach: Wuppertal Institut für Klima, Umwelt, Energie GmbH

[59] https://de.wikipedia.org/wiki/Horace-Bénédict_de_Saussure; Stand: 03-2018

[60] Zirkelbach, D.; Holm, A.: Trocknungsverhalten von monolithischen Wänden. IBP-Mitteilung, IBP-Report 28 (2001), Nr. 389

12.2 Normen und Verordnungen

Alle Normen erschienen beim Beuth Verlag, Berlin.

[61] §§ 3 und 4 EnEV – Verordnung über energiesparenden Wärmeschutz und energiesparende Anlagentechnik bei Gebäuden (Energieeinsparverordnung) in der Fassung vom 29. April 2009, BGBl. I

[62] § 6 EnEV. EnEV – Verordnung über energiesparenden Wärmeschutz und energiesparende Anlagentechnik bei Gebäuden (Energieeinsparverordnung) in der Fassung vom 29. April 2009, BGBl. I

[63] § 6 Energieeinsparverordnung, Fassung vom 18. November 2015, BGBl. I

[64] Bauordnung für das Land Nordrhein-Westfalen. Landesbauordnung 2018 – BauO NRW 2018: 21. Juli 2018; In Kraft getreten am 04. August 2018 und am 01. Januar 2019 (GV. NRW. 2018: S. 421); geändert durch Artikel 7 des Gesetzes vom 26. März 2019 (GV. NRW. S. 193), in Kraft getreten am 10. April 2019

[65] BGH Urteil vom 18.04.2007-VIII ZR 182/06, LG Düsseldorf

[66] DIN 1045-2:2008-08. Tragwerke aus Beton, Stahlbeton und Spannbeton – Teil 2: Beton – Festlegung, Eigenschaften, Herstellung und Konformität – Anwendungsregeln zu DIN EN 206-1

[67] DIN 18015-2:2010-11. Elektrische Anlagen in Wohngebäuden – Teil 2: Art und Umfang der Mindestausstattung

[68] DIN 18195:2017-07. Abdichtung von Bauwerken – Begriffe

[69] DIN 1946-6:2019-15. Raumlufttechnik – Teil 6: Lüftung von Wohnungen – Allgemeine Anforderungen, Anforderungen zur Bemessung, Ausführung und Kennzeichnung, Übergabe/Übernahme (Abnahme) und Instandhaltung

[70] DIN 4108-2:2013-02. Wärmeschutz und Energie-Einsparung in Gebäuden – Teil 2: Mindestanforderungen an den Wärmeschutz

[71] DIN 4108-3:2018-10: Wärmeschutz und Energie-Einsparung in Gebäuden – Teil 3: Klimabedingter Feuchteschutz; Anforderungen, Berechnungsverfahren und Hinweise für Planung und Ausführung.

[72] DIN 4108-7:2011-01. Wärmeschutz und Energie-Einsparung in Gebäuden – Teil 7: Luftdichtheit von Gebäuden – Anforderungen, Planungs- und Ausführungsempfehlungen sowie -beispiele

[73] DIN 4710:2003-01. Statistiken meteorologischer Daten zur Berechnung des Energiebedarfs von heiz- und raumlufttechnischen Anlagen in Deutschland

[74] DIN 55634-1:2018-03 Beschichtungsstoffe und Überzüge – Korrosionsschutz von tragenden dünnwandigen Bauteilen aus Stahl – Teil 1: Anforderungen und Prüfverfahren

[75] DIN 68800-2:2012-02: Holzschutz – Teil 2: Vorbeugende bauliche Maßnahmen im Hochbau.

[76] DIN EN 12524: Baustoffe und -produkte – Wärme- und feuchteschutztechnische Eigenschaften – Tabellierte Bemessungswerte; Deutsche Fassung EN 12524:2000, Juli 2000 (Dokument zurückgezogen)

[77] DIN EN 12831 Beiblatt 2:1212-05: Heizungsanlagen in Gebäuden – Verfahren zur Berechnung der Norm-Heizlast – Beiblatt 2: Vereinfachtes Verfahren zur Ermittlung der Gebäude-Heizlast und der Wärmeerzeugerleistung.

[78] DIN EN 13098:2019-12. Arbeitsplatzatmosphäre – Leitlinien für die Messung von Mikroorganismen und Endotoxin in der Luft

[79] DIN EN 14509:2013-12. Selbsttragende Sandwich-Elemente mit beidseitigen Metalldeckschichten – Werkmäßig hergestellte Produkte – Spezifikationen; Deutsche Fassung EN 14509:2013

[80] DIN EN 15251:2012-12: Eingangsparameter für das Raumklima zur Auslegung und Bewertung der Energieeffizienz von Gebäuden – Raumluftqualität, Temperatur, Licht und Akustik; Deutsche Fassung EN 15251:2007. August 2007

[81] DIN V 18599-1:2019-09 Energetische Bewertung von Gebäuden - Berechnung des Nutz-, End- und Primärenergiebedarfs für Heizung, Kühlung, Lüftung, Trinkwarmwasser und Beleuchtung – Teil 1: Allgemeine Bilanzierungsverfahren, Begriffe, Zonierung und Bewertung der Energieträger Tab. A.1

[82] DIN V 18599-10:2019-09 Energetische Bewertung von Gebäuden. Berechnung des Nutz-, End- und Primärenergiebedarfs für Heizung, Kühlung, Lüftung, Trinkwarmwasser und Beleuchtung, Teil 10: Nutzungsrandbedingungen, Klimadaten

[83] DIN EN 1995-1-1:2010-12. Eurocode 5: Bemessung und Konstruktion von Holzbauten – Teil 1-1: Allgemeines – Allgemeine Regeln und Regeln für den Hochbau; Deutsche Fassung EN 1995-1-1:2004 + AC:2006 + A1:2008

[84] DIN EN ISO 6946:2018-03: Bauteile – Wärmedurchlasswiderstand und Wärmedurchgangskoeffizient – Berechnungsverfahren (ISO 6946:2017); Deutsche Fassung EN ISO 6946:2017

[85] DIN EN ISO 7730:2006-05. Ergonomie der thermischen Umgebung – Analytische Bestimmung und Interpretation der thermischen Behaglichkeit durch Berechnung des PMV- und des PPD-Indexes und Kriterien der lokalen thermischen Behaglichkeit (ISO 7730:2005); Deutsche Fassung EN ISO 7730:2005

[86] DIN EN ISO 8990:1996-09. Wärmeschutz – Bestimmung der Wärmedurchgangseigenschaften im stationären Zustand – Verfahren mit dem kalibrierten und dem geregelten Heizkasten (ISO 8990:1994); Deutsche Fassung EN ISO 8990:1996

[87] DIN EN ISO 10456:2010-05. Baustoffe und Bauprodukte – Wärme- und feuchtetechnische Eigenschaften – Tabellierte Bemessungswerte und Verfahren zur Bestimmung der wärmeschutztechnischen Nenn- und Bemessungswerte (ISO 10456:2007 + Cor. 1:2009); Deutsche Fassung EN ISO 10456:2007 + AC:2009

[88] DIN EN ISO 12944-1:2019-01: Beschichtungsstoffe – Korrosionsschutz von Stahlbauten durch Beschichtungssysteme – Teil 1: Allgemeine Einleitung (ISO 12944-1:2017); Deutsche Fassung EN ISO 12944-1:2017

[89] DIN EN ISO 12944-2:2018-04: Beschichtungsstoffe – Korrosionsschutz von Stahlbauten durch Beschichtungssysteme – Teil 2: Einteilung der Umgebungsbedingungen (ISO 12944-2:2017); Deutsche Fassung EN ISO 12944-2:2017.

[90] DIN V 4108-6 Berichtigung 1:2004-03. Berichtigungen zu DIN V 4108-6:2003-06

[91] DIN V 4108-6:2003-06. Wärmeschutz und Energie-Einsparung in Gebäuden – Teil 6: Berechnung des Jahresheizwärme- und des Jahresheizenergiebedarfs

[92] DIN-Fachbericht 4108-8:2010-09. Wärmeschutz und Energie-Einsparung in Gebäuden – Teil 8: Vermeidung von Schimmelwachstum in Wohngebäuden

[93] Dritter Bericht über Schäden an Gebäuden, Unterrichtung durch die Bundesregierung, 25.01.1996

[94] DIN 4710:2003-01 Statistiken meteorologischer Daten zur Berechnung des Energiebedarfs von heiz- und raumlufttechnischen Anlagen in Deutschland

[95] Fachverband Baustoffe und Bauteile für vorgehängte hinterlüftete Fassaden e.V.: Tauwasserschutz und Regenschutz von Außenwänden mit vorgehängten hinterlüfteten Fassaden, online Ressource

[96] TRGS 524 Schutzmaßnahmen bei Tätigkeiten in kontaminierten Bereichen. Technische Regel für Gefahrstoffe, Ausgabe: Februar 2010; (GMBl 2010 Nr. 21 S. 419–450 (01.04.2010); zuletzt geändert und ergänzt: GMBl 2011 S. 1018–1019 [Nr. 49–51])

[97] VDI 3789, Blatt 2:1994-10: Umweltmeteorologie – Wechselwirkung zwischen Atmosphäre und Oberfläche; Berechnung der kurz- und langwelligen Strahlung; Beuth Verlag

[98] Verein Deutscher Zementwerke e.V. (Hrsg.): Kompendium Zement und Beton. Düsseldorf, 2002, URL: https://www.vdz-online.de/publikationen/zement-taschenbuch/

[99] Wissenschaftlich-Technische Arbeitsgemeinschaft für Bauwerkserhaltung und Denkmalpflege e.V. (WTA) (Hrsg.): Feuchtetechnische Bewertung von Holzbauteilen – Vereinfachte Nachweise und Simulation: Ausgabe 08.2016/D (WTA-Merkblatt 6-8)

[100] Zweite Verordnung zur Änderung der Energieeinsparverordnung; Nichtamtliche Fassung der von der Bundesregierung am 16.10.2013 beschlossenen Fassung der Änderungsverordnung, § 10

12.3 Abbildungen

Agirbas + Wienstroer	4-20/ 4-21
Allianz Umweltstiftung/IMAGO 87	10-1
Architekt Frieder Heinz	8-7
Bogusch, Norbert	4-8/ 4-9/ 6-1/ 6-2/ 6-3/ 6-4/ 6-5/ 6-6/ 6-7/ 6-21/6-22/ 6-23/ 6-24/ 7-1/ 7-2/ 7-3/ 7-4/ 10-27/ 10-28/ 10-32/ 10-33/ 10-34/ 10-35/ 10-37/ 10-38/ 10-39/ 10-40/ 10-41/ 10-42/ 10-43/ 10-43/ 10-44/ 10-45/ 10-46
Brandhorst, Jörg	8-21/ 8-22/ 8-23/ 8-24
Bulut, Güven	4-41
Deutsche Foamglas GmbH	3-3/ 10-18
Krieger Architekten+Ingenieure	4-22
Duzia, Thomas	2-1/ 2-5/ 2-6/ 2-7/ 3-1/ 3-2/ 3-4/ 3-5/ 3-7/ 3-8/ 3-9/ 3-10/ 3-14/ 4-3/ 4-4/ 4-5/ 4-6/ 4-7/ 4-10/ 4-11/ 4-12/ 4-13/ 4-14/ 4-15/ 4-16/ 4-18/ 4-25/ 4-27/ 4-28/ 4-29/ 4-30/ 4-31/ 4-32/ 4-33/ 4-35/ 4-36/ 4-37/ 4-38/ 4-39/ 4-40/ 4-42/ 4-43/ 4-44/ 4-45/ 5-1/ 5-2/ 5-3/ 5-4/ 6-8/ 6-11/ 6-12/ 6-14/ 6-16/ 6-17/ 6-18/ 6-19/ 6-26/ 6-27/ 6-30/ 8-1/ 8-6/ 8-7/ 8-8/ 8-9/ 8-10/ 8-13/ 8-14/ 8-15/ 8-16/ 8-17/ 8-19/ 8-20/ 9-1/ 9-2/ 9-3/ 9-4/ 9-5/ 9-6/ 9-7/ 9-8/ 9-11/ 9-12/ 9-13/ 9-14/ 10-2/ 10-3/ 10-4/ 10-5/ 10-6/ 10-7/ 10-9/ 10-10/ 10-11/ 10-12/ 10-13/ 10-14/ 10-15/ 10-16/ 10-19/ 10-20/ 10-21/ 10-22/ 10-24/ 10-25/ 10-26/ 10-29/ 10-30/ 10-31
Energieagentur NRW	6-10
Grauthoff, M.	3-6
Hermann-Rietschel-Institut	1-1
IPL Ingenieurplanung Leichtbau	4-23/ 4-24/ 4-34
Keicher Hoffmann Ring Architekten	4-17/ 4-19
Mucha, Rainer	2-2/ 2-3
Schmiedinghoff, Klaus	8-5
Stein, Rüdiger	10-22

12.4 Akronyme

Az.	Aktenzeichen
BDEW	Bundesverband der Energie- und Wasserwirtschaft
BGH	Bundesgerichtshof
DIBt	Deutsches Institut für Bautechnik
DIN Deutsches Institut für Normung	
DIN V Deutsches Institut für Normung Vornorm	
EEWärmeG	Erneuerbare-Energien-Wärmegesetz
EnEG	Energieeinspargesetz
EnEV	Energieeinsparverordnung
EnEV UVO	Verordnung zur Umsetzung der Energieeinsparverordnung
EPS	expandiertes Polystyrol
EU	Europäische Union
GK	Gebrauchsklasse
KBE	Kolonie bildende Einheiten
KMF	Künstliche Mineralfaser
KWK	Kraft-Wärme-Kopplung
LBO	Landesbauordnung
LG	Landgericht
LGA	Landesgesundheitsamt
MVOC	Microbial Volatile Organic Compounds
NWG	Nichtwohngebäude
OLG	Oberlandesgericht
Pa	Pascal; SI Einheit des Drucks
PPD	vorausgesagter Prozentsatz an Unzufriedenen
SI	Système Internationale d´unités
TGA	Technische Gebäudeausstattung
TRBA	Technische Regeln für biologische Arbeitsstoffe
TRGS	Technische Regeln für Gefahrstoffe
UBA	Umweltbundesamt
VDI	Verein Deutscher Ingenieure
WDVS	Wärmedämmverbundsysteme
WSchV	Wärmeschutzverordnung
WTA	Wissenschaftlich-Technische Arbeitsgemeinschaft für Bauwerkserhaltung und Denkmalpflege
XPS	Extrudiertes Polystyrol

12.5 Sachregister